Post-Quanten-Kryptografie

Klaus Schmeh

Post-Quanten-Kryptografie

Eine anschauliche Einführung

Klaus Schmeh
Gelsenkirchen, Deutschland

ISBN 978-3-658-50704-6 ISBN 978-3-658-50705-3 (eBook)
https://doi.org/10.1007/978-3-658-50705-3

Die Deutsche Nationalbibliothek verzeichnet diese Publikation in der Deutschen Nationalbibliografie; detaillierte bibliografische Daten sind im Internet über https://portal.dnb.de abrufbar.

Planung/Lektorat: Petra Steinmueller
Springer Vieweg ist ein Imprint der eingetragenen Gesellschaft Springer Fachmedien Wiesbaden GmbH und ist ein Teil von Springer Nature.
Die Anschrift der Gesellschaft ist: Abraham-Lincoln-Str. 46, 65189 Wiesbaden, Germany

Einführung

Die Post-Quanten-Kryptografie ist ein schwieriges Thema. Dieser Behauptung wird wohl jeder zustimmen, der sich schon einmal mit Gitter-basierten Verfahren, Hash-basierten Signaturen oder multivariaten Krypto-Algorithmen beschäftigt hat.

Andererseits ist die Post-Quanten-Kryptografie jedoch äußerst wichtig. Irgendwann könnte es Quantencomputer geben, die herkömmliche Krypto-Verfahren knacken können, wie sie in Web-Browsern, E-Mail-Programmen, VPNs, Smartphones und IoT-Komponenten milliardenfach zum Schutz von Daten aller Art eingesetzt werden. Spätestens dann müssen die diversen Methoden der Post-Quanten-Kryptografie in die Praxis umgesetzt sein – ansonsten droht eine weltweite Sicherheitskatastrophe.

Schwierig ist die Post-Quanten-Kryptografie vor allem, weil sie mathematisch anspruchsvoll und außerdem sehr vielfältig ist. Wer sich mühevoll mit RSA und Diffie-Hellman vertraut gemacht hat, muss jetzt mindestens ein halbes Dutzend weiterer Algorithmen lernen, die größtenteils komplexer und schwerer zu verstehen sind als die derzeit genutzten Verfahren. Die eingangs erwähnten Gitter-basierten, Hash-basierten und multivariaten Algorithmen sind dabei längst nicht alles, denn auch multivariate Polynome, Isogenien auf elliptischen Kurven und einige andere mathematische Prinzipien könnten in den nächsten Jahren an Bedeutung gewinnen – oder auch nicht, denn so genau weiß man das noch nicht.

Bisher bedeutet das Einarbeiten in die Post-Quanten-Kryptografie vor allem, dass man sich durch allerlei Spezifikationen kämpfen muss, die mehr der mathematischen Korrektheit als der Verständlichkeit wegen geschrieben wurden.

Dieses Buch verfolgt einen anderen Ansatz. Mir geht es auf den nächsten 300 Seiten darum, die Verfahren der Post-Quanten-Kryptografie so zu erklären, **dass auch ein Leser ohne abgeschlossenes Mathematik-Studium sie verstehen kann.** Ich hoffe, dass ich dadurch eine vergleichsweise breite Zielgruppe anspreche, darunter auch Berater, Produktmanager und Führungskräfte – also diejenigen Personen, die die Post-Quanten-Kryptografie in die Praxis umsetzen sollen. Hinzu kommen Studierende, die irgendwann in solche Positionen hineinwachsen werden. Ich hoffe, dieses Buch kann dazu beitragen, dass möglichst viele Menschen in der IT-Branche ein gewisses Verständnis für die Post-Quanten-Kryptografie entwickeln, damit die notwendige Umstellung auf solche Verfahren gelingt.

Bei einem Buch mit einer solchen Zielsetzung ist es unvermeidlich, dass die mathematische Strenge auf der Strecke bleibt. Ich werde in diesem Werk keine Sätze oder Beweise vorstellen und viele mathematische Themen eher anschaulich beschreiben, als exakt zu definieren. Außerdem sind meine Ausführungen oft vereinfacht und sicherlich nicht dazu geeignet, die vorgestellten Algorithmen zu implementieren.

So mancher Mathematiker wird daher von meinen Beschreibungen enttäuscht sein und sich mehr Tiefgang wünschen. Das ist jedoch nicht das Ziel dieses Buchs. Verständlichkeit geht bei mir vor Exaktheit, und natürlich halte ich Sie nicht davon ab, die Spezifikation eines Verfahrens in die Hand zu nehmen, wenn Sie sich ein solches nach Lektüre dieses Buchs genauer anschauen wollen. Es ist sicherlich von Vorteil, wenn Sie die Funktionsweise eines Algorithmus grundsätzlich verstanden haben, bevor Sie sich die mathematisch exakte Beschreibung vornehmen.

Neben den Post-Quanten-Verfahren werden noch ein paar andere Themen in diesem Buch eine Rolle spielen. Dazu gehören zunächst einmal der Grover-Algorithmus und der Shor-Algorithmus, also diejenigen Methoden, mit denen man herkömmliche Krypto-Verfahren mithilfe eines Quantencomputers brechen kann. Und schließlich werde ich darauf eingehen, wie man auf Post-Quanten-Verfahren migriert.

Mit der Lektüre dieses Buchs sollten Sie also für die gerade erst beginnende Ära der Post-Quanten-Verfahren gerüstet sein. Ich wünsche Ihnen viel Spaß damit.

Zum Entstehen dieses Buchs haben mehrere Personen beigetragen, bei denen ich mich an dieser Stelle bedanken möchte. Mein Dank gilt vor allem Prof. Bernhard Esslinger für seine zahlreichen wertvollen Anmerkungen. Interessante Anregungen habe ich außerdem erhalten von Christiane Angermayr, Pierre Brun-Murol, Elonka Dunin, Vasco Gomes und Taylor Leach.

Inhaltsverzeichnis

Teil II Post-Quanten-Verfahren

Abbildungsverzeichnis

Tabellenverzeichnis

Teil I

Grundlagen

1 Kryptografie

Kryptografie ist die Lehre des Verschlüsselns. Eine verschlüsselte Postkarte aus den Zwanziger-Jahren ist genauso eine Form von Kryptografie wie die Verschlüsselungsmaschine Enigma aus dem Zweiten Weltkrieg oder die verschlüsselten Bekennerbriefe des Zodiac-Killers (siehe Abb. 1.1) (Schmeh, 2022). Ob das berühmte Voynich-Manuskript aus dem 15. Jahrhundert verschlüsselt ist oder nur sinnlose Zeichenfolgen enthält, ist noch nicht geklärt. Sollte ersteres der Fall sein, dann gehört auch das Voynich-Manuskript in die Welt der Kryptografie.

Heutzutage ist meist der Computer für die Kryptografie zuständig. Es gibt zahlreiche Programme, die Dateien, E-Mails oder ganze Festplatten verschlüsseln. Viele Software- und Hardware-Komponenten nutzen Kryptografie, ohne dass man als Anwender viel davon mitbekommt. Dazu gehören Web-Browser, E-Mail-Programme, Mobiltelefone, Chipkarten, Geldautomaten, Registrierkassen und Stromzähler – um nur einige wenige Beispiele zu nennen.

Die Bedeutung des Begriffs „Kryptografie" hat sich seit Aufkommen des Computers erweitert. War Kryptografie früher ein Synonym für Verschlüsselungstechnik, so kamen in den letzten Jahrzehnten das digitale Signieren, die Nutzung von kryptografischen Hashfunktionen, die Authentifizierung und einige andere Methoden dazu, die nicht dazu dienen, irgendwelche Informationen geheim zu halten, sondern die Manipulation von Daten oder das Vortäuschen einer falschen Identität verhindern sollen. Da die verwendeten Techniken ähnlich wie beim Verschlüsseln sind, ist es gerechtfertigt, auch in diesem Zusammenhang von Kryptografie zu reden.

Dieses Buch ist jedoch keine Einführung in die Kryptografie. Daher werde ich im Folgenden nur die wichtigsten Grundlagen dieser Wissenschaft vorstellen und mich dabei auf das beschränken, was für die Post-Quanten-Kryptografie von Bedeutung ist. Falls Sie mehr wissen wollen, finden Sie zahlreiche Kryptografie-Grundlagen-Bücher im Handel,

K. Schmeh, *Post-Quanten-Kryptografie*,
https://doi.org/10.1007/978-3-658-50705-3_1

Abb. 1.1 Drei Beispiele für Kryptografie: Eine verschlüsselte Postkarte aus den Zwanziger-Jahren, die Verschlüsselungsmaschine Enigma und die verschlüsselten Bekennerbriefe des Zodiac-Killers

darunter das von mir verfasste „Kryptografie – Verfahren, Protokolle, Infrastrukturen", welches ich natürlich sehr empfehlen kann (Schmeh, 2016).

Generell geht man in der Kryptografie von einem Modell aus, in dem zwei Parteien (oft werden sie Alice und Bob genannt) sich gegenseitig Daten zuschicken. Zusätzlich gibt es einen Angreifer (meist als Mallory oder Eve bezeichnet), der freien Zugang zu den übertragenen Daten hat und versucht, sie zu dechiffrieren oder zu manipulieren. Dabei gilt das **Kerckhoffssche Prinzip.** Dieses besagt, dass der Angreifer das verwendete Kryptoverfahren in allen Details kennt. Allerdings geht in ein solches Verfahren eine Geheiminformation **(Schlüssel)** ein, die dem Angreifer nicht bekannt ist. Ein Verschlüsselungsverfahren gilt nur dann als sicher, wenn der Angreifer es unter diesen Umständen nicht dechiffrieren kann. Die Sicherheit muss also im Schlüssel liegen.

Eine unverschlüsselte Nachricht wird als **Klartext** bezeichnet. Das Ergebnis der Verschlüsselung heißt **Geheimtext.** Der Zweck eines Verschlüsselungsverfahrens besteht also darin, einen Klartext mithilfe eines Schlüssels in einen Geheimtext umzuwandeln. Und natürlich muss es umgekehrt möglich sein, einen Geheimtext mithilfe des Schlüssels in den Klartext zu entschlüsseln.

1.1 Symmetrische Kryptografie

Früher wurde in der Kryptografie hauptsächlich mit Buchstaben oder ganzen Wörtern gearbeitet. Heute, im Zeitalter des Computers, sind Bits und Bytes an diese Stelle getreten. Das momentan wichtigste Verschlüsselungsverfahren ist der Advanced Encryption Standard (AES), der 128-Bit-Blöcke verschlüsselt und dazu einen Schlüssel verarbeitet, der wahlweise 128 bit, 192 bit oder 256 bit lang ist. Der AES wird beispielsweise von

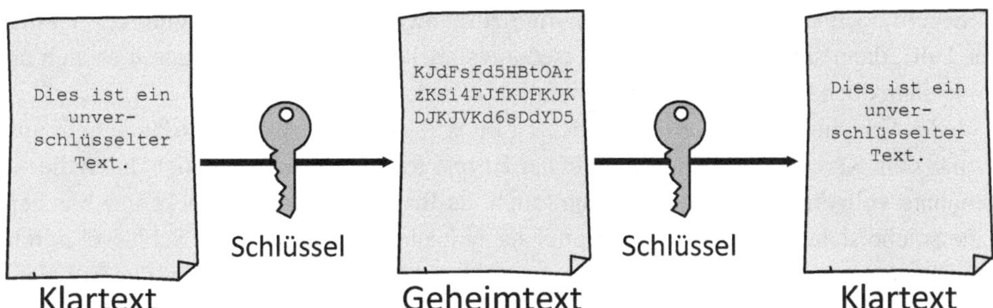

Abb. 1.2 Bei der symmetrischen Verschlüsselung kommt zum Ver- und Entschlüsseln der gleiche Schlüssel zum Einsatz

Webbrowsern, E-Mail-Verschlüsselungsprogrammen, VPN-Lösungen und Geldautomaten verwendet.

Bis Mitte der Siebziger-Jahre galt es als Selbstverständlichkeit, dass Sender und Empfänger einer Nachricht den gleichen Schlüssel nutzen (siehe Abb. 1.2). Man spricht hierbei von symmetrischen Verfahren bzw. von **symmetrischer Kryptografie.** Der AES ist ein symmetrisches Verfahren, genauso wie die Enigma oder die zahlreichen Papier-und-Bleistift-Verschlüsselungsmethoden. Wie Sie in den folgenden Unterkapiteln erfahren werden, gibt es inzwischen jedoch auch Verfahren, die auf Sender- und Empfängerseite unterschiedliche Schlüssel nutzen und die man entsprechend als „asymmetrisch" bezeichnet. In diesem Unterkapitel soll es jedoch nur um die symmetrische Kryptografie gehen.

Neben dem AES haben Experten zahlreiche weitere symmetrische Verschlüsselungsverfahren für den Computer entwickelt. Manche sind für besonders ressourcenschwache Umgebungen wie Smartcard-Chips optimiert, andere haben ähnliche Eigenschaften wie der AES. Ältere Algorithmen haben teilweise noch eine Schlüssellänge von 64 bit, inzwischen gelten jedoch 128 bit als Minimum. Auch 192- oder 256-Bit-Schlüssel sind heute gebräuchlich.

Auf die Funktionsweise des AES und anderer symmetrischer Verfahren will ich an dieser Stelle nicht näher eingehen. Es sei jedoch erwähnt, dass alle gängigen Methoden dieser Art auf sehr einfachen mathematischen Operationen basieren. Dazu gehören vor allem Ersetzungstabellen (eine kurze Bitfolge wird durch eine andere ersetzt), Permutationen (die Reihenfolge der Bits wird verändert) und die bitweise **Exklusiv-oder-Verknüpfung.** Letztere verknüpft zwei Bits miteinander, wird mit dem Zeichen $\oplus$ notiert und sieht vor, dass das Ergebnis genau dann eins ist, wenn einer der beiden Eingabewerte eins ist:

$$0 \oplus 0 = 0$$

$$0 \oplus 1 = 1$$

$$1 \oplus 0 = 1$$

$$1 \oplus 1 = 0$$

Sofern doch kompliziertere Rechenarten zur Anwendung kommen (beim AES ist dies der Fall), dann sind diese meist als Ersetzungstabellen realisierbar, wodurch es sich am Ende dann doch um recht einfache Operationen handelt.

Jedes Verschlüsselungsverfahren, dessen Funktionsweise bekannt ist (davon geht man gemäß dem Kerckhoffsschen Prinzip in der Kryptografie stets aus) lässt sich durch die sogenannte **vollständige Schlüsselsuche** (auch als Brute-Force-Angriff bekannt) brechen. Eine solche sieht vor, dass der Angreifer nacheinander alle möglichen Schlüssel durchprobiert und jeweils testet, ob ein sinnvoller Klartext herauskommt. Ist dies der Fall, dann ist der richtige Schlüssel gefunden und die Verschlüsselung geknackt. Wenn man die Sicherheit eines Verschlüsselungsverfahrens betrachtet, dann geht man vorsichtshalber meist davon aus, dass der Angreifer den Klartext kennt, auch wenn das in der Praxis oft nicht der Fall ist. Das Prüfen, ob das Ergebnis der Entschlüsselung ein sinnvoller Klartext ist, besteht dann nur aus einem Vergleich zwischen dem Entschlüsselungsergebnis und dem bekannten Klartext-Block. Man spricht hierbei von einem Known-Plaintext-Angriff. Wenn von einer vollständigen Schlüsselsuche die Rede ist, dann wird nahezu immer ein Known-Plaintext-Angriff angenommen.

Der längste Schlüssel, der je öffentlich durch vollständige Schlüsselsuche gebrochen wurde, hatte eine Länge von 64 bit. Dieser Weltrekord stammt aus dem Jahr 2002 (64-bit RC5 Algorithm Finally Cracked 2002). Damals stellten 331.252 Anwender im Rahmen eines Distributed-Computing-Projekts Rechenzeit zur Verfügung, und dennoch dauerte es fast fünf Jahre, bis der richtige Schlüssel gefunden war. Heute wäre es dank des Fortschritts in der Computertechnik sicherlich möglich, diese Bestmarke deutlich zu steigern, doch anscheinend hat momentan niemand Lust, eine entsprechende Aktion zu starten (Schmeh, 2007) Unabhängig davon kann man davon ausgehen, dass Geheimdienste wie die NSA längere Schlüssel durch eine vollständige Suche knacken können, auch wenn die Öffentlichkeit davon nichts erfährt.

Eine Schlüssellänge von 128 bit gilt dagegen vorläufig als sicher. In diesem Fall gibt es etwa 10^{38} Schlüssel, die es durchzuprobieren gilt. Selbst wenn der Angreifer großes Glück hat und bereits nach einem Prozent des durchsuchten Schlüsselraums auf den richtigen stößt, sind es noch 10^{35} Schlüssel. Solche Größenordnungen sind mit der aktuellen Computertechnik nicht zu bewältigen. Wollte man einen Computer bauen, der alle 128-Bit-Schlüssel an einem Tag durcharbeitet, dann würden die Silizium-Atome im Universum nicht ausreichen, um die notwendige Hardware herzustellen. Dass ein solcher Superrechner mehr Strom verbrauchen würde, als sämtliche Kraftwerke der Welt zusammen produzieren können, kommt erschwerend hinzu – von den Baukosten eines solchen Geräts ganz zu schweigen. Auch das Mooresche Gesetz, das von einer Verdoppelung der Rechenkapazität alle 18 Monate ausgeht, wird daran nicht viel ändern.

Sehr wohl etwas ändern könnten in diesem Zusammenhang jedoch Quantencomputer. Auf deren Fähigkeiten, symmetrische Verschlüsselungen zu knacken, werde ich noch zurückkommen.

1.2 Asymmetrischer Schlüsselaustausch

Symmetrische Verfahren wie der AES haben einen offensichtlichen Nachteil: Der Sender und der Empfänger einer verschlüsselten Nachricht müssen sich vorab auf einen Schlüssel einigen. Dies kann per Post, per Telefon oder bei einem persönlichen Treffen geschehen, ist aber fast immer umständlich. Man spricht hierbei vom **Schlüsselaustausch-Problem.**

In den Siebziger-Jahren entwickelten die US-Amerikaner Whitfield Diffie und Martin Hellman eine mathematische Lösung für das Schlüsselaustausch-Problem: den **asymmetrischen Schlüsselaustausch.** Damit begründeten sie die sogenannte **asymmetrische Kryptografie,** die so heißt, weil Sender und Empfänger unterschiedliche Schlüssel verwenden. Beim asymmetrischen Schlüsselaustausch nutzen die beiden Kommunikationspartner Alice und Bob jeweils einen **privaten Schlüssel** und einen dazu passenden **öffentlichen Schlüssel.** Man spricht hierbei auch von einem Schlüsselpaar. In der asymmetrischen Kryptografie gilt stets: Ein Schlüsselpaar ist einem Nutzer zugeordnet, der seinen privaten Schlüssel geheim hält, während er seinen öffentlichen Schlüssel allen potenziellen Kommunikationspartnern bekannt macht.

Für einen asymmetrischen Schlüsselaustausch benötigt man eine sogenannte **Einwegfunktion.** Dabei handelt es sich um eine Funktion, die einfach zu berechnen, deren Umkehrung jedoch so aufwendig ist, dass man diese als unmöglich betrachten kann. Einwegfunktionen gibt es viele, und wir werden im Laufe des Buchs einige davon kennen lernen. In der asymmetrischen Kryptografie entsteht der öffentliche Schlüssel eines Nutzers immer dadurch, dass eine Einwegfunktion auf dessen privaten Schlüssel angewendet wird. Man kann also stets aus dem privaten Schlüssel auf einfache Weise den zugehörigen öffentlichen Schlüssel berechnen, aber nicht umgekehrt.

Das bekannteste asymmetrische Schlüsselaustausch-Verfahren ist der **Diffie-Hellman-Schlüsselaustausch.** Er ist nach den Kryptografen Whitfield Diffie und Martin Hellman benannt, die diese Methode 1976 veröffentlichten (Whitfield Diffie, 1976).

Der Diffie-Hellman-Schlüsselaustausch nutzt als Einwegfunktion das Modulo-Exponenzieren. Um dieses zu erklären, benötigen wir zunächst das Modulo-Rechnen. Wie dieses funktioniert, sieht man am besten an einem Beispiel. Wir nehmen hierzu das Modulo-7-Rechnen. Dieses kennt nur sieben Zahlen: 0, 1, 2, 3, 4, 5 und 6. Die Zahl 7, die in diesem Zusammenhang selbst nicht verwendet wird, aber die obere Grenze bildet, heißt **Modulus.**

Beim Modulo-7-Rechnen kann man auf die gewohnte Art addieren. Wenn allerdings eine Zahl größer oder gleich 7 herauskommt, wird 7 abgezogen. Hier sind ein paar Beispiele (da wir modulo 7 rechnen, steht stets „(mod 7)“ am Ende der Zeile):

$$2+3=5 \pmod 7$$
$$4+3=0 \pmod 7$$
$$5+5=3 \pmod 7$$

Das Subtrahieren funktioniert analog. Wenn das Ergebnis kleiner als 0 ist, zählt man 7 dazu:

$$5-3=2 \pmod 7$$
$$3-5=5 \pmod 7$$
$$1-6=2 \pmod 7$$

Auch das Multiplizieren modulo 7 funktioniert zunächst wie das normale Multiplizieren. Wenn das Ergebnis jedoch größer als 6 ist, zieht man so lange 7 ab, bis eine Zahl zwischen 0 und 6 herauskommt. Wenn man das Ergebnis durch 7 teilt und den Teilungsrest nimmt, erhält man das gleiche Resultat. Hier sind ein paar Beispiele:

$$2\cdot 3=6 \pmod 7$$
$$2\cdot 5=3 \pmod 7$$
$$6\cdot 6=1 \pmod 7$$

Das Teilen modulo 7 ist etwas umständlicher, aber ebenfalls möglich. Dabei macht man sich zu Nutze, dass auch beim Modulo-Rechnen $a{:}b=c$ das gleiche ist wie $a=b\cdot c$. Es gilt daher beispielsweise:

$$6:3=2 \pmod 7, \text{weil } 6=3\cdot 2 \pmod 7$$
$$3:5=2 \pmod 7, \text{weil } 3=5\cdot 2 \pmod 7$$
$$1:5=3 \pmod 7, \text{weil } 1=5\cdot 3 \pmod 7$$

Natürlich gilt auch beim Modulo-Rechnen, dass man durch Null nicht teilen kann. Eine interessante Frage ist, ob es auch für $b\neq 0$ Zahlenpaare a und b gibt, für die $a{:}b$ (mod 7) kein Ergebnis liefert. Es ist schließlich nicht gesagt, dass man beispielsweise eine ganze Zahl b zwischen 1 und 6 findet, für die $7=6\cdot b$ (mod 7) gilt. Die Antwort auf diese Frage lautet: $a{:}b$ (mod 7) ist für $b\neq 0$ immer definiert, weil 7 eine Primzahl ist. Man kann nämlich zeigen, dass jede Division $a{:}b$ (mod n) möglich ist, sofern $b\neq 0$ gilt und n eine Primzahl ist. Ist n dagegen keine Primzahl, dann gibt es Fälle, die nicht funktionieren. Die Division 2:4 (mod 8) hat beispielsweise keine Lösung, da keine ganze Zahl b zwischen 1 und 7 existiert, für die $2=4\cdot b$ (mod 8) gilt. Weil es diese Einschränkungen gibt, verwendet man zum Modulo-Rechnen meist eine Primzahl als Modulus, damit man sicher sein kann, dass alle Divisionen (außer natürlich durch Null) funktionieren.

Kommen wir nun zur Potenz- bzw. Exponentialfunktion. Beide Begriffe haben zunächst die gleiche Bedeutung. Diese Funktion lässt sich modulo 7 auf die übliche Weise definieren, indem eine Zahl mehrfach mit sich selbst multipliziert wird:

$$2^3=2\cdot 2\cdot 2=1 \pmod 7$$
$$4^2=4\cdot 4=2 \pmod 7$$
$$5^3=5\cdot 5\cdot 5=6 \pmod 7$$

Es ist üblich, von einer Potenzfunktion zu sprechen, wenn die Basis variabel ist (also beispielsweise x^{10}), während bei einer Exponentialfunktion die Variable im Exponenten steht (also beispielsweise 10^x). In der Kryptografie spielen beide Fälle eine wichtige Rolle.

Die Umkehrung der Potenzfunktion ist bekanntlich die Wurzel. Darauf komme ich später zurück. Zunächst soll uns nur die Umkehrung der Exponentialfunktion interessieren, also der Logarithmus. Diesen bezeichnet man in diesem Zusammenhang auch als diskreten Logarithmus. Es gibt ihn natürlich auch beim Modulo-7-Rechnen:

$$\log_2 1 = 3 \pmod 7, \text{weil } 2^3 = 1 \pmod 7$$
$$\log_3 4 = 4 \pmod 7, \text{weil } 3^4 = 4 \pmod 7$$
$$\log_5 1 = 6 \pmod 7, \text{weil } 5^6 = 1 \pmod 7$$

Auch hier gilt, wie bei der Modulo-Division: Abgesehen davon, dass der Logarithmus von Null generell nicht definiert ist, existiert der diskrete Logarithmus immer, sofern der Modulus eine Primzahl ist. Das für uns Interessante am Modulo-Exponenzieren ist, dass es sich dabei um eine Einwegfunktion handelt. Wenn wir beispielsweise als Modulus eine 150-stellige Primzahl p verwenden und auch a und b sehr groß sind, dann überfordert die Berechnung von $\log_a b \pmod p$ selbst den stärksten Computer um viele Größenordnungen.

Eine bekannte Eigenschaft der Exponentialfunktion ist, dass man die Reihenfolge von zwei Zahlen im Exponenten vertauschen kann, ohne dass sich das Ergebnis ändert. Es gilt also $(g^x)^y=(g^y)^x$ oder $g^{xy}=g^{yx}$. Auch wenn wir modulo rechnen, ist diese Eigenschaft gültig. Es gilt also beispielsweise:

$$\left(2^3\right)^2 = \left(2^2\right)^3 = 2^{3\cdot 2} = 2^{2\cdot 3} = 1 \pmod 7$$

Mit diesen Vorüberlegungen können wir den Diffie-Hellman-Schlüsselaustausch definieren. Bei diesem hat Alice den privaten Schlüssel x (in unserem Beispiel sei $x=3$) und Bob den privaten Schlüssel y (im Beispiel $y=4$). Es wird modulo einer Primzahl p (im Beispiel $p=7$) gerechnet. Außerdem benötigen wir eine nichtgeheime Zahl g als Basis für die Exponentialfunktion (im Beispiel $g=2$). Alices öffentlicher Schlüssel ist $g^x \pmod p$, Bobs öffentlicher Schlüssel ist $g^y \pmod p$. Der Diffie-Hellman-Schlüsselaustausch hat nun folgenden Ablauf:

1. Alice sendet ihren öffentlichen Schlüssel $g^x \pmod p$ an Bob. Im Beispiel hat dieser öffentliche Schlüssel den Wert 1, da $2^3=1 \pmod 7$ gilt.
2. Bob sendet seinen öffentlichen Schlüssel $g^y \pmod p$ an Alice. Im Beispiel ist dies die Zahl 2, da $2^4=2 \pmod 7$.
3. Alice berechnet $(g^y)^x \pmod p$. Im Beispiel ist dies die Zahl 1, da $2^3=1 \pmod 7$ gilt.
4. Bob berechnet $(g^x)^y \pmod p$. Im Beispiel ist dies die Zahl 1, da $1^4=1 \pmod 7$ gilt.

Da $(g^x)^y=(g^y)^x$ gilt, haben Alice und Bob nun eine gemeinsame Zahl (im Beispiel ist dies die Zahl 1), die sie als Schlüssel für ein symmetrisches Verfahren nutzen können. Ein

Tab. 1.1 Der Diffie-Hellman-Schlüsselaustausch im Überblick

Name:	Diffie-Hellman
Zweck:	Schlüsselaustausch
Einwegfunktion:	Modulo-Exponentialfunktion
Umkehrung der Einwegfunktion:	Modulo-Logarithmus
Privater Schlüssel:	x (positive ganze Zahl, kleiner als der Modulus p)
Öffentlicher Schlüssel:	g^x (mod p)
Typische Länge des privaten Schlüssels:	2048 bit
Typische Länge des öffentlichen Schlüssels:	2048 bit
Typische Länge des Geheimtexts	2048 bit

Angreifer, der mitliest, kann diesen geheimen Schlüssel nur ermitteln, wenn er den diskreten Logarithmus berechnet. Dazu müsste er jedoch eine Einwegfunktion (das Modulo-Exponenzieren) umkehren, was bei großen Zahlen de facto nicht möglich ist. Für die Primzahl p ist momentan eine Größe von 2048 bit üblich, was einer 617-stelligen Dezimalzahl entspricht. g, x und y liegen irgendwo zwischen 0 und p.

Wir fassen zusammen. Für den Diffie-Hellman-Schlüsselaustausch gilt (Tab. 1.1):

Der Diffie-Hellman-Schlüsselaustausch wird heute in der IT-Welt vielfach verwendet, beispielsweise für die E-Mail-Verschlüsselung, in virtuellen privaten Netzen oder zur Absicherung von Web-Verbindungen mit dem TLS-Protokoll. Er zählt damit zu den wichtigsten kryptografischen Verfahren überhaupt.

Das Modulo-Rechnen ist nicht die einzige mathematische Struktur, in der die Exponentialfunktion eine Einwegfunktion ist. Man kann beispielsweise auch auf elliptischen Kurven eine Rechenoperation definieren, aus der sich eine Exponentialfunktion ergibt, die bei Verwendung großer Zahlen nicht mit realistischem Aufwand umkehrbar ist. Daraus lässt sich dann ein Schlüsselaustausch-Verfahren namens **Elliptic Curve Diffie-Hellman (ECDH)** definieren. Dieses hat den Vorteil, dass es gegenüber dem klassischen Diffie-Hellman mit kürzeren Schlüsseln auskommt und dadurch deutlich schneller ist. ECDH ist nach dem klassischen Diffie-Hellman das zweitwichtigste asymmetrische Schlüsselaustausch-Verfahren.

1.3 Asymmetrische Verschlüsselung

Kurz nach dem asymmetrischen Schlüsselaustausch wurde die **asymmetrische Verschlüsselung** erfunden. Diese sieht vor, dass zum Ver- und Entschlüsseln zwei unterschiedliche Schlüssel – also wiederum ein Schlüsselpaar – verwendet werden (siehe Abb. 1.3). Jeder Anwender, der eine verschlüsselte Nachricht empfangen will, benötigt ein solches Schlüsselpaar, und zwar jeder ein anderes. Ein Schlüsselpaar besteht auch hier aus einem öffentlichen und einem privaten Schlüssel.

Wenn Bob eine asymmetrisch verschlüsselte Nachricht von Alice erhalten will, muss er ein Schlüsselpaar besitzen. Den privaten Schlüssel hält er geheim. Den zugehörigen

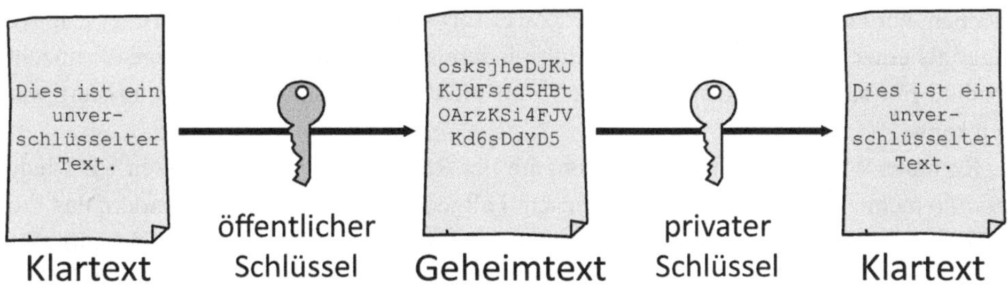

Abb. 1.3 Bei der asymmetrischen Verschlüsselung wird zum Verschlüsseln ein öffentlicher Schlüssel, zum Entschlüsseln der zugehörige private Schlüssel verwendet

öffentlichen Schlüssel macht er Alice und jedem anderen möglichen Absender bekannt. Der öffentliche Schlüssel ist daher keine geheime Information. Mit Bobs öffentlichem Schlüssel kann Alice eine Nachricht so verschlüsseln, dass nur Bob diese (mit dem zugehörigen privaten Schlüssel) entschlüsseln kann.

Es gibt zahlreiche Verfahren, die eine asymmetrische Verschlüsselung ermöglichen. Das bekannteste davon wurde Mitte der Siebziger-Jahre von Ron Rivest, Adi Shamir und Leonard Adleman entwickelt und wird nach deren Nachnamen-Initialen als **RSA-Verfahren** bezeichnet (Ron Rivest, 1977).

Jedes asymmetrische Verschlüsselungsverfahren benötigt eine **Falltürfunktion.** Eine solche ist bei entsprechend großen Zahlen einfach zu berechnen, aber mit realistischem Aufwand nicht umzukehren – es sei denn, man hat eine Zusatzinformation. Mit dieser (der sogenannten Falltür-Information) ist es einfach, die Umkehrfunktion zu berechnen. Kennt man die Falltür-Information nicht, dann wird aus der Falltürfunktion eine Einwegfunktion.

Bei allen bekannten Falltürfunktionen kann man aus der Falltürinformation einen oder mehrere Werte berechnen, die eine Umkehrung ermöglichen. Wie man sich leicht klarmacht, darf es jedoch nicht möglich sein, aus diesen Werten die Falltürinformation auf einfache Weise zu bestimmen – ansonsten wäre die Falltürfunktion einfach umzukehren und dadurch keine Falltürfunktion mehr. Eine Falltürfunktion schließt daher immer eine Einwegfunktion ein. Diese – ich will sie als zugehörige Einwegfunktion bezeichnen – erlaubt die einfache Berechnung eines oder mehrerer Parameter der Falltürfunktion, während es umgekehrt schwierig bis unmöglich ist, aus den Parametern die Falltürinformation zu berechnen.

Auch das RSA-Verfahren basiert auf einer Falltürfunktion mit zugehöriger Einwegfunktion. Fangen wir mit letzterer an. Die RSA-Einwegfunktion ist das Multiplizieren zweier Primzahlen. Zwei Primzahlen miteinander zu multiplizieren ist einfach, während die Umkehrung – also das Zerlegen eines Primzahlprodukts in seine zwei Faktoren (also die **Faktorisierung**) – deutlich mehr Aufwand erfordert. Beispielsweise werden Sie im Kopf sicherlich schnell ausrechnen können, was $29 \cdot 31$ ergibt, während die Faktorisierung der Zahl 899 nicht ganz so einfach von der Hand geht. Wenn wir mit sehr großen Primzahlen rechnen, wird die Sache noch deutlicher: Zwei 150-stellige Primzahlen kann ein PC in weniger als einer Sekunde miteinander multiplizieren, während ein 400-stelliges Primzahlprodukt mit sämtlichen Computern der Welt nicht in akzeptabler Zeit faktorisiert werden kann.

Kommen wir nun zur Falltürfunktion, auf der RSA basiert. Hierzu müssen wir wieder modulo rechnen. Der Modulus ist in diesem Fall jedoch keine Primzahl, sondern das Produkt zweier Primzahlen. Wir nehmen als Beispiel 5 und 13, deren Produkt 65 ergibt. Das Potenzieren modulo eines Primzahlprodukts ist recht einfach. Wir berechnen beispielsweise mühelos:

$$3^7 = 42 \pmod{65}$$

Nun soll uns die Umkehrung dieser Rechnung interessieren. Allerdings geht es dieses Mal nicht um den Logarithmus, sondern um die andere Umkehrung, die Wurzel. Hier ist ein Beispiel, das sich aus obiger Gleichung ergibt:

$$\sqrt[7]{42} = 3 \pmod{65}$$

Eine solche Modulo-Wurzel, bei der der Modulus ein Primzahlprodukt ist, ist schwer zu berechnen. Bei Zahlen in der Größenordnung von mehreren Hundert Dezimalstellen ist der Aufwand sogar so groß, dass eine Berechnung alle praktisch möglichen Rechnerkapazitäten sprengt. Wir haben es also scheinbar mit einer Einwegfunktion zu tun.

Es gibt jedoch eine Möglichkeit, die Berechnung einer Modulo-Wurzel des gezeigten Typs deutlich zu vereinfachen. Auf die Details möchte ich an dieser Stelle nicht eingehen, nur so viel: Man muss für dieses Berechnungsverfahren die Primfaktoren des Modulus kennen. Im gezeigten Beispiel muss man also wissen, dass 65=13·5 gilt. Allgemein gesprochen gilt: Wenn der Modulus *rsamod* ein Primzahlprodukt ist, muss man für ein schnelles Wurzelziehen die beiden Primfaktoren $prime_1$ und $prime_2$ kennen, für die $rsamod = prime_1 \cdot prime_2$ gilt. Bei sehr großen Zahlen lassen sich diese Primfaktoren aber nicht mit realistischem Aufwand berechnen, da die Primzahl-Multiplikation eine Einwegfunktion ist.

Das RSA-Verfahren ist nun einfach zu erklären. Empfängerin Alice wählt als privaten Schlüssel zwei sehr große Primzahlen $prime_1$ und $prime_2$, beispielsweise jeweils 1024 bit lang. Diese multipliziert sie und erhält dadurch die Zahl $rsamod = prime_1 \cdot prime_2$, die sie als öffentlichen Schlüssel verwendet. Ein weiterer Teil ihres öffentlichen Schlüssels ist eine Zahl *encr*. Der Klartext der Nachricht, die Bob verschickt, ist eine Zahl *plaintext*, die kleiner sein muss als *rsamod*. Den Geheimtext *ciphertext* berechnet er wie folgt:

$$\text{ciphertext} = \text{plaintext}^{\text{encr}} \pmod{\text{rsamod}}$$

Zum Entschlüsseln berechnet Alice die *encr*-te Wurzel von *ciphertext* mit dem besagten Verfahren, das die Faktorisierung von *rsamod* nutzt:

$$\text{plaintext} = \sqrt[\text{encr}]{\text{ciphertext}} \pmod{\text{rsamod}}$$

Schauen wir uns ein Beispiel an, für das wir folgende Werte verwenden: *prime*$_1$=11, *prime*$_2$=23, *encr*=9, *plaintext*=10. Wir berechnen:

$$\text{rsamod} = 11?23 = 253$$

Zum Verschlüsseln berechnet Bob:

$$\text{ciphertext} = 10^9 \pmod{253} = 43$$

Zum Entschlüsseln berechnet Alice (er kennt die Faktorisierung von 253 und kann die Wurzel daher schnell berechnen):

$$\text{plaintext} = \sqrt[9]{43} = 10 \pmod{253}$$

Zusammenfassend lässt sich also sagen: Das RSA-Verfahren nutzt das Modulo-Potenzieren als Falltürfunktion. Die zugehörige Einwegfunktion ist die Primzahl-Multiplikation. Die Faktorisierung des Modulus ist die Falltür-Information.

Wenn von der Länge des öffentlichen RSA-Schlüssels die Rede ist (beispielsweise 2048 bit), ist meist nur die Länge des Primzahlprodukts *rsamod* gemeint. Für die Variable *encr*, die streng genommen auch zum öffentlichen Schlüssel zählt, kann Alice einen Wert verwenden, den auch andere Anwender nutzen. *encr* muss keine besonders große Zahl sein – selbst die Zahl 3 funktioniert in vielen Fällen.

In der Praxis werden RSA und andere asymmetrische Verschlüsselungsalgorithmen fast ausschließlich verwendet, um einen Schlüssel für ein symmetrisches Verfahren zu übertragen. Für die Verschlüsselung der Nutzdaten kommt dann letzteres zum Einsatz. Dieses Vorgehen – also die Nutzung eines asymmetrischen Verfahrens für den Schlüsselaustausch – ist sinnvoll, da symmetrische Verschlüsselungsmethoden um den Faktor 100 bis 1000 schneller sind als asymmetrische. Man bezeichnet die entsprechende Methode auch als **Key Encapsulation Mechanism (KEM).**

Das RSA-Verfahren ist heute das am meisten eingesetzte asymmetrische Verschlüsselungsverfahren. Es wird unter anderem von zahlreichen Web-Browsern, E-Mail-Verschlüsselungsprogrammen und VPN-Lösungen eingesetzt.

Wir fassen zusammen. Für das RSA-Verschlüsselungsverfahren gilt (Tab. 1.2):

Praxistipp Die Open-Source-Software CrypTool ermöglicht die Nutzung nahezu aller gängigen kryptografischen Verfahren über eine grafische Benutzeroberfläche. Das Angebot reicht von RSA und Diffie-Hellman über den AES bis zu verschiedenen kryptografischen Hashfunktionen. Auch klassische Verfahren wie die Vigenère-Chiffre und die Enigma werden unterstützt. Hinzu kommen mehrere Methoden zum Lösen von Verschlüsselungen und einige Animationen zur Veranschaulichung. Auch Post-Quanten-Verfahren gehören zum Funktionsumfang. Die aktuelle Version ist CrypTool 2, die auf

Tab. 1.2 Das RSA-Verschlüsselungsverfahren im Überblick

Name:	RSA
Zweck:	Asymmetrische Verschlüsselung
Falltürfunktion:	Modulo-Potenzierung (mit einem Primzahlprodukt als Modulus)
Umkehrung der Falltürfunktion:	Modulo-Wurzelziehen (mit einem Primzahlprodukt als Modulus)
Einwegfunktion:	Primzahl-Multiplikation
Umkehrung der Einwegfunktion:	Faktorisierung
Privater Schlüssel:	$prim_1$, $prim_2$ (zwei Primzahlen)
Öffentlicher Schlüssel:	$rsamod = prim_1 \cdot prim_2$
Typische Länge des privaten Schlüssels:	2048 bit
Typische Länge des öffentlichen Schlüssels:	2048 bit
Typische Länge des Geheimtexts:	2048 bit

Windows läuft. Daneben gibt es die Java-basierte Variante JCrypTool und die Online-Ausgabe CrypTool-Online. Weitere Informationen findet man unter www.cryptool.org. Empfehlenswert ist außerdem das Buch *Kryptografie lernen und anwenden mit CrypTool und SageMath* von Bernhard Esslinger, das eine Einführung in die Kryptografie liefert und dabei viele Verfahren mit CrypTool erklärt (Esslinger, 2024).

1.4 Digitale Signaturen

Neben dem asymmetrischen Schlüsselaustausch und der asymmetrischen Verschlüsselung gibt es eine dritte wichtige Methode der asymmetrischen Kryptografie: die **digitale Signatur.** Dabei handelt es sich nicht etwa um eine eingescannte Unterschrift, wie man vermuten könnte, sondern um eine Prüfsumme (Abb. 1.4). Alice generiert diese mit einem privaten Schlüssel, der nur ihr bekannt ist. Mit dem zugehörigen öffentlichen Schlüssel, den Alice allen potenziellen Empfängern ihrer Nachrichten bekannt macht, kann Bob die

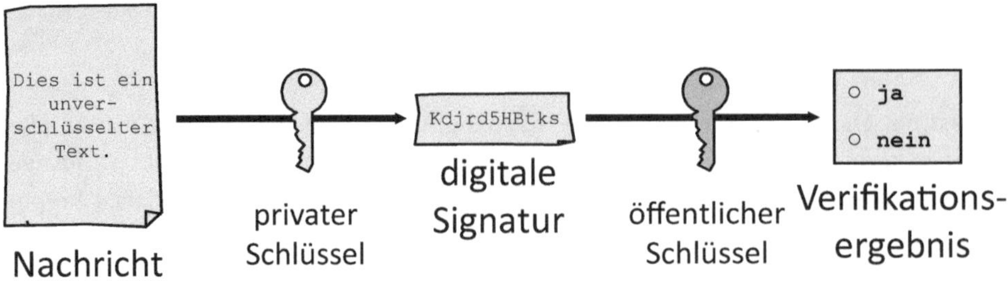

Abb. 1.4 Eine digitale Signatur ist eine Prüfsumme, die mit einem privaten Schlüssel erstellt wird. Zum Überprüfen der Signatur wird der zugehörige öffentliche Schlüssel verwendet

Korrektheit der digitalen Signatur überprüfen und damit die Korrektheit der übertragenen Nachricht, was auch als **Verifikation** bezeichnet wird.

Die digitale Signatur ist somit ein digitales Äquivalent zur Unterschrift von Hand. Wenn Alice ihr eigenes Schlüsselpaar bestehend aus privatem und öffentlichem Schlüssel hat, kann sie zu beliebigen Nachrichten eine Signatur (also eine vom privaten Schlüssel abhängige Prüfsumme) erstellen, die jeder mit dem öffentlichen Schlüssel verifizieren, aber (sofern der private Schlüssel geheim bleibt) niemand fälschen kann.

Das bekannteste digitale Signaturverfahren kennen Sie bereits: RSA. Das RSA-Verfahren lässt sich also nicht nur – wie in Abschn. 1.3 beschrieben – zum Verschlüsseln einsetzen, sondern auch zum Signieren. Mit ihrem privaten RSA-Schlüssel fertigt Alice eine digitale Signatur an, indem sie die zu signierende Nachricht „entschlüsselt" (obwohl diese nicht verschlüsselt ist). Zum Überprüfen der Echtheit „verschlüsselt" Empfänger Bob die Signatur und vergleicht das Ergebnis mit der Nachricht. Sind beide Werte gleich, dann ist die Signatur echt.

In der Praxis signiert man allerdings nicht die gesamte Nachricht, denn diese ist im Allgemeinen deutlich länger als das, was RSA auf einmal verarbeiten kann (beim RSA-Verfahren darf die Nachricht maximal so lang sein wie der öffentliche Schlüssel). Stattdessen wird nur ein kryptografischer Hashwert davon signiert (siehe Kap. 2). Ähnliches gilt auch für alle anderen Signaturverfahren, die in diesem Buch beschrieben werden. Wenn von einer zu signierenden Nachricht die Rede ist, dann ist daher im Folgenden immer ein Hashwert davon gemeint.

Für ein Beispiel ersetzen wir die in Abschn. 1.3 verwendeten Variablen *encr* und *decr* durch *verify* und *sign*. Alices privater Schlüssel besteht wiederum aus den beiden Primzahlen *prime1* und *prime2* sowie der Variable *sign*. Ihr öffentlicher Schlüssel setzt sich aus dem Primzahlprodukt *rsamod* und der Variable *verify* zusammen. Es gelte *prime1*=11, *prime2*=23, *verify*=9, *sign*=49, *plaintext*=10 und *rsamod*=253. Wenn Alice signiert, entspricht dies der Anwendung der Entschlüsselungsfunktion auf den Klartext:

$$\text{signature} = \text{plaintext}^{\text{sign}} = 43^{49} = 10 \pmod{253}$$

Das Verifizieren durch Bob entspricht der Anwendung der Verschlüsselungsfunktion auf die Signatur:

$$\text{plaintext} = \text{signature}^{\text{verify}} = 10^{9} = 43 \pmod{253}$$

Da bei der Verifizierung der korrekte Klartext herauskommt, ist die Signatur echt. Auch hier gilt: Wenn von der RSA-Schlüssellänge die Rede ist (beispielsweise 2048 bit), ist meist nur die Länge des Primzahlprodukts gemeint. RSA ist mit Abstand das bedeutendste Signaturverfahren. Es wird beispielsweise von allen gängigen Web-Browsern, VPN-Clients und E-Mail-Programmen genutzt.

Alice generiert eine RSA-Signatur, indem sie eine Falltürfunktion mithilfe der Falltür-Information umkehrt, wobei letztere als ihr privater Schlüssel dient. Es gibt einige weitere

Signaturverfahren, die so funktionieren. In diesem Buch werden diese Algorithmen unter dem Begriff **Falltürtyp** zusammengefasst.

Etwas anders funktionieren Signaturverfahren des **Homomorphie-Typs.** Diese benötigen keine Falltürfunktion, dafür jedoch eine Einwegfunktion *Oneway*. Der private Schlüssel ist eine Zahl *priv*, der öffentliche *Oneway(priv)*. Das Signieren entspricht (anders als bei RSA) hier nicht der Umkehrung eines Verschlüsselungsvorgangs, und beim Verifizieren entsteht (anders als bei RSA) nicht die ursprüngliche Nachricht. Die Einwegfunktion *Oneway* muss homomorph sein, was bedeutet, dass $Oneway(x) \cdot Oneway(y) = Oneway(x \cdot y)$ gelten muss. Signiererin Alice generiert zunächst die sogenannte Präsignatur *presignature* mit einer Formel, die in etwa so aussieht (in der Praxis kommen noch weitere Variablen dazu, die von Verfahren zu Verfahren unterschiedlich sind):

$$\text{presignature} = \text{message} \cdot \text{priv}$$

Die Signatur besteht dann aus den beiden Teilen *Oneway(presignature)* und *Oneway(message)*.

Verifizierer Bob kann nun, die Korrektheit der Signatur verifizieren, indem er prüft, ob die folgende Gleichung korrekt ist (*Oneway(priv)* ist der öffentliche Schlüssel und daher bekannt):

$$\text{Oneway}(\text{presignature}) = \text{Oneway}(\text{message}) \cdot \text{Oneway}(\text{priv})$$

Wenn diese Gleichung stimmt, dann ist die Signatur korrekt. Ein Angreifer kann die Signatur nur fälschen, wenn er die Einwegfunktion umkehren kann, was aber nicht möglich ist.

Ein Signaturverfahren, das in etwa diesem Prinzip folgt und daher zu den Verfahren des Homomorphie-Typs gehört, ist das ElGamal-Verfahren. Dieses nutzt als Einwegfunktion die Modulo-Exponentiation und ist damit eng mit Diffie-Hellman verwandt. Man kann sogar für Diffie-Hellman und ElGamal die gleichen Schlüssel verwenden. Eine Weiterentwicklung von ElGamal ist der Digital Signature Algorithm (DSA). Der DSA ist nach RSA momentan das zweitwichtigste Signaturverfahren.

Eine weitere Variante sind Signaturverfahren vom **Fiat-Shamir-Typ.** Diese nutzen die Fiat-Shamir-Transformation, um die es in Kap. 9 geht. Verfahren des Fiat-Shamir-Typs gibt es inzwischen ziemlich viele, da dieses Prinzip auf sehr viele unterschiedliche mathematische Fragestellungen und den damit verbundenen Einwegfunktionen anwendbar ist.

Und schließlich gibt es noch Signaturverfahren vom **OTS-Typ.** Diese kommen in Form von Hash-basierten Signaturverfahren zum Einsatz (siehe Kap. 15). OTS steht für One Time Signature. Verfahren dieses Typs sind in vielerlei Hinsicht am anspruchslosesten. Man benötigt dafür lediglich eine Einwegfunktion ohne zusätzliche Eigenschaften. Dafür haben diese Algorithmen einige Eigenschaften, die sie unhandlich machen.

Wir fassen zusammen. Für das RSA-Signaturverfahren gilt (Tab. 1.3):

Tab. 1.3 Das RSA-Signaturverfahren im Überblick

Name:	RSA
Zweck:	Digitales Signieren
Typ:	Falltürtyp
Falltürfunktion:	Modulo-Potenzierung (mit einem Primzahlprodukt als Modulus)
Umkehrung der Falltürfunktion:	Modulo-Wurzelziehen (mit einem Primzahlprodukt als Modulus)
Einwegfunktion:	Primzahl-Multiplikation
Umkehrung der Einwegfunktion:	Faktorisierung
Privater Schlüssel:	*prim1*, *prim2* (zwei Primzahlen)
Öffentlicher Schlüssel:	$rsamod = prim1 \cdot prim2$
Typische Länge des privaten Schlüssels:	2048 bit
Typische Länge des öffentlichen Schlüssels:	2048 bit
Typische Länge der Signatur:	2048 bit

Kryptografische Hashfunktionen 2

Neben symmetrischen Verschlüsselungsverfahren, asymmetrischen Verschlüsselungsverfahren und digitalen Signaturen gibt es in der Kryptografie noch einige weitere Methoden. Die wichtigsten davon sind **kryptografische Hashfunktionen,** die auch als Einweg-Hashfunktionen oder Message-Digest-Funktionen bezeichnet werden.

2.1 Wozu kryptografische Hashfunktionen?

Für kryptografische Hashfunktionen gibt es unterschiedliche Anwendungen. Wir beginnen mit der bekanntesten davon, dem Generieren eines Hashwerts für digitale Signaturen. In diesem Zusammenhang ist von Bedeutung, dass alle bekannten digitalen Signaturverfahren einen Nachteil haben: Sie können nur recht kurze Nachrichten signieren. Im Falle von RSA darf die Nachricht maximal so lang sein wie der öffentliche Schlüssel – also typischerweise 2048 bit, was gerade einmal 0,25 KByte entspricht. Um eine Datei in der Größe eines Megabytes zu signieren, müsste Alice diese in 4000 Blöcke zerlegen, die jeweils eine eigene Signatur erhalten. Das ist natürlich nicht praktikabel.

Um dieses Problem zu lösen, kann Alice eine kryptografische Hashfunktion verwenden (siehe Abb. 2.1). Eine solche bildet eine Nachricht **(Urbild)** auf eine Bitfolge fester Länge **(Hashwert)** ab. Es gilt:

$$Hashwert = Hash(Urbild)$$

Statt der gesamten Nachricht signiert Alice jeweils nur den Hashwert davon. Die Länge des Hashwerts beträgt in diesem Buch stets 256 bit. In der Praxis kommen auch andere Hashwert-Längen vor, beispielsweise 384 oder 512 bit. Früher waren 128 oder 160 bit üblich, was inzwischen als zu kurz gilt. Im Gegensatz zu den meisten anderen kryptografischen

K. Schmeh, *Post-Quanten-Kryptografie*,
https://doi.org/10.1007/978-3-658-50705-3_2

Abb. 2.1 Eine kryptografische Hashfunktion bildet eine Nachricht beliebiger Länge auf einen Wert (Hashwert) konstanter Länge ab. In diesem Buch hat ein Hashwert stets eine Länge von 256 bit.

Verfahren geht in eine Hashfunktion kein Schlüssel ein (eine Ausnahme werde ich weiter unten vorstellen).

Da es stets deutlich mehr Urbilder als Hashwerte gibt, generieren jeweils viele Urbilder den gleichen Hashwert. Eine kryptografische Hashfunktion darf es jedoch nicht erlauben, dass ein Angreifer zu einem Urbild ein zweites Urbild mit dem gleichen Hashwert berechnet – ansonsten würde eine Signatur des Hashwerts auch für dieses zweite Urbild gelten, was nicht erwünscht ist. Generell soll es nicht möglich sein, dass ein Angreifer zu einem Hashwert ein passendes Urbild berechnet. Man spricht in diesem Zusammenhang auch von Urbildresistenz. Da diese gegeben sein muss, ist eine kryptografische Hashfunktion immer auch eine Einwegfunktion. Kryptografische Hashfunktionen werden daher manchmal auch als Einweg-Hashfunktionen bezeichnet.

Manche Anwendungen erfordern sogar, dass ein Angreifer generell nicht in der Lage sein darf, mehrere Urbilder mit gleichem Hashwert (Kollision) zu finden. Eine kryptografische Hashfunktion, die diese Anforderung erfüllt, gilt als kollisionsresistent. Eine kollisionsresistente kryptografische Hashfunktion ist stets auch urbildresistent. Alle gängigen kryptografischen Hashfunktionen haben den Anspruch, kollisionsresistent zu sein. Wenn eine Kollision doch erzeugbar ist, dann gilt eine kryptografische Hashfunktion als unsicher, obwohl Kollisionen für manche Anwendungen nicht relevant sind. Wir setzen daher im Folgenden stets voraus, dass eine kryptografische Hashfunktion keine Kollisionen erlaubt.

Im Gegensatz zu den meisten asymmetrischen Verfahren basieren die gängigen kryptografischen Hashfunktionen nicht auf mathematischen Problemstellungen wie der Primzahl-Faktorisierung oder dem Modulo-Logarithmus, sondern sind ähnlich wie symmetrische Verschlüsselungsverfahren aufgebaut. Sie nutzen also einfache Funktionen wie die Exklusiv-oder-Verknüpfung oder die Transposition, um in mehreren ähnlich ablaufenden Runden einen Hashwert zu generieren. Eine gute kryptografische Hashfunktion muss den sogenannten Avalanche-Effekt erfüllen. Dieser besagt, dass schon eine kleine Änderung im Urbild den Hashwert komplett verändern muss. Die Änderung eines beliebigen Bits im Urbild hat daher bei einer guten kryptografischen Hashfunktion zur Folge, dass sich etwa die Hälfte der 256 Bits im Hashwert ändert.

Kryptografische Hashfunktionen sind um den Faktor 100 bis 1000 schneller als die derzeit verwendeten Signaturverfahren. Es lohnt sich daher bereits bei relativ kurzen Nachrichten, einen Hashwert zu signieren, anstatt die Nachricht in Blöcke aufzuteilen, die einzeln signiert werden. In diesem Buch können Sie bei der Beschreibung eines digitalen Signaturverfahrens daher immer davon ausgehen, dass dieses einen Hashwert signiert. Manche Signaturverfahren werden aufgrund eines fehlenden Avalanche-Effekts sogar unsicher, wenn Alice statt eines Hashwerts eine andere Information signiert.

Die derzeit wichtigsten kryptografischen Hashfunktionen heißen SHA-2 und SHA-3, wobei die Abkürzung SHA für Secure Hash Algorithm steht. Wie diese Algorithmen funktionieren, ist nicht Gegenstand dieses Buchs. Trotz des ähnlichen Namens sind SHA-2 und SHA-3 unterschiedlich aufgebaut. Beide Algorithmen können Hashwerte unterschiedlicher Länge generieren. Die in diesem Buch durchgehend verwendete Hashwert-Länge von 256 bit wird von beiden unterstützt.

Neben dem Generieren von Hashwerten für digitale Signaturen werden kryptografische Hashfunktionen für zahlreiche andere Zwecke verwendet. Für die Generierung von Zufallszahlen kommen sie genauso zum Einsatz wie in der Blockchain-Technologie oder beim Umgang mit Passwörtern. Es gibt sogar digitale Signaturverfahren, die ausschließlich aus kryptografischen Hashfunktionen zusammengesetzt sind (siehe Kap. 15).

Vergleicht man kryptografische Hashfunktionen mit Einwegfunktionen, die auf einem mathematischen Problem basieren (etwa der Primzahl-Multiplikation), dann fallen einige Unterschiede auf. Der wichtigste Vorteil von ersteren besteht darin, dass sie deutlich performanter sind. Ein wichtiger Nachteil ist dagegen, dass kryptografische Hashfunktionen nicht homomorph sind – zumindest hat es noch niemand geschafft, eine solche zu entwickeln. Es gibt also insbesondere keine kryptografische Hashfunktion, für die $Hash(x) \cdot Hash(y) = (x \cdot y)$ gilt. Weil das so ist, lässt sich mit kryptografischen Hashfunktionen kein Schlüsselaustausch nach Vorbild von Diffie-Hellman durchführen. Aus demselben Grund kann man aus einer kryptografischen Hashfunktion keine Falltürfunktion und damit auch kein asymmetrisches Verschlüsselungsverfahren wie RSA konstruieren. Dabei wäre es angesichts der höheren Ausführungsgeschwindigkeit durchaus wünschenswert, Diffie-Hellman- und RSA-Alternativen auf Basis von kryptografischen Hashfunktionen zu haben.

Da eine kryptografische Hashfunktion nicht homomorph ist, kann man aus einer solchen auch nicht ohne Weiteres ein Signaturverfahren erstellen. Der Falltürtyp, zu dem beispielsweise RSA-Signaturen gehören, funktioniert nicht, weil mit kryptografischen Hashfunktionen Falltürfunktionen nicht machbar sind. Dass der Homomorphie-Typ nicht funktioniert, ist ebenfalls klar, weil kryptografische Hashfunktionen nicht homomorph sind. Auch der Fiat-Shamir-Typ ist zumindest nicht auf naheliegende Weise anwendbar (eine Ausnahme gibt es in Abschn. 14.3), was daran liegt, dass man für einen geeignetes Authentifizierungsverfahren eine homomorphe Funktion benötigt. Der einzige Signaturtyp, der in diesem Zusammenhang funktioniert, ist der OTS-Typ. Dieser wiederum wird in der Praxis ausschließlich mit kryptografischen Hashfunktionen ausgeführt, obwohl auch andere Einwegfunktionen nutzbar wären. Kryptografische Hashfunktionen sind jedoch deutlich schneller, daher wäre es unsinnig, bei OTS auf andere Konstrukte zu setzen.

2.2 Bitmasken

Wie in Abschn. 2.1 erwähnt, fordert man von einer kryptografischen Hashfunktion, dass sie nicht nur urbildresistent, sondern auch kollisionsresistent ist. Alle gängigen kryptografischen Hashfunktionen sind mit diesem Ziel entwickelt worden. Es ist jedoch schon vorgekommen, dass Experten dennoch für eine kryptografische Hashfunktion eine oder mehrere Kollisionen berechnen konnten. Es kann daher passieren, dass eine kryptografische Hashfunktion zwar als urbildresistent, nicht aber als kollisionsresistent gilt.

Es gibt eine einfache Methode, um eine nichtkollisionsresistente kryptografische Hashfunktion kollisionsresistent zu machen, sofern sie urbildresistent ist. Dazu verwendet man eine sogenannte Bitmaske. Dabei handelt es sich um einen beliebigen (meist per Zufall generierten) Wert, der typischerweise so lang ist wie die Nachricht. Bevor die Hashfunktion ausgeführt wird, wird die Bitmaske mit dem Urbild bitweise exklusiv-oder-verknüpft. Es gilt also:

$$Hashwert = Hash\left(Urbild \oplus Bitmaske\right)$$

Die Bitmaske ist keine geheime Information. Sie sollte jedoch für den Nutzer der Hashfunktion nicht frei wählbar sein, da sich dieser sonst einen für seine Zwecke passenden Wert (etwa einen, die nur aus Nullen besteht und das Urbild dadurch nicht ändert) aussuchen kann.

2.3 Schlüsselabhängige und anpassbare Hashfunktionen

In eine kryptografische Hashfunktion geht normalerweise kein Schlüssel ein. Dies bedeutet, dass jeder, der das Urbild kennt, den zugehörigen Hashwert berechnen kann. Manchmal ist es jedoch erwünscht, dass dazu nicht jeder in der Lage ist. Zu diesem Zweck gibt es **schlüsselabhängige Hashfunktionen**. Auch die Bezeichnung Message Authentication Code (MAC) ist üblich. Bei einer schlüsselabhängigen Hashfunktion kann man den Hashwert nur berechnen, wenn man den Schlüssel kennt. Bezeichnet man den Schlüssel als *key*, dann kann man eine schlüsselabhängige Hashfunktion wie folgt notieren:

$$Hashwert = Hash_{key}\left(Urbild\right)$$

Eine schlüsselabhängige Hashfunktion lässt sich auf einfache Weise aus einer gewöhnlichen Hashfunktion generieren. Zu diesem Zweck kann man beispielsweise den Schlüssel dem Urbild voranstellen, also $Hashwert = Hash(key, Urbild)$. Eine solche Konstruktion hat verschiedene Nachteile, daher werden in der Praxis andere Varianten verwendet, beispielsweise *Hashwert* = *Hash(key,Urbild,key)*. Auch ein symmetrisches Verschlüsselungsverfahren lässt sich in eine kryptografische Hashfunktion umwandeln. Es gibt zudem schlüsselabhängige Hashfunktionen, die speziell für diesen Zweck entwickelt wurden und nicht auf einem anderen Verfahren basieren.

Manchmal ist es erwünscht, dass eine kryptografische Hashfunktion für das gleiche Urbild unterschiedliche Hashwerte generiert, wenn unterschiedliche Anwender sie nutzen. Eine kryptografische Hashfunktion mit dieser Eigenschaft wird als anpassbare Hashfunktion bezeichnet. Sie funktioniert ähnlich wie eine schlüsselabhängige Hashfunktion, außer dass der Schlüssel (in diesem Fall als „Differentiator" bezeichnet) nicht geheim bleiben muss.

2.4 Zufallszahlen mit Hashketten

Zufallszahlen spielen in der Kryptografie eine wichtige Rolle. Man benötigt sie beispielsweise, um den Schlüssel für ein symmetrisches Verschlüsselungsverfahren zu generieren. Auch bei asymmetrischen Verfahren wird der private Schlüssel immer mithilfe eines Zufallsgenerators gebildet, auch wenn das Ergebnis (etwa bei RSA, das zwei Primzahlen als Schlüssel nutzt) oftmals nachbearbeitet werden muss. Darüber hinaus gibt es in der Kryptografie auch viele nichtgeheime Werte – etwa Challenges oder Startwerte –, die mit einem Zufallsgenerator erstellt werden.

In vielen Fällen ist es nicht notwendig, eine Zufallszahl zu reproduzieren. Man kann daher zur Zufallsgenerierung eine Methode nutzen, die auf physikalischen Prozessen basiert oder die irgendwelche Speicherbereiche eines Computers einbezieht, die sich oft ändern. Man spricht hierbei von einem nichtdeterministischen Zufallsgenerator. Um Zufallszahlen möglichst unvorhersagbar zu machen, bietet es sich an, verschiedene Zufallsquellen zu mischen, was üblicherweise mit einer kryptografischen Hashfunktion passiert.

Manchmal sind in der Kryptografie jedoch reproduzierbare Zufallszahlen gefragt. Ein Zufallsgenerator, der solche generiert, wird als deterministischer Zufallsgenerator bezeichnet. Auch der Begriff Pseudozufallsgenerator wird hierfür verwendet. Einen deterministischen Zufallsgenerator kann man sehr gut mit einer kryptografischen Hashfunktion realisieren. Alice braucht dazu einen Startwert (diesen kann sie mit einem nichtdeterministischen Zufallsgenerator generieren), den sie mit einer kryptografischen Hashfunktion fort *schaltet*:

$$Zufallszahl_1 = Hash\left(Startwert\right)$$
$$Zufallszahl_n = Hash\left(Zufallszahl_{n-1}\right) \text{ für } n = 2,3,4,5,\ldots$$

Wenn Alice diese Zufallszahlenfolge reproduzieren will, dann muss sie lediglich den Startwert kennen und dann die Hashfunktion entsprechend anwenden. Man bezeichnet dies auch als **Hashkette.**

Manchmal muss die Zufallszahlenfolge allerdings geheim sein. Alice kann dies dadurch erreichen, dass sie den Startwert geheim hält. Dies hat jedoch den Nachteil, dass ein Angreifer aus einer Zufallszahl aus dieser Reihe, die er zufällig erfährt, alle folgenden berechnen kann. Eine bessere Möglichkeit besteht darin, dass Alice zur Generierung der Hashkette eine schlüsselabhängige Hashfunktion verwendet. Dann *gilt*:

$$Zufallszahl_1 = Hash_{key}\left(Startwert\right)$$
$$Zufallszahl_n = Hash_{key}\left(Zufallszahl_{n-1}\right) \text{für } n = 2,3,4,5,\ldots$$

Wer den Schlüssel kennt, kann diese Folge einfach reproduzieren. Wer ihn nicht kennt, hat diese Möglichkeit nicht. Hashketten werden uns im Laufe des Buchs noch öfters begegnen. Unter anderem lässt sich damit eine Matrix generieren. Anstatt eine größere Matrix zu speichern, wird diese jeweils bei Gebrauch per Hashkette erstellt – das spart Speicherplatz.

2.5 Hashbäume

Nehmen wir an, Alice wolle die folgende Liste digital signiert anderen zur Verfügung stellen:

1. Eintrag 1
2. Eintrag 2
3. Eintrag 3
4. Eintrag 4
5. Eintrag 5
6. Eintrag 6
7. Eintrag 7
8. Eintrag 8

Um dies zu tun, generiert sie einen Hashwert, in den die gesamte Liste eingeht, und signiert diesen mit einem Signaturverfahren. Die Liste samt Signatur stellt sie auf einem Server zum Download bereit. Nehmen wir nun an, Bob sei lediglich an Eintrag 4 interessiert. Diesen kann er zwar einzeln herunterladen, doch mit diesem alleine kann er Alices Signatur nicht überprüfen. Stattdessen muss er die gesamte Liste herunterladen, um darüber den Hashwert bilden und die Signatur verifizieren zu können. Bei acht Listeneinträgen ist dies zwar kein großer Aufwand, doch wenn wir es mit einer längeren Liste zu tun haben, muss Bob möglicherweise Tausende von Einträgen herunterladen, obwohl er nur an einem davon interessiert ist.

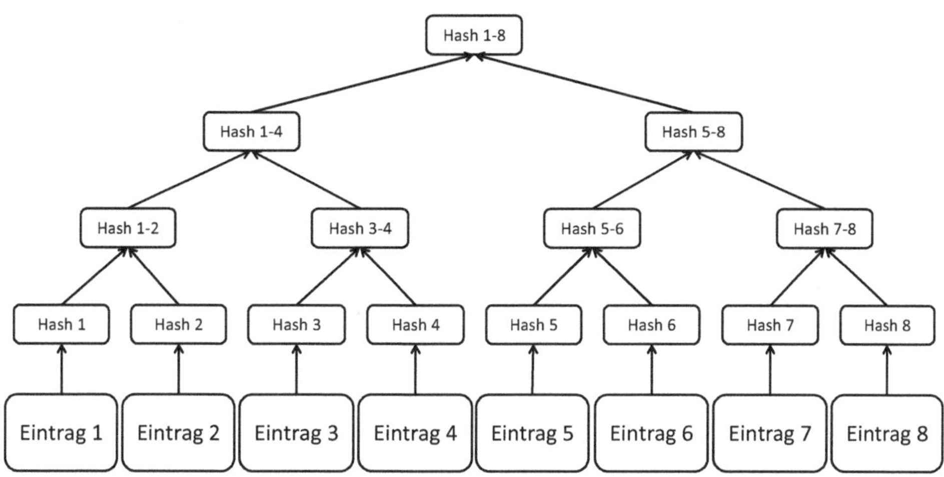

Abb. 2.2 Durch einen Hashbaum lässt sich die digitale Signatur einer Liste prüfen, ohne dass der Verifizierer die gesamte Liste kennen muss.

Eine Lösung für dieses Problem liefern sogenannte Hashbäume (siehe Abb. 2.2). Um einen solchen aufzubauen, muss Alice zunächst zu jedem Listeneintrag einen Hashwert generieren. Anschließend bildet sie aus je zwei dieser Hashwerte einen weiteren und wiederholt diesen Vorgang mehrfach. Nach einigen Runden bleibt nur noch ein Hashwert übrig (Hash 1–8). Diesen signiert sie.

Ist Bob an einem der Listeneinträge interessiert (nehmen wir an, es sei Eintrag 4), dann lädt er diesen herunter und berechnet daraus Hash 4. Zusätzlich besorgt er sich per Download die Hashwerte 3, 1–2 und 5–8. Mit Hash 3 und 4 berechnet er Hash 3–4. Mit Hash 1–2 und 3–4 berechnet er Hash 1–4. Mit Hash 1–4 und 5–8 berechnet er Hash 1–8. Insgesamt lädt Bob einen Listeneintrag, die Signatur und drei Hashwerte herunter. Da wir es hier nur mit acht Listeneinträgen zu tun haben, ist der Vorteil, den ein Hashbaum bietet, nicht besonders groß. Wenn es jedoch um eine Liste mit 1024 Einträgen geht, muss Bob lediglich einen Eintrag, die Signatur sowie zehn Hashwerte herunterladen, während er sich sonst alle 1024 Listeneinträge besorgen müsste – eine deutliche Einsparung.

Die einzelnen Punkte des Hashbaums bezeichnet man als Knoten. Der Knoten mit dem Hash 1–8 heißt Wurzel des Hashbaums, die acht Listeneinträge bilden die Blätter. In diesem Buch gehen wir stets davon aus, dass die Anzahl der Listeneinträge einer Zweierpotenz entspricht – in der Abbildung sind es acht. Wie man sich leicht klarmacht, funktionieren Hashbäume auch bei Listen anderer Länge, doch das soll uns nicht interessieren.

3 Quantencomputer

Quantencomputer sind der Grund, warum es dieses Buch überhaupt gibt. Man versteht darunter einen Computertyp, der sich erheblich von dem unterscheidet, was wir momentan an Rechnern nutzen. Ein Quantencomputer kann bestimmte Berechnungen deutlich schneller durchführen als herkömmliche IT-Geräte, insbesondere kann er einige Kryptoverfahren deutlich schneller knacken. Allerdings steckt die Quantencomputer-Technik noch in den Kinderschuhen, und es ist unklar, ob es jemals praxistaugliche Apparate dieser Art geben wird.

Es gibt verschiedene Ansätze, Quantencomputer zu bauen, wobei die unterschiedlichen Varianten für unterschiedliche Zwecke unterschiedlich gut geeignet sind. In diesem Buch sind nur solche Architekturen von Interesse, mit denen das Lösen von Verschlüsselungen möglich ist. Man spricht auch von kryptografisch relevanten Quantencomputern. Alle folgenden Überlegungen beziehen sich auf diese (Bashiri, 2025).

3.1 Quantenmechanik

Die Idee zu Quantencomputern stammt aus den Achtziger-Jahren und basiert auf einer Erkenntnis der modernen Physik: Elementarteilchen (z. B. Elektronen) verhalten sich in einer Weise, die für größere Objekte unmöglich ist. Anders ausgedrückt: Für Elementarteilchen gilt nicht die klassische Mechanik, sondern die Quantenmechanik, und letztere kennt einige sehr ungewöhnliche Effekte. Zwei davon sind für Quantencomputer von Bedeutung: Superpositionen und Verschränkungen.

Eine Superposition liegt vor, wenn ein Elementarteilchen mehrere Zustände gleichzeitig einnimmt, die sich scheinbar ausschließen. Dies ist in der Quantenmechanik nicht nur möglich, sondern der Normalzustand. Dieses Superpositionsprinzip gibt es in unterschiedlichen

K. Schmeh, *Post-Quanten-Kryptografie*,
https://doi.org/10.1007/978-3-658-50705-3_3

Zusammenhängen. So zeigt ein Elektron beispielsweise innerhalb eines Magnetfelds eine magnetische Ausrichtung, den sogenannten Spin, die nur zwei Werte (parallel oder antiparallel zum Magnetfeld) annehmen kann. Diese beiden Werte bilden jeweils das Gegenteil des anderen und schließen sich daher scheinbar aus. Befindet sich ein Elektron jedoch in einer Superposition, dann kann es beide Spins gleichzeitig annehmen.

Doch damit nicht genug. Sobald man den Zustand eines in Superposition befindlichen Teilchens misst, ist die Superposition beendet und der Zustand festgelegt. Welcher der überlagerten Zustände bei der Messung herauskommt, ist lediglich mit einer bestimmten Wahrscheinlichkeit vorhersehbar – etwa 80 % für den einen und 20 % für den anderen Zustand. Dies gilt auch für ein Elektron mit gegensätzlichem Spin: In dem Moment, in dem man den Spin misst, nimmt dieser nur noch einen Wert an.

Könnte man die Quantenmechanik auf die klassische Mechanik übertragen, dann hätte eine Superposition etwa folgende Bedeutung: Eine Münze, die auf dem Tisch liegt, zeigt weder mit der Kopf- noch mit der Zahlseite eindeutig nach oben. Stattdessen gibt es eine Wahrscheinlichkeit von beispielsweise 80 % für Kopf und 20 % für Zahl. Erst in dem Moment, in dem man die Münze anschaut, wird die Lage eindeutig. Mit 80-prozentiger Wahrscheinlichkeit liegt Kopf, mit 20 % Zahl oben.

Das zweite quantenmechanische Prinzip, das für Quantencomputer eine Rolle spielt, sind Verschränkungen. Sie tauchen zwischen zwei Elementarteilchen auf. Wird eine bestimmte Eigenschaft des einen Teilchens gemessen, dann beeinflusst dies das entsprechende Messergebnis des anderen Teilchens – auch wenn sich die Teilchen an unterschiedlichen Orten befinden. Es gibt auch Verschränkungen zwischen mehr als zwei Teilchen, was uns aber nicht interessieren soll.

Auch Verschränkungen gibt es in der Quantenmechanik in unterschiedlichen Zusammenhängen. Es ist beispielsweise möglich, dass der Spin zweier Elektronen entgegengesetzt ist, obwohl beide Elektronen nicht miteinander verbunden sind und auch das Messergebnis vor der Messung noch gar nicht festgelegt ist. Wird der Spin des einen gemessen, dann hat das verschränkte Teilchen automatisch den entgegengesetzten Spin.

Gäbe es Verschränkungen auch in unserer Alltagswelt, dann hieße das beispielsweise: Man kann zwei Münzen so auf zwei unterschiedliche Tische legen, dass die eine nach dem Superpositionsprinzip zu 80 % Kopf und zu 20 % Zahl zeigt. Die zweite Münze hat nun die entgegengesetzte Eigenschaft: Sie zeigt zu 20 % Kopf und zu 80 % Zahl. Schaut man die eine Münze an und ergibt sich Kopf, dann zeigt die andere automatisch Zahl – obwohl beide Münzen nicht miteinander verbunden sind.

3.2 Quantengatter

Machen wir nun kurz einen Abstecher zu einem Thema, das nicht direkt mit der Quantenmechanik zu tun hat: logische Operationen, die eine Anzahl von Bits als Eingabewert entgegennehmen und ein Bit als Ergebnis ausgeben. Ein einfaches Beispiel ist die

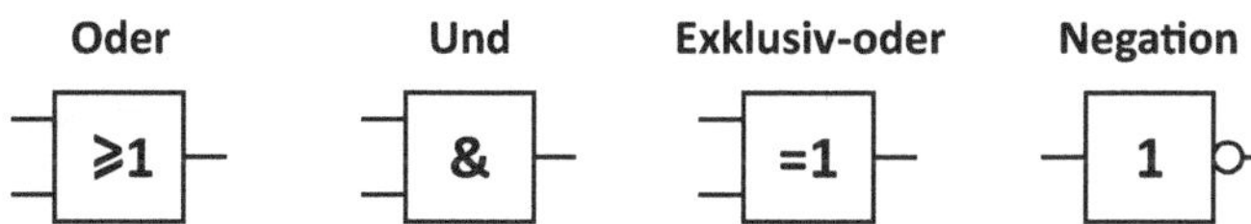

Abb. 3.1 Vier Beispiele für logische Gatter

Oder-Verknüpfung, die zwei Bits entgegennimmt und mit dem Symbol ∨ notiert wird. Sie ist wie folgt definiert:

$$0 \vee 0 = 0$$
$$0 \vee 1 = 1$$
$$1 \vee 0 = 1$$
$$1 \vee 1 = 1$$

Weitere Funktionen mit zwei Eingabewerten sind die Und-Verknüpfung (diese liefert als Ergebnis 1, wenn beide Eingabewerte 1 sind, ansonsten 0) und die Exklusiv-Oder-Verknüpfung (diese habe ich bereits in Abschn. 1.1 eingeführt). Es gibt außerdem logische Operationen, die nur einen Wert entgegennehmen. Dazu gehört etwa die Negation (¬), die bei Eingabe von 0 den Wert 1 ausgibt und umgekehrt. Bekanntermaßen kann man solche Funktionen mit logischen Gattern beschreiben (Abb. 3.1), die sich zu Schaltungen zusammenfügen lassen.

3.2.1 Qubits

Nun nehmen wir die Quantenmechanik dazu. Mit dieser lassen sich spezielle Speicherbausteine und Gatter konstruieren, die mehr können als herkömmliche Vorrichtungen dieser Art. Zunächst einmal nutzen wir das Prinzip der Superposition, um einen Speicherbaustein zu bilden, der die Werte 0 und 1 gleichzeitig annehmen kann. Einen solchen Speicherbaustein bezeichnen wir als Quantenbit oder **Qubit**.

Ein Qubit kann man sich als Kreis mit dem Radius 1 vorstellen, in dem eine Linie vom Mittelpunkt zum Rand geht – ähnlich wie der Zeiger einer Uhr (siehe Abb. 3.2). Steht der Zeiger auf 12 Uhr oder auf 6 Uhr, dann hat das Qubit den Wert 0, zeigt er auf 3 Uhr oder 9 Uhr, dann ist der Wert 1. Steht der Zeiger dagegen beispielsweise auf 1 Uhr, dann nimmt das Qubit eine Superposition ein und hat dadurch sowohl den Wert 0 als auch 1.

Allerdings endet die Superposition, sobald man den Wert des Qubits ausliest. Das Ergebnis ist dann entweder 0 oder 1, wobei der tatsächliche Wert vom Zufall abhängt. Steht der Zeiger beispielsweise auf 1:30 Uhr, dann lautet das Ergebnis mit einer Wahrscheinlichkeit von jeweils 0,5 entweder 0 oder 1. Steht der Zeiger auf 2:30 Uhr (wie in Abb. 3.2), dann ist die Wahrscheinlichkeit für 1 recht hoch, für 0 dagegen eher niedrig. Um die genauen Wahrscheinlichkeiten auszurechnen, müssen wir den Schnittpunkt zwischen Kreis und Zeiger bestimmen und dessen Abstände von der x-Achse und der y-Achse

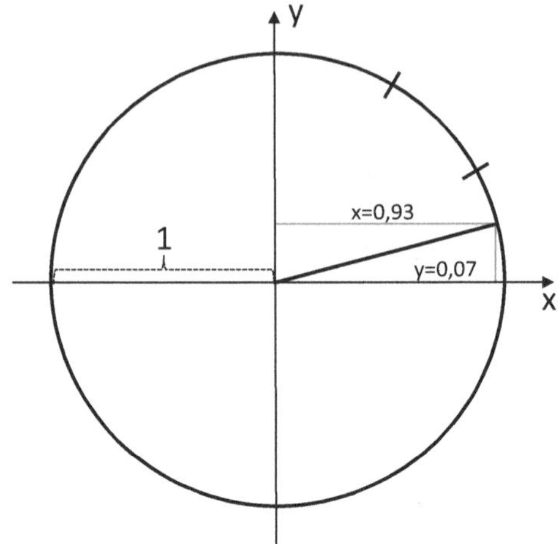

Abb. 3.2 Wenn der Zeiger auf 2:30 Uhr steht, ist beim Auslesen die Wahrscheinlichkeit für 1 hoch und für 0 niedrig

berechnen. Diese Abstände heißen Amplituden, wir bezeichnen sie als x und y. Wir verwenden zu ihrer Beschreibung folgende Ausdrücke:

$$|0>=\begin{pmatrix}1\\0\end{pmatrix}$$

$$|1>=\begin{pmatrix}0\\1\end{pmatrix}$$

Der Wert eines Qubits wird nun mithilfe der Amplituden wie folgt notiert:

$$qubit = y \cdot |0> + \ x \cdot |1>$$

Die Wahrscheinlichkeit für 0 bzw. 1 lautet dann y^2 bzw. x^2.

Betrachten wir ein Beispiel. Wie man leicht nachrechnet, beträgt um 2:30 Uhr der Winkel zwischen der x-Achse und dem Zeiger 15 Grad. Mit einfacher Trigonometrie berechnen wir für diesen Fall x=0,966 und y=0,259. Die besagten Wahrscheinlichkeiten (ausgedrückt durch die Funktion *Prob*) für 2:30 Uhr ergeben sich nun durch Quadrieren wie folgt:

$$\text{Prob}(qubit = 0) = y^2 = 0{,}067$$
$$\text{Prob}(qubit = 1) = x^2 = 0{,}933$$

Leider gibt es in diesem Fall keine Möglichkeit, die Werte von x und y ohne Einfluss des Zufalls auszulesen. Sofern der Zeiger nicht auf 3, 6, 9 oder 12 Uhr steht, ist der ermittelte Wert immer vom Zufall abhängig. Außerdem nimmt das Qubit nach dem Auslesen den ausgelesenen Wert an. Der Zeiger springt also auf die 12-Uhr- oder die 3-Uhr-Position, je nachdem, welcher Wert ermittelt wurde. Liest man das Qubit ein zweites Mal aus, dann kommt dadurch der gleiche Wert wie beim ersten Mal heraus.

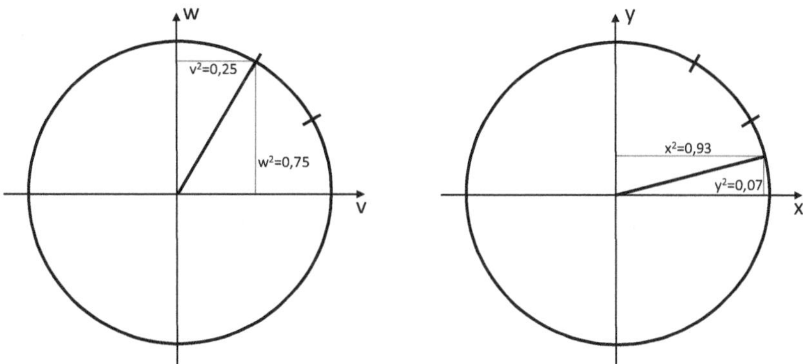

Abb. 3.3 Diese beiden Qubits sind nicht verschränkt

Auf Qubits kann man logische Gatter anwenden, die man als Quantengatter bezeichnet. Quantengatter sind nicht so flexibel wie normale Gatter, aber die wichtigsten logischen Operationen lassen sich damit ausführen. Quantengatter funktionieren grundsätzlich ähnlich wie normale logische Gatter. Allerdings hat ein Quantengatter immer gleich viele Eingänge wie Ausgänge. Außerdem kann ein Quantengatter auch Qubits in Superposition entgegennehmen und ausgeben. Der Wert eines Ein- oder Ausgabe-Qubits ist dadurch nicht auf 0 oder 1 festgelegt, sondern kann auch beide Werte gleichzeitig einnehmen, wobei diese wie gezeigt mit Uhren und Amplituden beschrieben werden können. Beim Auslesen der ausgegebenen Qubits kommt jedoch – entsprechend der beschriebenen Wahrscheinlichkeiten – stets 0 oder 1 heraus.

Richtig interessant wird es, wenn man für Quantenregister nicht nur Superpositionen, sondern auch Verschränkungen nutzt. Dazu müssen wir jedoch zunächst festlegen, was genau „verschränkt" in unserem Modell mit den Uhren und den Amplituden bedeutet. Zu diesem Zweck betrachten wir die beiden Qubits $qubit_1$ und $qubit_2$ in Abb. 3.3. Beim ersten Qubit bezeichnen wir die Amplituden als v und w, beim zweiten als x und y. Wie man sieht, beträgt die Wahrscheinlichkeit für den Wert 0 beim ersten Qubit 0,75, während die Wahrscheinlichkeit für 1 bei 0,25 liegt. Die entsprechenden Wahrscheinlichkeiten beim zweiten Qubit lauten 0,067 und 0,933. Durch entsprechende Multiplikationen können wir berechnen, wie groß die Wahrscheinlichkeit ist, dass $qubit_1$ und $qubit_2$ jeweils den Wert 0 oder 1 annehmen. Es gibt vier Möglichkeiten (man beachte, dass deren Summe 1 ergibt):

$$Prob(qubit_1 = 0,\ qubit_2 = 0) = w^2 \cdot y^2 = 0{,}75 \cdot 0{,}067 = 0{,}05$$
$$Prob(qubit_1 = 0,\ qubit_2 = 1) = w^2 \cdot x^2 = 0{,}75 \cdot 0{,}933 = 0{,}7$$
$$Prob(qubit_1 = 1,\ qubit_2 = 0) = v^2 \cdot y^2 = 0{,}25 \cdot 0{,}067 = 0{,}017$$
$$Prob(qubit_1 = 1,\ qubit_2 = 1) = v^2 \cdot x^2 = 0{,}25 \cdot 0{,}933 = 0{,}233$$

Als nächstes ersetzen wir die zwei separaten Qubits durch ein Gesamtsystem, das folgende vier Vektoren nutzt:

$$|00> = \begin{pmatrix}1\\0\\0\\0\end{pmatrix} \quad |01> = \begin{pmatrix}0\\1\\0\\0\end{pmatrix} \quad |10> = \begin{pmatrix}0\\0\\1\\0\end{pmatrix} \quad |11> = \begin{pmatrix}0\\0\\0\\1\end{pmatrix}$$

Die mathematische Operation, die zu dieser Umwandlung verwendet wird, wird als Tensorprodukt bezeichnet, was uns aber nicht im Detail interessieren soll. Wir nennen die Darstellung mit den vier gezeigten Vektoren Tensordarstellung. Die neuen Amplituden legen wir wie folgt fest:

$$wy \cdot |00> + wx \cdot |01> + vy \cdot |10> + vx \cdot |11>$$

Wir schreiben nun $r=wy$, $s=wx$, $t=vy$ und $u=vx$, wodurch wir erhalten:

$$r \cdot |00> + s \cdot |01> + t \cdot |10> + u \cdot |11>$$

Für unser Beispiel bedeutet das:

$$\begin{aligned} r &= wy = 0{,}866 \cdot 0{,}259 = 0{,}224 \\ s &= wx = 0{,}866 \cdot 0{,}966 = 0{,}837 \\ t &= vy = 0{,}5 \cdot 0{,}259 = 0{,}13 \\ u &= vx = 0{,}5 \cdot 0{,}966 = 0{,}483 \end{aligned}$$

Wie man leicht nachrechnet, gilt hier $ru=st$. Dies liegt daran, dass $ru=vwxy$ und $st=vwxy$ gültig sind. Für unser Beispiel erhalten wir (siehe Abb. 3.4a):

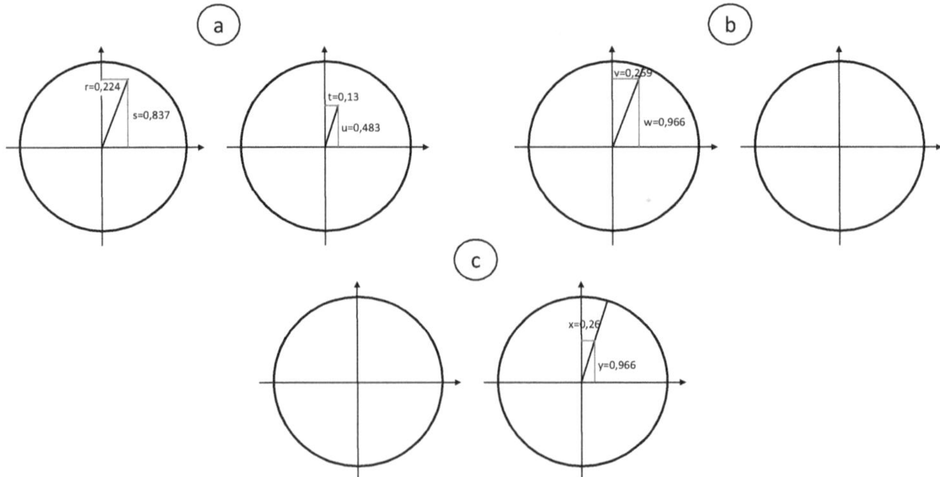

Abb. 3.4 Die beiden Qubits (a) sind nicht verschränkt. Dies erkennt man daran, dass sich nach dem Auslesen des ersten Qubits die Wahrscheinlichkeit des zweiten (b) nicht ändert, und umgekehrt (c)

$$0{,}224 \cdot |00> +0{,}837 \cdot |01> + 0{,}13 \cdot |10> + 0{,}483 \cdot |11>$$

Die Wahrscheinlichkeit, dass ein bestimmter Wert ausgelesen wird, berechnet sich wiederum aus dem Quadrat der jeweiligen Amplitude:

$$\begin{aligned}
&\text{Prob}\left(qubit_1 = 0, qubit_2 = 0\right) = r^2 = 0{,}224^2 = 0{,}05 \\
&\text{Prob}\left(qubit_1 = 0, qubit_2 = 1\right) = s^2 = 0{,}837^2 = 0{,}7 \\
&\text{Prob}\left(qubit_1 = 1, qubit_2 = 0\right) = t^2 = 0{,}13^2 = 0{,}017 \\
&\text{Prob}\left(qubit_1 = 1, qubit_2 = 1\right) = u^2 = 0{,}483^2 = 0{,}233
\end{aligned}$$

Wie Sie sehen, ergeben sich die gleichen Wahrscheinlichkeiten wie zuvor. Die Umformung zur Tensordarstellung hat also nichts geändert. Man beachte, dass die Zeiger der beiden Uhren jetzt nicht mehr die Länge 1 haben und dass sie deshalb nicht mehr den Rand des Kreises erreichen.

Nun nehmen wir an, das erste Qubit werde ausgelesen und der ermittelte Wert sei 0. Wie erwähnt, nimmt das erste Qubit nun den ausgelesenen Wert an, und wir erhalten:

$$0{,}224 \cdot |00> + 0{,}837 \cdot |01> + 0 \cdot |10> +0 \cdot |11>$$

Allerdings ist dieser Wert nicht zulässig, da die Summe der Amplituden-Quadrate nicht 1 ist. Wir können das ändern, indem wir den Zeiger in der linken Uhr auf die länge 1 verlängern (Abb. 3.4b):

$$0{,}259 \cdot |00> + 0{,}966 \cdot |01> + 0 \cdot |10> + 0 \cdot |11>$$

Die Wahrscheinlichkeit, dass das zweite Qubit beim Auslesen ebenfalls 0 ergibt, ist nun:

$$Prob\left(qubit_2 = 0\right) = r^2 = 0{,}259^2 = 0{,}067$$

Nun nehmen wir an, das erste Qubit werde ausgelesen und dessen Wert sei 1. Es ergibt sich:

$$0 \cdot |00> + 0 \cdot |01> + 0{,}13 \cdot |10> + 0{,}483 \cdot |11>$$

Wieder verlängern wir den Zeiger, damit die Amplituden-Quadrate 1 ergeben (Abb. 3.4c):

$$0 \cdot |00> + 0 \cdot |01> + 0{,}259 \cdot |10> + 0{,}966 \cdot |11>$$

Die Wahrscheinlichkeit, dass das zweite Qubit beim Auslesen ebenfalls 0 ergibt, ist nun:

$$\text{Prob}\left(qubit_2 = 0\right) = t^2 = 0{,}259^2 = 0{,}067$$

3.2.2 Verschränkung

Die Wahrscheinlichkeit, dass das zweite Qubit beim Auslesen ebenfalls 0 ergibt, hat sich also nicht geändert. Es spielt in unserem Beispiel somit keine Rolle, welchen Wert das Auslesen des ersten Qubits ergibt – die Wahrscheinlichkeiten für das zweite Qubit bleiben gleich. Man kann zeigen, dass das immer der Fall ist, wenn $ru=st$ gilt. Wir definieren nun: Wenn in der Tensordarstellung zweier Qubits $ru=st$ gilt und daher das Auslesen des einen Qubits das andere nicht beeinflusst, dann bezeichnen wir diese beiden Qubits als **unverschränkt**.

Nun betrachten wir ein anderes Beispiel für die beiden Qubits $qubit_1$ und $qubit_2$ in Tensordarstellung. Dieses Mal nehmen wir an, dass es keine Zahlen v, w, x und y gibt, für die $r=wy$, $s=wx$, $t=vy$ und $u=vx$ gilt. Dadurch gilt nun auch die Gleichung $ru=st$ nicht mehr. Die Quadrate von r, s, t und u sollen aber addiert nach wie vor 1 ergeben. Diese Voraussetzungen sind etwa im Folgenden gegeben (Abb. 3.5a):

$$0,5 \cdot |00> + 0,48 \cdot |01> + 0,4 \cdot |10> + 0,6 \cdot |11>$$

Nun nehmen wir wieder an, das erste Qubit werde ausgelesen und der ausgelesene Wert sei 0. Wie groß ist jetzt die Wahrscheinlichkeit, dass das zweite Qubit beim Auslesen ebenfalls 0 ergibt? Da t und u nun nicht mehr relevant sind, erhalten wir:

$$0,5 \cdot |00> + 0,48 \cdot |01> + 0 \cdot |10> + 0 \cdot |11>$$

Erneut müssen wir den Zeiger verlängern, damit die Amplitudenquadrate 1 ergeben (Abb. 3.5b):

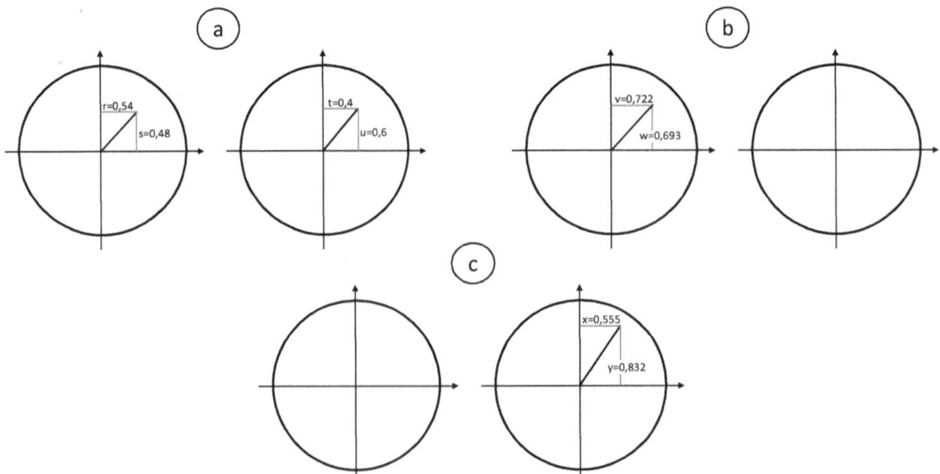

Abb. 3.5 Die beiden Qubits (a) sind verschränkt. Dies erkennt man daran, dass sich nach dem Auslesen des ersten Qubits die Wahrscheinlichkeit des zweiten (b) ändert, und umgekehrt (c)

$$0{,}722\cdot|00>+0{,}693\cdot|01>+0\cdot|10>+0\cdot|11>$$

Nun gilt:

$$\text{Prob}\left(qubit_2=0\right)=r^2=0{,}7222=0{,}521$$

Als nächstes nehmen wir an, das erste Qubit werde als 1 ausgelesen. Wie groß ist jetzt die Wahrscheinlichkeit, dass das zweite Qubit beim Auslesen 0 ergibt? Wenn wir *r* und *s* auf 0 setzen, erhalten wir:

$$0\cdot|00>+0\cdot|01>+0{,}4\cdot|10>+0{,}6\cdot|11>$$

Wir verlängern den Zeiger, damit die Amplitudenquadrate 1 ergeben (Abb. 3.5c):

$$0\cdot|00>+0\cdot|01>+0{,}555\cdot|10>+0{,}832\cdot|11>$$

Nun gilt:
$Prob(\text{qubit}_2{=}0) = t^2 = 0{,}555^2 = 0{,}308$

Wir halten fest: Wenn das erste Qubit beim Auslesen 0 ergibt, erhalten wir eine andere Wahrscheinlichkeit für das zweite Qubit, als wenn das erste Qubit 1 liefert. Das Auslesen des einen Qubits beeinflusst also das Auslesen des anderen. Wie sich zeigen lässt, ist eine solche Beeinflussung immer vorhanden, wenn die Gleichung $ru=st$ nicht gilt. Wir definieren: Wenn in der Tensordarstellung zweier Qubits $ru\neq st$ gilt und daher das Auslesen des einen Qubits das andere beeinflusst, dann bezeichnen wir diese beiden Qubits als **verschränkt**.

Damit haben wir für den Begriff „Verschränkung" eine mathematische Beschreibung gefunden. Diese kann man auf eine größere Zahl von Qubits verallgemeinern. Das folgende Beispiel zeigt drei verschränkte Qubits in der Tensordarstellung (siehe Abb. 3.6):

$$0{,}1\cdot|000>+0{,}3\cdot|001>+0{,}2\cdot|010>+0{,}6\cdot|011>+0{,}26\cdot|100>$$
$$+0{,}4\cdot|101>+0{,}5\cdot|110>+0{,}15\cdot|111>$$

Auch ergibt die Addition der Amplituden-Quadrate 1, wie man leicht nachrechnet:

$$0{,}1^2+0{,}3^2+0{,}2^2+0{,}6^2+0{,}26^2+0{,}4^2+0{,}5^2+0{,}15^2=1$$

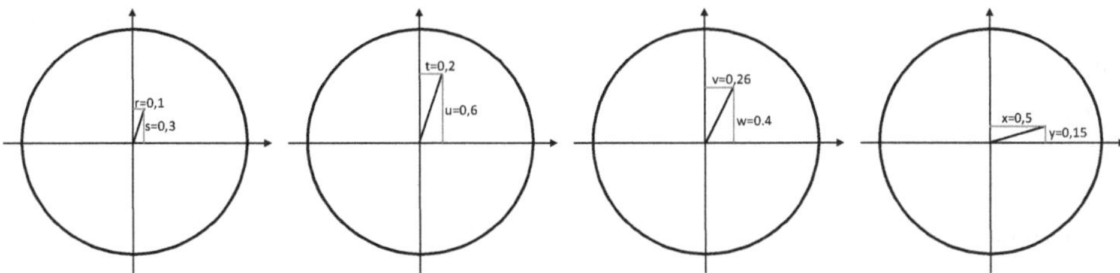

Abb. 3.6 Drei verschränkte Qubits in der Tensordarstellung

Man beachte: In der Vektordarstellung benötigt man für drei Qubits drei Kreise, für die Tensordarstellung dagegen vier. Allgemein gesprochen brauchen wir für die Vektordarstellung von n Qubits n Kreise, für die Tensordarstellung dagegen $2^n/2$. Wenn wir also beispielsweise 8 Qubits (also 1 Qubyte) darstellen wollen, dann sind in der Vektordarstellung 8 Kreise notwendig, während wir in der Tensordarstellung 128 benötigen. Geht es dagegen nur um 2 Qubits (wie in den obigen Beispielen), dann sind jeweils zwei Kreise notwendig, da $2=2^2/2$ gilt.

3.3 Quantencomputer

Ein **Quantencomputer** ist ein Gerät, das Qubits entgegennimmt, mit Quantengattern bearbeitet und Qubits ausgibt. Die verarbeiteten Qubits sind in der Regel verschränkt, da das Rechnen mit unverschränkten Qubits keine Vorteile gegenüber einem herkömmlichen Computer bietet. Ein Speicherbaustein, der innerhalb eines Quantencomputers verschränkte Qubits verarbeitet, heißt **Quantenregister**.

Der Begriff „Quantencomputer" ist für einen solchen Apparat eigentlich nicht sinnvoll, denn man kann ihn nicht wie einen Computer programmieren. „Quantenschaltung" oder „Quantenprozessor" wäre sicherlich passender. Nicht zuletzt aus Marketing-Gründen wird jedoch der Begriff „Quantencomputer" verwendet.

Quantencomputer sind keine Superrechner, die einem herkömmlichen Computer in jeder Hinsicht überlegen sind. Vielmehr handelt es sich dabei um Geräte, die mithilfe von Superpositionen und Verschränkungen einige spezielle Problemstellungen deutlich effektiver lösen können als die bisherige Computertechnik. Dies geschieht mit speziell für Quantencomputer entwickelten Algorithmen. Einige davon werden wir uns im Folgenden ansehen.

Quantencomputer sind nicht so vielseitig einsetzbar wie herkömmliche Rechner. Dennoch gibt es unterschiedliche Anwendungsbereiche. Beispielsweise lassen sich bestimmte Optimierungsprobleme sehr gut damit lösen. Bestens geeignet sind Quantencomputer auch für das Lösen bestimmter Verschlüsselungen. Darum geht es im Folgenden.

3.4 Vollständige Schlüsselsuche mit dem Grover-Algorithmus

Der **Grover-Algorithmus** ist ein mit einem Quantencomputer ausführbares Verfahren, mit dem man ein symmetrisches Verschlüsselungsverfahren durch vollständige Schlüsselsuche brechen kann. Wie wir sehen werden, erledigt der Grover-Algorithmus diese Aufgabe in deutlich weniger Schritten, als auf einem herkömmlichen Computer benötigt werden.

Allgemein gesprochen dient der Grover-Algorithmus der Umkehrung einer Funktion, die eine größere Zahl von Bits entgegennimmt und als Ergebnis 0 oder 1 ausgibt. Um den Grover-Algorithmus für die vollständige Schlüsselsuche zu nutzen, benötigen wir daher

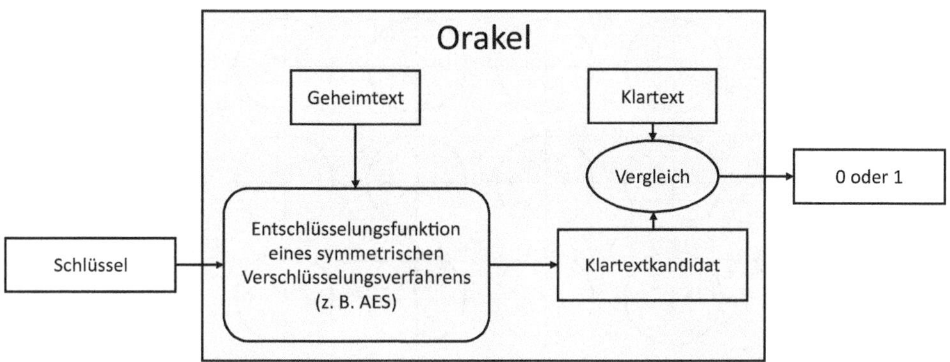

Abb. 3.7 Um den Grover-Algorithmus für die vollständige Schlüsselsuche zu nutzen, benötigt man eine solche Implementierung

eine Implementierung des betreffenden symmetrischen Verschlüsselungsverfahrens, wie sie in Abb. 3.7 dargestellt ist. Wir nutzen dafür die Entschlüsselungsfunktion (also diejenige, die mit dem Schlüssel aus dem Geheimtext den Klartext berechnet) des Verfahrens. Eine Voraussetzung ist, dass wir einen Klartext-Block und einen zugehörigen Geheimtext-Block kennen – es handelt sich also um einen Known-Plaintext-Angriff. Aus dieser Implementierung des Verfahrens bilden wir eine Funktion, die den Schlüssel als Eingabewert entgegennimmt. Sie gibt 1 aus, sofern der schlüssel korrekt ist (wenn also die Entschlüsselung des Geheimtext-Blocks den vorgegebenen Klartext-Block liefert), andernfalls 0. Wir gehen hierbei davon aus, dass es genau einen korrekten Schlüssel gibt. Der bekannte Klartext- und der bekannte Geheimtext-Block werden innerhalb der Funktion als Konstanten betrachtet. Eine Funktion mit diesen Eigenschaften wird auch als Orakel bezeichnet.

Wir betrachten zunächst ein symmetrisches Verfahren mit einer Schlüssellänge von 3 Bit. Ein solcher Schlüssel ist für die Praxis natürlich viel zu kurz, dafür lässt sich der Grover-Algorithmus auf diese Weise leichter erklären. Es gibt in diesem Fall $2^3=8$ Eingabewerte für das Orakel – sieben davon führen zum Funktionsergebnis 0, während einer 1 ergibt. Wir suchen den Eingabewert, der 1 ergibt, und nehmen an, dass es sich dabei um den Wert 101 handelt. Mit anderen Worten: 101 ist der korrekte Schlüssel, den wir nicht kennen und den wir mit dem Grover-Algorithmus finden wollen.

Um den Grover-Algorithmus auszuführen, benötigen wir eine Implementierung des Orakels mit Quantengattern. Wenn wir in ein solches den Schlüssel in Form von unverschränkten Qubits eingeben, die jeweils eindeutig auf 0 oder 1 (also 0 Uhr oder 3 Uhr) gesetzt sind, dann erhalten wir als Ergebnis 0 oder 1 – je nachdem, ob der Schlüssel der richtige ist. Damit allein haben wir jedoch nichts gewonnen. Wir können allerdings ein Prinzip nutzen, das als Phasenumkehr bezeichnet wird. Dieses besagt: Wenn wir verschränkte Qubits in unser Quantengatter-Orakel einspielen, dann bleiben alle Amplituden gleich, außer derjenigen des Werts, der 1 ergibt. Bei letzterem wird das Vorzeichen geändert.

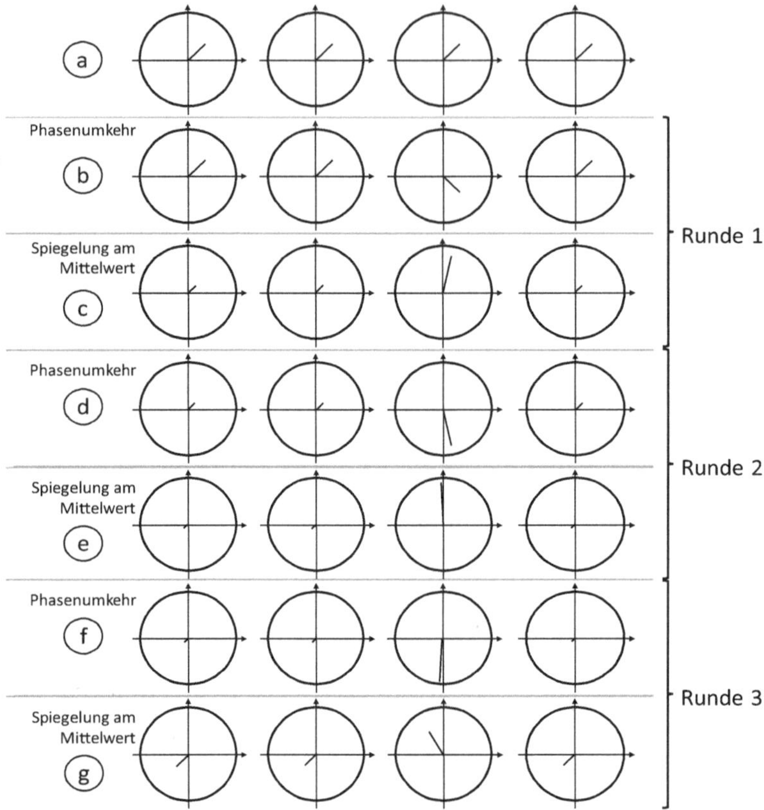

Abb. 3.8 Beim Grover-Algorithmus wird ein Quantenregister zunächst in eine neutrale Position gebracht (a). Danach wird in mehreren Runden der gesuchte Wert zunächst durch eine Phasenumkehr ermittelt und dann durch eine Spiegelung am Mittelwert hervorgehoben

Wir nutzen nun ein aus drei Qubits bestehendes Quantenregister, das wir *qubit3* nennen. Wir setzen am Anfang alle Amplituden auf $\sqrt{1/8}$ (also auf etwa 0,354), wodurch wir für *qubit3* folgenden Initialwert erhalten (siehe Abb. 3.8a):

$$qubit3 = \sqrt{\frac{1}{8}} \cdot |000> + \sqrt{\frac{1}{8}} \cdot |001> + \sqrt{\frac{1}{8}} \cdot |010> + \sqrt{\frac{1}{8}} \cdot |011> + \sqrt{\frac{1}{8}} \cdot |100>$$
$$+ \sqrt{\frac{1}{8}} \cdot |101> + \sqrt{\frac{1}{8}} \cdot |110> + \sqrt{\frac{1}{8}} \cdot |111>$$

Man beachte, dass die Quadrate der Amplituden zusammengezählt 1 ergeben – so wie es gefordert ist. Die so gesetzten Qubits geben wir in das Quantengatter-Orakel ein und erhalten (siehe Abb. 3.8b):

$$qubit3 = \sqrt{\frac{1}{8}} \cdot |\,000> + \sqrt{\frac{1}{8}} \cdot |\,001> + \sqrt{\frac{1}{8}} \cdot |\,010> + \sqrt{\frac{1}{8}} \cdot |\,011> + \sqrt{\frac{1}{8}} \cdot |\,100>$$
$$- \sqrt{\frac{1}{8}} \cdot |\,101> + \sqrt{\frac{1}{8}} \cdot |\,110> + \sqrt{\frac{1}{8}} \cdot |\,111>$$

Die Phasenumkehr hat dafür gesorgt, dass nun eine der acht Amplituden negativ ist. Dies erkennt man daran, dass der Zeiger im dritten Kreis nach rechts unten statt wie bisher nach rechts oben zeigt. Ansonsten hat sich nichts geändert. Wenn wir die gespiegelte Amplitude ermitteln, dann haben wir den Schlüssel gefunden. Leider ist das nicht ganz so einfach, denn wenn wir das Register auslesen, spielt der Zufall eine große Rolle, und wir erhalten mit hoher Wahrscheinlichkeit ein falsches Ergebnis.

Es gibt jedoch ein weiteres Quantengatter, das uns in dieser Situation hilft: das Diffusionsgatter. Dieses spiegelt jede Amplitude am Mittelwert aller Amplituden, was als Diffusion bezeichnet wird. Eine solche Mittelwertspiegelung funktioniert wie folgt: Wir nehmen an, wir haben eine Folge von Zahlen, beispielsweise 2, 5, 3 und 6. Deren Summe beträgt 2+5+3+6=16, der Mittelwert entsprechend *mean*=16/4=4. Wenn wir die Zahl 2 an diesem Mittelwert spiegeln, erhalten wir 6. Aus 5 wird durch eine analoge Spiegelung 3, aus 3 wird 5, und aus 6 wird 2. Das Ergebnis ist daher die Folge 6, 3, 5, 2.

Um zu sehen, was passiert, wenn wir das Diffusionsgatter (und damit die Spiegelung am Mittelwert) auf die Amplituden des Registers *qubit3* anwenden, berechnen wir zunächst den Mittelwert der Amplituden (alle Ergebnisse sind im Folgenden auf drei Nachkommastellen gerundet):

$$mean = \frac{1}{8}\left(\sqrt{\frac{1}{8}} + \sqrt{\frac{1}{8}} + \sqrt{\frac{1}{8}} + \sqrt{\frac{1}{8}} + \sqrt{\frac{1}{8}} \,?\, \sqrt{\frac{1}{8}} + \sqrt{\frac{1}{8}} + \sqrt{\frac{1}{8}}\right) = 0{,}265$$

Wir müssen also jede der acht Amplituden am Wert 0,265 spiegeln. Wir erhalten (siehe Abb. 3.8c):

0,173 · |000> + 0,173 · |001> + 0,173 · |010> + 0,173 · |011> + 0,173 · |100> + 0,883 · |101> + 0,173 · |110> + 0,173 · |111>

Dieses Ergebnis hilft uns schon wesentlich weiter, denn der Zeiger der dritten Uhr steht nun schon recht nahe bei 12 und nähert sich der Länge 1. Um ein noch besseres Resultat zu erhalten, führen wir daher die beiden letzten Operationen (Anwendung des Quantengatter-Orakels und Spiegelung am Mittelwert) noch einmal durch. Die Orakelfunktion sorgt erneut für eine Phasenumkehr (Abb. 3.8d):

0,173 · |000> + 0,173 · |001> + 0,173 · |010> + 0,173 · |011> + 0,173 · |100> − 0,883 · |101> + 0,173 · |110> + 0,173 · |111>

Der Mittelwert der Amplituden beträgt nun:

$$mean = \frac{1}{8}(0{,}173 + 0{,}173 + 0{,}173 + 0{,}173 + 0{,}173 ? 0{,}883 + 0{,}173 + 0{,}173) = 0{,}044$$

Wenn wir alle Amplituden an diesem Mittelwert spiegeln, erhalten wir (Abb. 3.8e):

−0,088 · | 000 > − 0,088 · | 001 > − 0,088 · | 010 > − 0,088 · | 011 > − 0,088 · | 100 > + 0,972 · | 101 > + − 0,088 · | 110 > − 0,088 · | 111>

Nun steht der Zeiger der dritten Uhr noch näher bei 12 Uhr und hat außerdem fast die Länge1, während die Zeiger der anderen Uhren fast verschwunden sind. Dies führt dazu, dass wir beim Auslesen mit hoher Wahrscheinlichkeit den Wert 101 und damit das richtige Ergebnis erhalten. Da die dritte Uhr allerdings nach wie vor nicht genau bei 12 steht und die anderen Zeiger nicht völlig verschwunden sind, besteht immer noch die (wenn auch unwahrscheinliche) Möglichkeit, dass beim Auslesen ein falsches Ergebnis herauskommt. Damit müssen wir leben.

Schauen wir nun, was passiert, wenn wir das Orakel zum dritten Mal aufrufen. Wir erhalten (Abb. 3.8f):

−0,088 · |000> − 0,088 · |001> − 0,088 · |010> − 0,088 · |011> − 0,088 · |100> − 0,972 · |101> + − 0,088 · |110> − 0,088 · |111>

Wenn wir erneut alle Amplituden am Mittelwert spiegeln, ergibt sich (Abb. 3.8g):

−0,309 · |000> − 0, v · |001> − 0,309 · |010> − 0,309 · |011> − 0,309 · |100> 0,575 · |101> + − 0,309 · |110 > − 0,309 · |111>

Interessanterweise hat sich der Zeiger der dritten Uhr nun wieder von der 12 entfernt und ist kürzer geworden. *qubit3* hat also jetzt wieder einen Wert angenommen, der beim Auslesen mit recht hoher Wahrscheinlichkeit ein falsches Ergebnis liefert. Dies ist typisch für den Grover-Algorithmus. Dieser sorgt zwar dafür, dass wir uns dem korrekten Ergebnis zunächst mit jedem Schritt nähern, doch wenn eine bestimmte Schwelle überschritten ist, dann wird das Ergebnis wieder schlechter.

Nun nehmen wir an, dass der Schlüssel länger ist als 3 Bit. Der Grover-Algorithmus funktioniert nun ähnlich, wobei wir nun jedoch entsprechend mehr Qubits benötigen. Auch die Anzahl der Diffusionen, die man für eine hohe Wahrscheinlichkeit benötigt, steigt dann. Dabei gilt: Um einen Schlüssel der Länge *n* Bit mit hoher Wahrscheinlichkeit korrekt berechnen zu können, benötigen wir etwa $2^{n/2}$ Diffusionen.

Bei einer Schlüssellänge von 128 bit, wie sie in der Praxis häufig verwendet wird, benötigen wir 128 Qubits, um den Grover-Algorithmus auszuführen. Um mit hoher Wahrscheinlichkeit den richtigen Schlüssel zu berechnen, brauchen wir etwa 2^{64} Diffusionen. Dies ist deutlich weniger als ein konventioneller Computer benötigt, um sämtliche Schlüssel durchzuprobieren. Insgesamt sorgt der Grover-Algorithmus dafür, dass die Schlüssellänge eines Verfahrens de facto halbiert wird. Der AES mit 128 bit bietet daher gegenüber einem Quantencomputer etwa die gleiche Sicherheit wie ein 64-Bit-Verfahren gegenüber einem herkömmlichen Rechner. Da der aktuelle Weltrekord für das Schlüsselknacken bei 64 bit liegt (natürlich mit herkömmlichen Rechnern aufgestellt), erscheint es realistisch, dass mit Quantencomputern irgendwann 128 bit geknackt werden können. Bei 256 Schlüsselbits dürfte dagegen selbst der stärkste Quantencomputer in die Knie gehen.

Man kann also sagen: Wenn es eines Tages leistungsfähige Quantencomputer geben sollte, wird die symmetrische Verschlüsselung deshalb nicht zusammenbrechen. Man sollte bis dahin jedoch flächendeckend auf eine Schlüssellänge von 256 bit umgestellt haben, ansonsten wird es Probleme geben.

3.5 Primzahlfaktorisierung mit dem Shor-Algorithmus

In Abschn. 1.3 haben wir gesehen: Wer ein Primzahlprodukt in seine Primfaktoren zerlegen (faktorisieren) kann, hat das RSA-Verfahren geknackt. Herkömmliche Computer benötigen allerdings Jahrmilliarden für eine solche Faktorisierung, wenn das Primzahlprodukt eine Länge von 1024 oder 2048 bit hat. Ein Quantencomputer könnte diese Aufgabe dagegen innerhalb von Stunden oder gar Minuten erledigen, und zwar mit dem sogenannten **Shor-Algorithmus**.

Der Shor-Algorithmus ist der bekannteste und wichtigste Quanten-Algorithmus überhaupt. Er kann nicht nur faktorisieren, sondern auch den diskreten Logarithmus berechnen, wodurch man unter anderem auch den Diffie-Hellman-Schlüsselaustausch damit knacken kann. Da dies auch für den Logarithmus auf elliptischen Kurven gilt, sind auch Verfahren wie ECDH auf diese Weise angreifbar. In diesem Buch will ich mich jedoch auf die Faktorisierung beschränken. Wie bei den meisten Quanten-Algorithmen übernimmt der Quantencomputer beim Shor-Algorithmus nur einen Teil der Aufgabe, den Rest erledigt ein herkömmlicher Rechner. Leider ist der Shor-Algorithmus zu komplex, um ihn an dieser Stelle vollständig vorzustellen, weshalb wir uns mit einer groben Beschreibung begnügen müssen. Wir nehmen im Folgenden als Beispiel das Primzahlprodukt 15, dessen Primfaktoren 3 und 5 wir berechnen wollen.

Um den Shor-Algorithmus zu verstehen, benötigen wir zunächst den Begriff Ordnung im Zusammenhang mit der Modulo-Rechnung. Um diesen zu erklären, verwende ich im Folgenden die Zahl 15 (die wir ja faktorisieren wollen) als Modulus. Die folgende Tabelle zeigt, was passiert, wenn wir eine Zahl a modulo 15 exponenzieren. Für a=1 bis a=14 gilt:

a	a^2	a^3	a^4	a^5	a^6	a^7	a^8	a^9	a^{10}	a^{11}	a^{12}	a^{13}	a^{14}	Ordnung
1	1	1	1	1	1	1	1	1	1	1	1	1	1	1
2	4	8	1	2	4	8	1	2	4	8	1	2	4	4
3	9	12	6	3	9	12	6	3	9	12	6	3	9	Unendlich
4	1	4	1	4	1	4	1	4	1	4	1	4	1	2
5	10	5	10	5	10	5	10	5	10	5	10	5	10	Unendlich
6	6	6	6	6	6	6	6	6	6	6	6	6	6	Unendlich
7	4	13	1	7	4	13	1	7	4	13	1	7	4	4
8	4	2	1	8	4	2	1	8	4	2	1	8	4	4
9	6	9	6	9	6	9	6	9	6	9	6	9	6	Unendlich
10	10	10	10	10	10	10	10	10	10	10	10	10	10	Unendlich

a	a^2	a^3	a^4	a^5	a^6	a^7	a^8	a^9	a^{10}	a^{11}	a^{12}	a^{13}	a^{14}	Ordnung
11	1	11	1	11	1	11	1	11	1	11	1	11	1	2
12	9	3	6	12	9	3	6	12	9	3	6	12	9	Unendlich
13	4	7	1	13	4	7	1	13	4	7	1	13	4	4
14	1	14	1	14	1	14	1	14	1	14	1	14	1	2

Wie wir sehen, erhalten wir in vielen Zeilen durch wiederholtes Potenzieren die Zahl 1. Die Anzahl der Potenzierungen, die dazu notwendig sind, bezeichnet man als Ordnung. Die Zahl 13 hat beispielsweise die Ordnung 4 bezüglich des Modulus 15. Es gibt jedoch auch Zahlen, die beim wiederholten Potenzieren nie die 1 erreichen. In unserem Beispiel ist dies bei 3, 5, 6, 9, 10 und 12 der Fall. Dabei handelt es sich um die Primfaktoren von 15 sowie um deren Vielfache. Wir bezeichnen die Ordnung in diesem Fall als unendlich. Was in unserem Beispiel zu erkennen ist, kann man auch allgemein zeigen: Eine Zahl *a* hat bezüglich des Modulus *modulus* genau dann eine endliche Ordnung, wenn ggT(*a*,*modulus*) = 1 gilt. Die Abkürzung ggT steht für den größten gemeinsamen Teiler.

Es gibt ein Verfahren, mit dem man die Primfaktoren eines Primzahlprodukt mithilfe der Ordnung einer zufällig ausgewählten Zahl *a* berechnen kann. Diese Zahl *a* muss größer als 1 und kleiner als der Modulus sein. Außerdem muss *a* ein paar weitere Bedingungen erfüllen, die wie folgt geprüft werden:

1. Wenn die Zahl *a* ein Faktor von 15 sein sollte, dann sind wir bereits fertig. In unserem Beispiel kann dies durchaus passieren, da wir es mit kleinen Zahlen zu tun haben. Wenn wir allerdings mit Zahlen rechnen, die einige Hundert Stellen haben, ist dieser Fall extrem unwahrscheinlich.
2. a^2 darf nicht n-1 sein. Ist dies doch der Fall, dann muss man mit einer neuen Zahl von vorne beginnen.
3. Die Ordnung *order* von *a* bezüglich des Modulus muss gerade sein. Ist dies nicht der Fall, dann muss man mit einer neuen Zahl von vorne beginnen.

In unserem Beispiel ist etwa die Zahl a=7 geeignet. Sie hat bezüglich 15 die gerade Ordnung 4 und $a^2 \neq n-1$ ist gegeben. Das Verfahren zur Berechnung der beiden Primfaktoren ist nun denkbar einfach:

1. Berechne ggT(*modulus*,$a^{\text{order}/2}$), in unserem Fall also ggT(15,49). Wir erhalten die Zahl 3. Diese ist ein Teiler von 15.
2. Den zweiten Teiler 5 erhalten wir, indem wir 15/3 berechnen.

Mit diesem recht einfachen Vorgehen könnten wir theoretisch RSA knacken. Die Frage ist jedoch, wie lange das bei großen Zahlen dauert. Die Berechnung des größten gemeinsamen Teilers ist dabei nicht das Problem, denn diese ist auch bei sehr großen Zahlen mit dem Computer schnell erledigt – dazu gibt es den Euklidischen Algorithmus, auf den ich an dieser Stelle nicht näher eingehen will. Anders sieht es bei der Ordnung aus. Bei Zahlen in

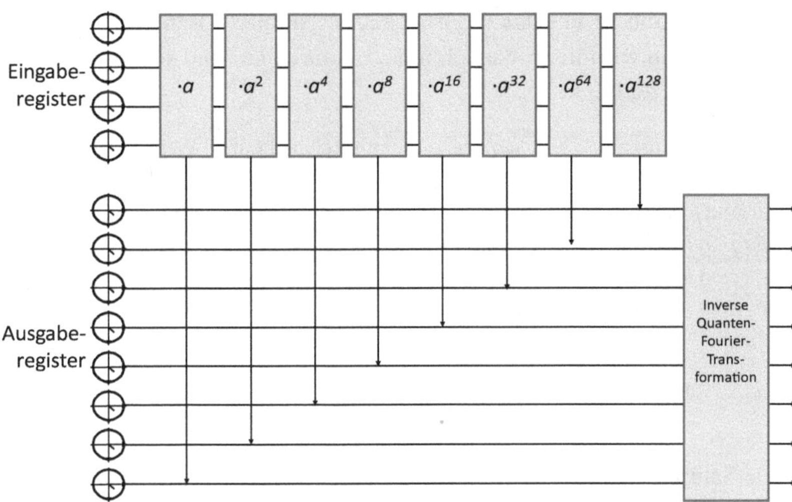

Abb. 3.9 Mit dem Quantenteil des Shor-Algorithmus lässt sich die Ordnung der Zahl a bestimmen

der für RSA relevanten Größenordnung ist diese so aufwendig zu berechnen, dass selbst der stärkste Computer hoffnungslos überfordert ist. Hier kommt der Quantenteil des Shor-Algorithmus ins Spiel, der genau diesen Schritt innerhalb einer akzeptablen Zeit erledigt.

Der Quantenteil des Shor-Algorithmus benötigt zwei Quantenregister – eines zur Eingabe der zu faktorisierenden Zahl und eines zur Ausgabe eines Werts, aus dem sich die Ordnung berechnen lässt (Abb. 3.9). Wir beginnen mit dem Eingaberegister. Dieses muss aus ausreichend vielen Qubits bestehen, um die zu faktorisierende Zahl (also den Modulus) darstellen zu können. In unserem Fall benötigen wir vier Qubits, da diese 2^4=16 Zustände annehmen können, was ausreicht, um den Modulus 15 darzustellen. Für eine 1024-Bit-Zahl, wie sie als Modulus für das RSA-Verfahren genutzt wird, bräuchten wir entsprechend 1024 Qubits. Wir gehen außerdem davon aus, dass die Qubits im Eingaberegister verschränkt sind. Wir können damit also beispielsweise folgende Zahl darstellen, die wir als |5> bezeichnen:

0 · |0000> + 0 · |0001> + 0 · |0010> + 0 · |0011> + 0 · |0100> + 1 · |0101> + 0 · |0110 > + 0 · |+ 0111> + 0 · |1000> + 0 · |1001> + 0 · |1010> + 0 · |1011> + 0 · |1100> + 0 · |110 1> + 0 · |1110> + 0 · | +1111>

Wie man sieht, haben von den 16 Koeffizienten 15 den Wert 0. Lediglich der Koeffizient von |0101> ist von 0 verschieden und hat den Wert 1 (die Voraussetzung, dass die Summe aller Koeffizienten-Quadrate 1 sein muss, ist also erfüllt). 0101 ist die Binärdarstellung von 5, wodurch auch klar wird, warum wir diese Zahl als |5> bezeichnen. Die restlichen Zahlen zwischen |0> und |15> definieren wir analog.

Am Anfang hat unser Eingabe-Quantenregister den Wert |1>. Im ersten Schritt multiplizieren wir das Register mit der Zahl *a* (diese hat in unserem Beispiel den Wert 7) modulo 15. Zwar sind nicht alle Rechenoperationen, die auf einem herkömmlichen Computer funktionieren, auch auf einem Quantencomputer möglich, doch eine solche

Modulo-Multiplikation ist es. Das Register hat anschließend den Wert |7>. Im zweiten Schritt multiplizieren wir mit a^2, danach mit a^4, dann mit a^8 und so weiter. Die folgende Tabelle gibt einen Überblick:

Schritt	Multiplikation mit	Multiplikation im Beispiel mit	Wert des Eingaberegisters
			|1>
1	a (mod *modulus*)	7 (mod 15)	|7>
2	a^2 (mod *modulus*)	4 (mod 15)	|13>
3	a^4 (mod *modulus*)	1 (mod 15)	|13>
4	a^8 (mod *modulus*)	1 (mod 15)	|13>
…	…	…	…
Step	$a^{2^{step-1}}$ (mod *modulus*)	1 (mod 15)	|13>

Wie viele Schritte wir nach diesem Muster durchführen, ist nicht genau festgelegt. Je öfter wir es tun, desto genauer ist am Ende das Ergebnis, aber desto aufwendiger wird die Berechnung (diese Multiplikationen sind der aufwendigste Teil des Shor-Algorithmus). Als guter Kompromiss gilt, dass man bei r Registern $2r$ Schritte durchführt. In unserem Beispiel sind es damit 8 Schritte, bei einer 1024-Bit-Zahl wären es 2048.

Kommen wir nun zum zweiten Register, dem Ausgaberegister. Dieses hat für jeden der genannten Schritte ein (mit den anderen verschränktes) Qubit. Da wir es in unserem Beispiel mit acht Schritten zu tun haben, gehen wir im Folgenden von acht Qubits aus. Wie in Abb. 3.9 zu sehen, beeinflusst die Multiplikation in jedem Schritt jeweils eines der Ausgaberegister-Qubits.

Am Anfang stehen alle Ausgaberegister-Qubits auf 1. Wir können uns das Ausgaberegister daher zunächst als aus acht Uhren bestehend vorstellen, die alle die zeit 1:30 anzeigen. Im Folgenden spielen sogenannte Eigenwerte eine Rolle, für die ich die Variable *eigen* verwenden werde. Welchen Wert *eigen* hat, wissen wir zwar nicht, doch es gibt eine Auswahl von Möglichkeiten: 1/*order*, 2/*order*, 3/*order*, …, *order*-1/*order* und 1. In unserem Beispiel sind es demnach ¼, ½, ¾ und 1. Es gibt keine Möglichkeit, die Auswahl zu beeinflussen. Wir wissen jedoch, dass sich jede Uhr des Ausgaberegisters in jedem Schritt um *eigen* dreht und dass *eigen* dabei konstant bleibt. Wenn *eigen* beispielsweise ¾ ist, dann ergibt sich:

Schritt	Multiplikation mit	Unvollständige Umdrehungen
1	a (mod *modulus*)	0,75
2	a^2 (mod *modulus*)	0,5
3	a^4 (mod *modulus*)	0
4	a^8 (mod *modulus*)	0
5	a^{16} (mod *modulus*)	0
…	…	…
Step	$a^{2^{step}}$ (mod *modulus*)	0

Die Zeiger auf den Uhren haben nun verschiedene Positionen. Der Quantencomputer führt jetzt eine sogenannte inverse Fouriertransformation durch. Nach dieser steht der Wert von *eigen* (oder einer, der sehr nahe bei *eigen* liegt) im Ausgaberegister, und zwar in folgender Form: Wenn wir das Ausgaberegister (8 Qubits) als verschränkt betrachten, erhalten wir 128 Uhren, die beim Auslesen 256 unterschiedliche Werte liefern können. Wenn wir den ausgelesenen Wert durch 256 teilen, dann erhalten wir mit hoher Wahrscheinlichkeit den Wert von *eigen* (in unserem Fall 0,75) oder zumindest eine Zahl die nahe dran liegt.

Mit *eigen* kann man nun versuchen, die Ordnung zu berechnen. Das ist jedoch nicht trivial. Ein Wert von *eigen*=0,75 könnte beispielsweise für ¾ stehen und dadurch auf eine Ordnung von 4 hindeuten – was in unserem Beispiel korrekt ist. Allerdings wäre auch eine Interpretation als 6/8 möglich, was eine Ordnung von 8 bedeutete. Auch 9/12 oder 12/16 kämen infrage. Da es kein eindeutiges Ergebnis gibt, bleibt nichts anderes übrig, als den Quantenteil des Shor-Algorithmus mehrfach durchzuführen. Wenn dabei beispielsweise ½, ¼, ¼ und ¾ herauskommen, dann erscheint die Ordnung 4 sehr wahrscheinlich. Bei einem Ergebnis 1/8, ¼, 3/8 ist dagegen eine Ordnung von 8 die beste Hypothese.

Eine Garantie, dass der Quantenteil des Shor-Algorithmus den richtigen Wert für die Ordnung liefert, gibt es am Ende zwar nicht, aber eine hohe Wahrscheinlichkeit ist gegeben. Falls das Ergebnis falsch ist, wird man das im weiteren Verlauf des Verfahrens feststellen und kann gegebenenfalls noch einmal von vorne anfangen.

3.6 Y2Q und Q-Day

Mit dem Grover- und dem Shor-Algorithmus bieten Quantencomputer zweifellos interessante Möglichkeiten für das Lösen kryptografischer Verfahren. Bisher ist das alles jedoch noch Theorie, denn die derzeit in der Praxis realisierbaren Quantencomputer sind noch weit davon entfernt, der Kryptografie gefährlich zu werden.

Mit dem Grover-Algorithmus lässt sich bisher keine nennenswerte Verschlüsselung lösen. Selbst wenn man eine AES-Variante mit einer Schlüssellänge von nur einem Bit konstruieren würde, könnte ein Quantencomputer nicht viel ausrichten, da man den AES in der Praxis noch nicht mit Quantengattern implementieren kann. Dies ist jedoch eine Voraussetzung für das Funktionieren des Grover-Algorithmus.

Blickt man auf den Shor-Algorithmus, dann lautet die entscheidende Frage: Bis zu welcher Größe lassen sich Primzahlprodukte bisher damit faktorisieren. Die Antwort darauf ist nicht ganz einfach. In den letzten Jahren sind mehrere Meldungen über erfolgreiche Shor-Faktorisierungen durch die Presse gegangen, wobei es jedoch stets Diskussionen gab, was man nun als Rekord anerkennen kann und was nicht. So gab es Berichte über die Zerlegung einer 15-stelligen Zahl (das entspricht 48 Bit) (Bao Yan, 2022), was immerhin deutlich mehr ist, als ein Mensch im Kopf ausrechnen kann. Allerdings handelte es sich dabei um ein spezielles Primzahlprodukt, das sich mit einer speziellen Ausprägung des

Shor-Algorithmus vergleichsweise einfach faktorisieren ließ. Dieses Ergebnis bedeutet daher nicht, dass sich ein beliebiger 48-Bit-RSA-Schlüssel mit dem Shor-Algorithmus knacken lässt.

Viele Experten meinen daher, dass der Rekord für das größte mit dem Shor-Algorithmus faktorisierte Primzahlprodukt bei 21 liegt. Es geht also um eine Fünf-Bit-Zahl, die schon ein Grundschüler im Kopf zerlegen kann. Und selbst die Faktorisierung dieser Zahl 21 gelang bisher nur mit einem Spezialfall des Shor-Algorithmus, der davon profitierte, dass das Ergebnis schon vorher bekannt war. Diese Überlegungen zeigen, dass das Faktorisieren eines 2048-Bit-RSA-Schlüssels, wie er in der Praxis eingesetzt wird, noch in weiter Ferne liegt.

Ein wesentliches Problem in diesem Zusammenhang besteht darin, dass Qubits in der Praxis stets unzuverlässig sind und daher Fehler produzieren. Als Gegenmaßnahme muss man zu den eigentlich benötigten Qubits weitere hinzunehmen, die Fehler korrigieren. Man unterscheidet hierbei zwischen logischen und physikalischen Qubits . Erstere sind diejenigen, die man in der Theorie benötigt, letzte diejenigen, die tatsächlich notwendig sind, um zuverlässige Berechnungen zu erhalten. Die Unterschiede sind beträchtlich. Für das Faktorisieren eines RSA-Schlüssels sind beispielsweise etwa zwei logische Qubits pro Schlüsselbit notwendig, was bei einer 2048-Bit-Zahl etwa 4096 logischen Qubits bedeutet. Dagegen braucht man für die gleiche Aufgabe Schätzungen zu Folge etwa 20 Mio. physikalische Qubits, sofern man eine Laufzeit von acht Stunden anstrebt. Es geht auch mit weniger physikalischen Qubits, doch dann steigt die Laufzeit deutlich an. In der Praxis sind bisher allenfalls ein paar einzelne logische Qubits realisierbar, die dann mit mehreren Dutzend physikalischen Qubits betrieben werden.

Insgesamt sind Quantencomputer bisher also keine Gefahr für die Kryptografie. Doch die Technik entwickelt sich weiter, und was heute noch harmlos ist, könnte irgendwann zur ernsthaften Bedrohung werden. Man spricht in diesem Zusammenhang auch von **kryptografisch relevanten Quantencomputern**, die es heute noch nicht gibt, die aber irgendwann Realität werden könnten. Das Jahr, in dem dies passiert, wird als **Y2Q** bezeichnet, der entsprechende Tag als **Q-Day.**

Wann der Q-Day eintreten wird, weiß niemand. Es ist durchaus möglich, dass dies nie der Fall sein wird. Allerdings kann sich niemand, der vertrauliche Daten verarbeitet, auf das Motto „es wird schon gutgehen“ verlassen. Wir müssen also davon ausgehen, dass es irgendwann kryptografisch relevante Quantencomputer geben wird und uns schon heute darauf einstellen.

Wer Genaueres zur Leistungsfähigkeit von kryptografisch relevanten Quantencomputern wissen will, sollte sich das Whitepaper *Entwicklungsstand Quantencomputer* des Bundesamts für Sicherheit in der Informationstechnik (BSI) durchlesen (BSI, 2025). Es wird regelmäßig aktualisiert.

4 Post-Quanten-Kryptografie

In den bisherigen Kapiteln haben Sie gelernt, was Kryptografie ist, was ein Quantencomputer ist und warum Quantencomputer viele aktuelle kryptografische Verfahren zumindest in der Theorie lösen können. Mit diesen Informationen können wir nun den Begriff definieren, um den es in diesem Buch eigentlich geht: die Post-Quanten-Kryptografie.

Als **Post-Quanten-Kryptografie** bezeichnet man kryptografische Verfahren, die sich mit einem Quantencomputer nicht schneller brechen lassen als mit einem herkömmlichen Rechner. Meist sind damit asymmetrische Verfahren gemeint, da alle symmetrischen Algorithmen bei ausreichender Schlüssellänge quantensicher sind. Auch in diesem Buch ist mit einem Post-Quanten-Verfahren immer ein asymmetrisches Verfahren gemeint, auch wenn ich an einigen Stellen auf symmetrische Methoden eingehen werde.

RSA, Diffie-Hellman, der Digital Signature Algorithm (DSA) und Verfahren auf Basis elliptischer Kurven gehören offensichtlich nicht zur Post-Quanten-Kryptografie, denn sie sind – wie gezeigt – gegenüber Quantencomputern anfällig. Zu den Post-Quanten-Verfahren gehören dagegen zahlreiche andere Krypto-Verfahren, die ich im weiteren Verlauf dieses Buchs vorstellen werde. Dabei handelt es sich oftmals um noch recht junge Verfahren, außerdem um solche, die zwar schon älter sind, sich bisher aber nicht durchsetzen konnten. Post-Quanten-Verfahren, die bereits jetzt in der Praxis eine größere Verbreitung haben, gibt es dagegen nicht.

Die Post-Quanten-Kryptografie ist nicht mit der Quantenkryptografie zu verwechseln. Um letztere geht es in Kap. 8.

K. Schmeh, *Post-Quanten-Kryptografie*,
https://doi.org/10.1007/978-3-658-50705-3_4

Standardisierung und Wettbewerbe 5

Es liegt auf der Hand, dass die Standardisierung in der Kryptografie eine wichtige Rolle spielt. Sender und Empfänger einer verschlüsselten Nachricht müssen schließlich das gleiche Verfahren auf die gleiche Weise verwenden, ansonsten wird letzterer eine verschlüsselte Nachricht von ersterem nicht entschlüsseln können. Gerade im Internet, wo nahezu jeder mit jedem kommunizieren kann, geht daher nichts ohne eine Vereinheitlichung durch entsprechende Normen.

In diesem Kapitel soll es nur um die Standardisierung kryptografischer Verfahren gehen. Das alleine reicht natürlich nicht aus, denn auch Netzwerkprotokolle, Dateiformate, kryptografische Schlüssel, kryptografische Infrastrukturen und vieles mehr müssen standardisiert werden. In Kap. 17 gibt es mehr dazu.

Einige wichtige kryptografische Standards sind aus Algorithmen-Wettbewerben hervorgegangen, die die US-Behörde NIST (National Institute of Standards and Technology) durchgeführt hat. Das NIST ist vergleichbar mit der Physikalisch-Technischen Bundesanstalt in Deutschland. Meist zieht sich ein solcher Wettbewerb über mehrere Jahre und mehrere Runden hin, bis das NIST am Ende einen Siegeralgorithmus verkündet, der dann standardisiert wird. Auch wenn ein NIST-Krypto-Standard formal nur in den USA gilt, setzt sich ein solcher meist international durch und wird in viele andere Standards übernommen.

An einem Algorithmen-Wettbewerb des NIST kann üblicherweise jede Person oder Gruppe teilnehmen, die eine Spezifikation zu einem Verfahren einreicht, das den jeweils gestellten Anforderungen entspricht. Obwohl das NIST eine US-amerikanische Einrichtung ist, muss ein Teilnehmer nicht aus den USA stammen. Bei den bisherigen Wettbewerben waren auch zahlreiche Experten oder Experten-Teams aus anderen Ländern vertreten, und die Siegerverfahren waren meist europäische Entwicklungen.

Ein NIST-Wettbewerb, der in den Neunziger-Jahren stattfand, brachte das symmetrische Verschlüsselungsverfahren AES als Sieger hervor. 2012 endete eine weitere Konkurrenz

K. Schmeh, *Post-Quanten-Kryptografie*,
https://doi.org/10.1007/978-3-658-50705-3_5

dieser Art, die zur kryptografischen Hashfunktion SHA-3 führte. Das besonders ressourcensparende symmetrische Verschlüsselungsverfahren Ascon ist das Ergebnis eines weiteren NIST-Wettbewerbs, der 2023 endete. Die US-Standards für die asymmetrischen Verfahren RSA und Diffie-Hellman sind dagegen ohne vorhergehenden Wettbewerb festgelegt worden.

5.1 Der erste NIST-Post-Quanten-Wettbewerb

Als sich im Verlauf der Zehner-Jahre immer mehr abzeichnete, dass die IT-Branche quantensichere Krypto-Verfahren benötigt, rief das NIST im Jahr 2016 einen weiteren Krypto-Algorithmen-Wettbewerb ins Leben. Ziel war es dieses Mal, die besten Post-Quanten-Verfahren zu ermitteln, damit diese sich etablieren konnten, bevor Quantencomputer sich etablieren. Die Frist für Einreichungen lief am 30. November 2017 ab. Anders als bei den NIST-Konkurrenzen vorher war dieser erste Post-Quanten-Wettbewerb nicht darauf ausgerichtet, nur einen Gewinner hervorzubringen. Stattdessen sollte am Ende ein Portfolio von unterschiedlichen Verfahren für unterschiedliche Zwecke stehen, wobei es durchaus Überschneidungen geben durfte. Gesucht wurde zum einen ein Schlüsselaustausch-Verfahren (als Ersatz für den Schlüsselaustausch mit RSA bzw. Diffie-Hellman) und ein Signatur-Verfahren (als Ersatz für RSA-Signaturen).

Anfang 2018 präsentierte das NIST die teilnehmenden Verfahren. Nicht weniger als 69 Algorithmen waren am Start. Wie schon bei den vorhergehenden NIST-Wettbewerben, beteiligten sich auch dieses Mal Teams (seltener auch einzelne Kryptografen) aus der ganzen Welt. Das NIST plante eine drei- bis fünfjährige Analysephase, bevor schließlich die ersten Verfahren zu Gewinnern erklärt und der Standardisierung zugeführt werden sollten.

Von den teilnehmenden Algorithmen zählten 28 zu den Gitter-basierten und 22 zu den Code-basierten Verfahren. Hinzu kamen zwei Hash-basierte Signaturalgorithmen und 11 multivariate Methoden. Der Rest des Teilnehmerfelds entfiel auf Verfahren, deren Funktionsweise nur einmal im Wettbewerb vorkam. So zählte WalnutDSA zu den nichtkommutativen Verfahren, genauer gesagt zu den Zopfgruppen-Algorithmen. SIKE basierte als einziger Vertreter auf Isogenien auf supersingulären elliptischen Kurven, während Picnic als einziges zu den MPC-in-the-head-Verfahren zählte. Im Verlauf dieses Buchs werden Sie alle diese Typen noch genauer kennen lernen.

Bereits einige Wochen nach dem Start des Wettbewerbs gab es auf der NIST-Webseite Dutzende von Kommentaren zu lesen. Einige der Verfasser behaupten, ein bestimmtes Kandidaten-Verfahren geknackt oder Schwachstellen entdeckt zu haben. Viele dieser Behauptungen erwiesen sich als zutreffend, und so mussten einige Teilnehmer schon früh die Segel streichen. Insgesamt zeigten sich deutliche Unterschiede in der Qualität der Algorithmen – von völlig unbrauchbar bis praxistauglich war alles dabei.

2022 verkündete das NIST nach eingehenden Analysen vier Gewinner, von denen die aus Deutschland stammenden CRYSTALS-Kyber (asymmetrische Verschlüsselung) und CRYSTALS-Dilithium (digitale Signatur) den besten Eindruck hinterlassen hatten.

Vervollständigt wurde das Siegerquartett durch FALCON und SPHINCS+, die ebenfalls der digitalen Signatur dienen. Alle vier Algorithmen werden in diesem Buch vorgestellt. CRYSTALS-Kyber, CRYSTALS-Dilithium und FALCON basieren auf mathematischen Gittern, SPHINCS+ auf kryptografischen Hashfunktionen.

Im August 2024 wurden CRYSTALS-Kyber und CRYSTALS-Dilithium offiziell standardisiert. CRYSTALS-Kyber erhielt bei dieser Gelegenheit den Namen ML-KEM (Module-Lattice-Based Key-Establishment Mechanism), während CRYSTALS-Dilithium in ML-DSA (Module-Lattice-Based Digital Signature Algorithm) umgetauft wurde. Vermutlich werden die neuen Namen die alten verdrängen. Gleichzeitig wurde auch SPHINCS+ zum offiziellen Standard, und zwar unter dem neuen Namen SLH-DSA (Stateless Hash-based Digital Signature Algorithm). FALCON, der vierte Wettbewerbssieger, war bei Redaktionsschluss dieses Buchs noch nicht standardisiert, dies soll jedoch demnächst unter dem Namen FN-DSA (Fast-Fourier Transform over NTRU-Lattice-Based Digital Signature Algorithm) geschehen.

Neben den vier genannten Siegern wählte das NIST vier weitere Post-Quanten-Verfahren aus dem Teilnehmerfeld aus, die genauer unter die Lupe genommen werden sollten – allesamt asymmetrische Verschlüsselungsverfahren. Es handelte sich dabei um SIKE, HQC, Classic McEliece und BIKE. Im August 2022 wurde SIKE überraschend geknackt und schied damit aus. Im März 2025 wurde HQC zu einem weiteren Wettbewerbssieger gekürt. Damit hatte der erste NIST-Post-Quanten-Wettbewerb fünf Gewinner hervorgebracht. Bei Redaktionsschluss dieses Buchs sah es danach aus, dass es dabei bleiben würde.

5.2 Die IETF-Standards

Während der erste NIST-Wettbewerb noch lief, veröffentlichte die Internet-Standardisierungsorganisation IETF zwei Post-Quanten-Signaturverfahren in Form von Requests for Comments (RFCs). Dabei handelte es sich um die Algorithmen XMSS und Leighton-Micali, die beide in Abschn. 15.5 dieses Buchs vorgestellt werden. XMSS wird in RFC 8391 (2018), Leighton-Micali in RFC 8554 (2019) spezifiziert. Man kann die beiden Dokumente als Standards betrachten, auch wenn es sich lediglich um informationelle RFCs handelt.

XMSS und Leighton-Micali basieren auf kryptografischen Hashfunktionen und funktionieren recht ähnlich, sind aber nicht kompatibel. Sie haben eine Besonderheit: Der zum Signieren verwendete private Schlüssel besteht aus mehreren Teilschlüsseln, von denen pro Signatur jeweils einer genutzt wird und jeder nur einmal verwendet werden darf – ansonsten wird das Verfahren unsicher. Man bezeichnet ein Verfahren mit dieser Eigenschaft auch als zustandsbehaftet. Zustandsbehaftete Signaturverfahren waren beim ersten und zweiten NIST-Post-Quanten-Wettbewerb nicht zugelassen, weshalb XMSS und Leighton-Micali an diesen nicht teilnahmen. Der Signierer muss bei der Nutzung von XMSS und Leighton-Micali eine Liste der verbrauchten Schlüssel (schwarze Liste) führen. Eine schwarze Liste stellt besondere Anforderungen, denn wenn sie nicht korrekt geführt wird, entstehen Sicherheitslücken.

Die ISO, die internationale Standardisierungsorganisation der UNO, standardisiert Post-Quanten-Kryptografie ebenfalls (LaMacchia, 2022). Geplant ist zunächst, dass die Verfahren CRYSTALS-Kyber, FrodoKEM und Classic McEliece zu ISO-Standards werden. Weitere könnten folgen.

5.3 Der zweite NIST-Post-Quanten-Wettbewerb

Der erste NIST-Post-Quanten-Wettbewerb brachte zwar fünf vielversprechende Verfahren als Sieger hervor, doch viele Kryptografen waren damit noch nicht zufrieden. Sie sahen vor allem bei den Signaturalgorithmen noch Handlungsbedarf. Die beiden Wettbewerbssieger CRYSTALS-Dilithium und FALCON konnten zwar überzeugen, da jedoch beide auf mathematischen Gittern basieren, könnte eine etwaige Sicherheitslücke beide betreffen. Das Signaturverfahren SPHINCS+, das auf kryptografischen Hashfunktionen basiert und ebenfalls zu den Siegerverfahren zählt, gilt zwar als besonders sicher, ist aber etwas unhandlich und wird daher vor allem als Sicherheitsanker und weniger als Signaturverfahren für den Alltag gehandelt. Ähnliches gilt für die Signaturverfahren XMSS und Leighton-Micali, die zwar nicht am ersten NIST-Post-Quanten-Wettbewerb teilgenommen haben, aber von der IETF standardisiert wurden.

Als Ergebnis des ersten NIST-Wettbewerbs ergab sich also eine hohe Abhängigkeit von Gitter-basierten Signaturalgorithmen. Damit waren viele Experten nicht glücklich. Davon abgesehen wünschten sich viele Kryptografen ein alltagstaugliches Signaturverfahren mit kurzen, schnell verifizierbaren Signaturen, was jedoch keiner der fünf genannten Algorithmen bieten konnte. Andere Wettbewerbsteilnehmer, die diese Lücken hätten schließen können, gab es nicht.

So beschloss das NIST, einen zweiten Post-Quanten-Algorithmen-Wettbewerb ins Leben zu rufen. An diesem sollten ausschließlich SignaturVerfahren – also keine Schlüsselaustausch-Verfahren – teilnehmen. Im September 2022 wurde die Ausschreibung zu diesem Vorhaben veröffentlicht. Darin hieß es, dass in erster Linie Signaturverfahren eingereicht werden sollten, die nicht auf Gittern oder Hashfunktionen basieren – von letzterer Sorte gab es ja schon genug. Erlaubt war die Teilnahme von Algorithmen dieser Art trotzdem, allerdings sollten sie gegenüber den etablierten CRYSTALS-Dilithium, FALCON und SPHINCS+ erkennbare Vorteile bieten. Vor allem aber zeigte sich das NIST bei diesem Wettbewerb an Verfahren interessiert, die kurze Signaturen erzeugen und eine schnelle Verifikation ermöglichen.

Teams aus aller Welt reichten bis zum Stichtag am 1. Juni 2023 ihre Signaturverfahren für das neue kryptografische Kräftemessen ein. Am 17. Juli veröffentlichte das NIST die Liste von 40 Teilnehmern, die zugelassen wurden. Anschließend hatten Experten die Möglichkeit, diese Verfahren zu begutachten und Untersuchungsergebnisse zu veröffentlichen. Das NIST gab weder einen genauen Zeitplan noch eine Anzahl von Gewinner-Verfahren vor – diese Details sollten vom Verlauf des Wettbewerbs abhängen.

Sieben der 40 Kandidaten gehörten zu den Gitter-basierten Verfahren. Sie mussten zeigen, dass sie mehr zu bieten hatten als CRYSTALS-Dilithium und FALCON. Ähnlich verhielt es sich mit den vier teilnehmenden Verfahren, die Hashfunktionen oder andere symmetrische Methoden nutzten und sich daher an SPHINCS+ messen lassen mussten. Die größte Gruppe innerhalb des Teilnehmerfelds bildeten zehn multivariate Verfahren. Diese waren bereits im ersten NIST-Wettbewerb zahlreich vertreten gewesen, allerdings waren alle ausgeschieden – hauptsächlich wegen Sicherheitsbedenken. Sechs der Verfahren im Wettbewerb basierten auf fehlerkorrigierenden Codes. Hinzu kamen die bis dahin nur wenig bekannten MPC-in-the-Head-Algorithmen, von denen sechs teilnahmen. SQIsign basierte als einziges Verfahren im Teilnehmerfeld auf Isogenien auf elliptischen Kurven. Dazu gab es fünf weitere Signaturverfahren, die jeweils eine eigene Kategorie bildeten und damit zu den Exoten zählten. Es handelte sich dabei um Methoden, die bisher wenig bekannte Prinzipien wie alternierende trilineare Äquivalenzformen, diskrete Logarithmen zweiter Ordnung oder abelsche Quasigruppen nutzten.

Von den 40 teilnehmenden Verfahren schafften es 14 in die zweite Runde, die im Oktober 2024 begann. Dazu gehörte mit HAWK ein Gitter-basierter Algorithmus und mit FEAST einer, der symmetrische Methoden (in diesem Fall nicht Hashfunktionen sondern symmetrische Verschlüsselungsverfahren) nutzte. Hinzu kamen zwei Code-basierte, fünf MPC-in-the-Head- und vier multivariate Methoden. Auch das einzige Isogenie-basierte Verfahren schaffte es in die zweite Runde. Der weitere Verlauf des zweiten NIST-Wettbewerbs war bei Redaktionsschluss dieses Buchs noch offen.

Teil II
Post-Quanten-Verfahren

Mathematische Grundlagen

6

Die Modulo-Rechnung, die ich im Zusammenhang mit RSA und Diffie-Hellman bereits vorgestellt habe, spielt auch für die Post-Quanten-Kryptografie eine wichtige Rolle. Darüber hinaus sollten Sie für die kommenden Kapitel einige weitere mathematische Grundlagen kennen, auf die ich im Folgenden eingehe.

6.1 Vektoren und Matrizen

Was ein Vektor ist, dürfte den meisten Lesern bekannt sein. Eine mathematisch exakte Definition soll uns an dieser Stelle nicht interessieren. Für uns ist ein Vektor eine Folge von Zahlen (diese werden Komponenten genannt), die in Spalten notiert sind, wobei die Anzahl der Zahlen der Dimension entspricht. Hier sind beispielsweise ein paar vierdimensionale Vektoren zu sehen:

$$\begin{pmatrix} 4 \\ 2 \\ 3 \\ -3 \end{pmatrix}, \begin{pmatrix} -3 \\ 2 \\ 4 \\ -1 \end{pmatrix}, \begin{pmatrix} 2 \\ 5 \\ 2 \\ 3 \end{pmatrix}, \begin{pmatrix} 3 \\ -7 \\ 3 \\ -2 \end{pmatrix}$$

Bei Bedarf kann man einen Vektor auch in einer Zeile schreiben, was man dann mit einem hochgestellten „T“ (für „transponiert“) kennzeichnet: $(4\ 2\ 3\ -3)^T$, $(-3\ 2\ 4\ -1)^T$, $(2\ 5\ 2\ 3)^T$, $(3\ -7\ 3\ -2)^T$.

In der Kryptografie sind fast ausschließlich Vektoren interessant, deren Komponenten ganze oder natürliche Zahlen sind. Manchmal enthalten Matrizen nur die Zahlen Null und Eins, wie in den folgenden Beispielen:

K. Schmeh, *Post-Quanten-Kryptografie*,
https://doi.org/10.1007/978-3-658-50705-3_6

$$\begin{pmatrix}1\\0\\1\\0\\0\end{pmatrix}, \begin{pmatrix}1\\1\\0\\1\\0\end{pmatrix}, \begin{pmatrix}0\\0\\1\\1\\0\end{pmatrix}$$

Wenn man Vektoren addiert, tut man dies komponentenweise:

$$\begin{pmatrix}4\\2\\3\\6\end{pmatrix} + \begin{pmatrix}3\\2\\5\\1\end{pmatrix} = \begin{pmatrix}7\\4\\8\\7\end{pmatrix}$$

Die Verallgemeinerung eines Vektors ist eine Matrix. In einer solchen stehen die Zahlen nicht nur untereinander, sondern auch nebeneinander. Das folgende ist eine 4×3-Matrix:

$$\begin{pmatrix}-3 & -5 & 4\\2 & 1 & -2\\1 & 3 & 3\\4 & 5 & 6\end{pmatrix}$$

Auch eine Matrix lässt sich transponieren. Dies bedeutet, dass man sie an der Diagonalen spiegelt bzw. dass die Rollen von Zeilen und Spalten vertauscht werden:

$$\begin{pmatrix}-3 & -5 & 4\\2 & 1 & -2\\1 & 3 & 3\\4 & 5 & 6\end{pmatrix}^{\mathrm{T}} = \begin{pmatrix}-3 & 2 & 1 & 4\\-5 & 1 & 3 & 5\\4 & -2 & 3 & 6\end{pmatrix}$$

Man kann eine Matrix von rechts mit einem Vektor multiplizieren, wenn die Anzahl der Spalten der Matrix der Dimension des Vektors entspricht:

$$\begin{pmatrix}-3 & -5 & 4\\2 & 1 & -2\\1 & 3 & 3\\4 & 5 & 6\end{pmatrix} \cdot \begin{pmatrix}3\\2\\1\end{pmatrix} = \begin{pmatrix}-3\cdot 3-5\cdot 2+4\cdot 1\\2\cdot 3+1\cdot 2-2\cdot 1\\1\cdot 3+3\cdot 2+3\cdot 1\\4\cdot 3+5\cdot 2+6\cdot 1\end{pmatrix} = \begin{pmatrix}-14\\6\\12\\28\end{pmatrix}$$

Man kann auch Matrizen miteinander multiplizieren, sofern die erste Matrix so viele Spalten wie die zweite Zeilen hat:

$$\begin{pmatrix} 1 & -2 & 3 \\ -4 & 5 & 6 \end{pmatrix} \cdot \begin{pmatrix} 2 & 1 \\ 3 & 2 \\ 5 & 1 \end{pmatrix} = \begin{pmatrix} 1\cdot 2 - 2\cdot 3 + 3\cdot 5 & 1\cdot 1 - 2\cdot 2 + 1\cdot 3 \\ -4\cdot 2 + 5\cdot 3 + 6\cdot 5 & -4\cdot 1 + 5\cdot 2 + 6\cdot 1 \end{pmatrix} = \begin{pmatrix} 11 & 0 \\ 37 & 12 \end{pmatrix}$$

Eine Matrix mit ebenso vielen Zeilen wie Spalten heißt quadratisch. Eine quadratische Matrix, die in der Diagonalen nur Einsen und ansonsten nur Nullen enthält, heißt Einheitsmatrix. Man kann sie mit der Variablen *Identity* bezeichnen:

$$Identity = \begin{pmatrix} 1 & 0 & 0 & 0 \\ 0 & 1 & 0 & 0 \\ 0 & 0 & 1 & 0 \\ 0 & 0 & 0 & 1 \end{pmatrix}$$

Wenn zwei Matrizen miteinander multipliziert die Einheitsmatrix ergeben, dann bezeichnet man die eine als die Inverse der anderen. ist ein Beispiel:

$$\begin{pmatrix} 1 & 2 & 3 \\ 0 & 1 & 4 \\ 0 & 0 & 1 \end{pmatrix} \cdot \begin{pmatrix} 1 & -2 & 5 \\ 0 & 1 & -4 \\ 0 & 0 & 1 \end{pmatrix} = \begin{pmatrix} 1 & 0 & 0 \\ 0 & 1 & 0 \\ 0 & 0 & 1 \end{pmatrix}$$

Natürlich kann man mit Matrizen auch modulo rechnen. Im folgenden Beispiel werden zwei Matrizen modulo addiert:

$$\begin{pmatrix} 3 & 5 & 4 \\ 2 & 1 & 2 \\ 0 & 3 & 3 \\ 4 & 5 & 6 \end{pmatrix} + \begin{pmatrix} 5 & 2 & 3 \\ 2 & 3 & 2 \\ 1 & 0 & 4 \\ 0 & 2 & 5 \end{pmatrix} = \begin{pmatrix} 1 & 0 & 0 \\ 4 & 4 & 4 \\ 1 & 3 & 0 \\ 4 & 0 & 4 \end{pmatrix} \pmod 7$$

6.2 Lineare Gleichungssysteme

Lineare Gleichungssysteme dürften den meisten Lesern ebenfalls bekannt sein. Hier ist ein Beispiel:

$$a + 4b + 3c = 16$$
$$a + 2b + c = 25$$
$$a + 2c = 4$$

Es ist möglich, ein lineares Gleichungssystem mithilfe einer Matrix und zweier Vektoren wie folgt zu notieren:

$$\begin{pmatrix} 1 & 4 & 3 \\ 6 & 2 & 1 \\ 5 & 0 & 2 \end{pmatrix} \cdot \begin{pmatrix} a \\ b \\ c \end{pmatrix} = \begin{pmatrix} 1 \\ 2 \\ 4 \end{pmatrix}$$

Noch kürzer sieht das Gleichungssystem wie folgt aus:

$$\begin{pmatrix} 1 & 4 & 3 & 1 \\ 6 & 2 & 1 & 2 \\ 5 & 0 & 2 & 4 \end{pmatrix}$$

Man kann ein lineares Gleichungssystem bekanntlich mit dem Gauß-Algorithmus lösen. Dies funktioniert auch, wenn man modulo rechnet. Im folgenden Beispiel wird modulo 7 gerechnet:

$$\begin{pmatrix} 1 & 4 & 3 & 1 \\ 6 & 2 & 1 & 2 \\ 5 & 0 & 2 & 4 \end{pmatrix} \pmod 7 \qquad 1.\text{Zeile zu } 2.\text{Zeile}$$

$$\begin{pmatrix} 1 & 4 & 3 & 1 \\ 0 & 6 & 4 & 3 \\ 5 & 0 & 2 & 4 \end{pmatrix} \pmod 7 \qquad 1.\text{Zeile mal } 2 \text{ zu } 3.\text{Zeile}$$

$$\begin{pmatrix} 1 & 4 & 3 & 1 \\ 0 & 6 & 4 & 3 \\ 0 & 1 & 1 & 6 \end{pmatrix} \pmod 7 \qquad 3.\text{Zeile mal } 4 \text{zu } 1.\text{Zeile}$$

$$\begin{pmatrix} 1 & 1 & 0 & 4 \\ 0 & 6 & 4 & 3 \\ 0 & 1 & 1 & 6 \end{pmatrix} \pmod 7 \qquad 3.\text{Zeile mal } 3 \text{zu } 2.\text{Zeile}$$

$$\begin{pmatrix} 1 & 1 & 0 & 4 \\ 0 & 2 & 0 & 0 \\ 0 & 1 & 1 & 6 \end{pmatrix} \pmod 7 \qquad 2.\text{Zeile mal } 3 \text{ zu } 3.\text{Zeile}$$

$$\begin{pmatrix} 1 & 1 & 0 & 4 \\ 0 & 2 & 0 & 0 \\ 0 & 0 & 1 & 6 \end{pmatrix} \pmod 7 \qquad 2.\text{Zeile mal } 3 \text{zu } 1.\text{zeile}$$

$$\begin{pmatrix} 1 & 0 & 0 & 4 \\ 0 & 2 & 0 & 0 \\ 0 & 0 & 1 & 6 \end{pmatrix} \pmod 7 \qquad \text{2. Zeile mal 4}$$

$$\begin{pmatrix} 1 & 0 & 0 & 4 \\ 0 & 1 & 0 & 0 \\ 0 & 0 & 1 & 6 \end{pmatrix} \pmod 7$$

Es gilt also: a=4, b=0, c=6.

Quantensichere symmetrische Verfahren 7

Wie in Abschn. 3.4 beschrieben, lässt sich jedes gängige symmetrische Verschlüsselungsverfahren – vom AES über Ascon bis zum Triple-DES – auf einem Quantencomputer mit dem Grover-Algorithmus per vollständiger Schlüsselsuche angreifen. Im Vergleich zur vollständigen Schlüsselsuche mit einem herkömmlichen Computer ist ein solcher Angriff deutlich schneller, was dazu führt, dass die effektive Schlüssellänge des jeweiligen Krypto-Verfahrens auf etwa die Hälfte zurückgeht.

Auch asymmetrische Verfahren lassen sich prinzipiell durch eine vollständige Schlüsselsuche und damit auch mit dem Grover-Algorithmus brechen. Für die Praxis ist das jedoch nicht relevant, da asymmetrische Methoden Schlüssellängen verwenden, die irgendwo zwischen ein paar Hundert und einigen Millionen Bits liegen. Das ist selbst für den stärksten denkbaren Quantencomputer zu viel, da eine Halbierung der effektiven Schlüssellänge hier nicht ausreicht, um die Sache praktikabel zu machen. Der Grover-Algorithmus ist eben längst nicht so leistungsfähig wie der Shor-Algorithmus, mit dem man unter anderem RSA knacken kann.

Der Grover-Algorithmus wird jedoch interessant, wenn ein symmetrisches Verschlüsselungsverfahren beispielsweise mit einer Schlüssellänge von 128 bit genutzt wird – was häufig vorkommt. Wenn man Quantencomputer in seine Überlegungen einbezieht, liegt in diesem Fall nur noch eine 64-Bit-Sicherheit vor, was für einen Angreifer durchaus im Bereich des Realistischen liegt.

Wie man ein symmetrisches Verschlüsselungsverfahren vor dem Grover-Algorithmus schützen kann, dürfte klar sein: Man muss ausreichend lange Schlüssel wählen. Nehmen wir etwa den AES, der bekanntlich die Schlüssellängen 128, 192 und 256 bit unterstützt. 128 bit sind, wie beschrieben, zu kurz, um quantensicher zu sein. Stellt man dagegen auf einen 192-Bit-Schlüssel um, dann dürfte eigentlich nichts passieren, da eine effektive Schlüssellänge von 96 bit vermutlich nie lösbar sein wird. Am besten ist es allerdings, den

K. Schmeh, *Post-Quanten-Kryptografie*,
https://doi.org/10.1007/978-3-658-50705-3_7

AES gleich mit 256-Bit-Schlüsseln zu verwenden, denn eine effektive Schlüssellänge von 128 bit wird definitiv nie mit dem Grover-Algorithmus zu lösen sein – man stößt hier an physikalische Grenzen.

Für symmetrische Verschlüsselungsverfahren lautet die wesentliche Aufgabe für die nächsten Jahre also, auf eine Schlüssellänge von 256 bit umzusteigen. Bei manchen Anwendungen geht dies per Mausklick, bei anderen muss man in den bestehenden Code eingreifen. Da einige ältere Verfahren – beispielsweise Triple-DES – keine ausreichend langen Schlüssel unterstützen, muss man den Algorithmus in solchen Fällen ersetzen – beispielsweise durch den AES. Dies ist immer noch vergleichsweise unproblematisch, da der AES nicht weniger performant ist und nicht wesentlich mehr Speicherplatz verbraucht als ältere Verfahren mit kürzeren Schlüsseln.

Da symmetrische Verschlüsselungsverfahren im Zusammenhang mit Quantencomputern somit nicht allzu problematisch sind, spielen sie in der entsprechenden Diskussion keine große Rolle. Meist werden der AES, Ascon und ähnliche Algorithmen nicht einmal zur Post-Quanten-Kryptografie gezählt, obwohl sie bei entsprechender Schlüssellänge quantensicher sind. Stattdessen wird der Begriff Post-Quanten-Kryptografie üblicherweise nur für die asymmetrischen quantensicheren Methoden verwendet. Auch in diesem Buch spielen symmetrische Verschlüsselungsverfahren im Folgenden keine Rolle mehr.

8 Quanten-Kryptografie

Die Post-Quanten-Kryptografie, um die es in diesem Buch geht, ist nicht mit der **Quantenkryptografie** zu verwechseln. Als Post-Quanten-Kryptografie bezeichnet man kryptografische Verfahren, die nicht mit einem Quantencomputer (ein solcher basiert auf der Quantenmechanik) gebrochen werden können. Bei der Quantenkryptografie geht es dagegen darum, die Quantenmechanik für das Verschlüsseln zu nutzen.

Die Namensgebung in diesem Bereich ist nicht allzu glücklich. So werden Post-Quanten-Kryptografie und QuantenKryptografie oft verwechselt oder fälschlicherweise für verwandte technologien gehalten. Vermutlich wäre es daher besser, die Post-Quanten-Kryptografie als „quantensichere Kryptografie" zu bezeichnen, doch dieser Ausdruck hat sich nicht durchgesetzt.

Die Quantenkryptografie ist – wie der Quantencomputer – eine Entwicklung der Achtziger-Jahre. Sie ist deutlich weiter fortgeschritten als der Quantencomputer. Es gibt bereits erste Unternehmen (zum Beispiel id Quantique und SeQureNet), die entsprechende Lösungen am Markt anbieten. Eine Revolution ist davon jedoch nicht zu erwarten, wie wir im Folgenden sehen werden.

Die Quantenkryptografie ist weniger für die Verschlüsselung an sich, sondern vor allem für den Schlüsselaustausch geeignet. Man spricht daher auch vom **Quanten-Schlüsselaustausch** oder von **Quantum Key Distribution (QKD).** Die entsprechenden Methoden bilden eine Alternative zum Schlüsselaustausch mit RSA oder Diffie-Hellman. Mit dem per Quanten-Schlüsselaustausch vereinbarten Schlüssel können die Kommunikationspartner ein symmetrisches Verfahren wie den AES nutzen. Die Quantenkryptografie kann jedoch ein symmetrisches Verfahren nicht ersetzen. Es wäre daher falsch zu glauben, dass die herkömmliche Kryptografie irgendwann ausgedient hat und nur noch Quantenkryptografie eingesetzt wird.

K. Schmeh, *Post-Quanten-Kryptografie*,
https://doi.org/10.1007/978-3-658-50705-3_8

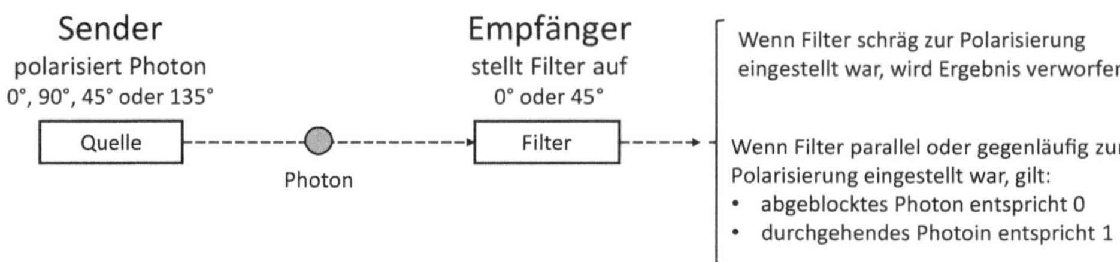

Abb. 8.1 Mithilfe von Photonen lässt sich ein Schlüssel sicher übertragen. Ein Angreifer müsste selbst einen Filter aufstellen, mit dem er jedoch die Polarisierung der Photonen ändern würde, und das würde auffallen

Da ein Schlüsselaustausch per Quantenkryptografie mit einem Quantencomputer nicht zu knacken ist, kann man die Quantenkryptografie auch als Teilgebiet der Post-Quanten-Kryptografie betrachten. Eine große Rolle spielt sie in diesem Zusammenhang jedoch bisher nicht, und das wird sich wohl auch nicht grundlegend ändern. Daher kommt die Quantenkryptografie in vielen Übersichtswerken zur Post-Quanten-Kryptografie erst gar nicht vor oder wird nur am Rande behandelt. Auch in diesem Buch spielt die Quantenkryptografie nur eine Nebenrolle und wird ausschließlich im aktuellen Kapitel behandelt.

Für den erwähnten Quanten-Schlüsselaustausch gibt es mehrere Protokolle. Sie alle haben die Eigenschaft, dass Alice und Bob es mit hoher Wahrscheinlichkeit merken, wenn sich ein Angreifer dazwischenschaltet. Oder anders ausgedrückt: Nach Abschluss des Schlüsselaustauschs können Alice und Bob davon ausgehen, dass kein Dritter den vereinbarten Schlüssel kennt. Das bekannteste Verfahren dieser Art ist der BB84-Schlüsselaustausch. Wie der Name andeutet, wurde dieser Algorithmus im Jahre 1984 veröffentlicht, und zwar von Charles H. Bennett und Gilles Brassard (Charles H. Bennett, 1984).

BB84 nutzt die Polarisierung von Photonen (Lichtquanten) als Informationsträger (siehe Abb. 8.1). Ein Photon ist immer senkrecht zur Bewegungsrichtung polarisiert, wobei die Polarisierung ansonsten senkrecht, waagerecht oder in jedem Winkel dazwischen liegen kann. Nach den Gesetzen der Quantenmechanik kann man die Polarisierung eines Photons nur mit einem Filter messen, der selbst auf eine bestimmte Polarisierung festgelegt ist. Ist der Filter senkrecht polarisiert und das gemessene Photon ebenfalls, dann lässt der Filter das Photon durch. Ist das Photon dagegen waagerecht polarisiert, dann wird es vom senkrechten Filter abgeblockt. Bei allen dazwischen liegenden Polarisierungen ist das Ergebnis (durch das Superpositionsprinzip) zufällig. Ist der Filter waagerecht eingestellt und fällt ein 45 Grad polarisiertes Photon darauf, dann wird es in etwa der Hälfte der Fälle abgeblockt und in der anderen Hälfte durchgelassen. Wird der Winkel kleiner, dann steigt die Wahrscheinlichkeit, wird er größer dann fällt sie.

Stößt ein 90-Grad-Photon von Alice auf einen 0-Grad-Filter von Bob, dann wird es auf jeden Fall abgeblockt – dies entspricht einer Null. Gleiches passiert, wenn ein 135-Grad-Photon auf einen 45-Grad-Filter trifft. Trifft das 45-Grad-Photon von Alice dagegen auf einen 45-Grad-Filter von Bob, dann kommt das Photon auf jeden Fall an und wird als Eins gewertet. Trifft dagegen ein mit 45 Grad polarisiertes Photon auf den 0-Grad-Filter, so geht es mit 50 % Wahrscheinlichkeit durch – es wird später verworfen. Gleiches gilt, wenn ein mit 90 Grad polarisiertes Photon auf einen 45-Grad-Filter trifft.

Nach diesem Ablauf klären Alice und Bob am Telefon, in welchen Fällen Bob den Filter richtig (also parallel oder antiparallel zur Polarisierung) eingestellt hat. Dies wird in etwa der Hälfte der Fälle eingetreten sein. Daraufhin verwirft Bob die Fälle, in denen der Filter schräg zur Polarisierung stand, und fasst die verbleibenden Fälle zu einer Folge von Nullen und Einsen zusammen. Diese wird dann als Schlüssel für ein konventionelles Verschlüsselungsverfahren verwendet, beispielsweise für den AES. Die Telefonverbindung, die Alice und Bob nutzen, muss nicht abhörsicher sein, da es einem Angreifer nichts nutzt, wenn er die Einstellung des Filters kennt.

Mit dem beschriebenen Verfahren können sich Alice und Bob auf einen Schlüssel einigen, auch wenn ein Angreifer Zugriff auf den Photonenstrom hat und das Telefongespräch abhören kann. Misst der Angreifer die Polarisierung der Photonen selbst, dann verändert das die Polarisierung, was mit hoher Wahrscheinlichkeit dazu führt, dass Alice und Bob nicht den gleichen Schlüssel besitzen. Dies lässt sich beispielsweise durch Prüfsummen im Klartext schnell feststellen.

Eine andere Form des Quantenschlüsselaustausch nutzt Verschränkungen. Diese Methode wurde von Artur Ekert entwickelt und wird daher auch als Ekert-Protokoll bezeichnet (Ekert, 1991). Hierbei kommen zwei verschränkte Photonen zum Einsatz, wobei Alice die Polarisation des einen und Bob die Polarisation des anderen misst. Ähnlich wie bei BB84 erfolgt die Messung mit Filtern. Nach den Gesetzen der Quantenmechanik ist die Polarisation des einen Photons aufgrund der Verschränkung der des anderen entgegengesetzt. Wenn Alice und Bob also mit entgegengesetzten Filtern messen, erhalten sie das gleiche Ergebnis, das sie als Schlüssel verwenden können. Misst ein Angreifer eine der Polarisierungen, dann verändert er diese, wodurch Alice und Bob wiederum mit hoher Wahrscheinlichkeit nicht den gleichen Schlüssel erhalten.

Der Vorteil der Quantenkryptografie liegt generell darin, dass sie eine beweisbare Sicherheit liefert. Sofern sich die Physik nicht grundlegend irrt, hat ein Angreifer keine Chance, einen per Quanten-Schlüsselaustausch vereinbarten Schlüssel abzugreifen. Fast alle anderen Krypto-Verfahren beziehen ihre Sicherheit lediglich daraus, dass sie bisher nicht geknackt wurden – einen Beweis für ihre Sicherheit gibt es dagegen nicht.

Der Quanten-Schlüsselaustausch ist vor allem für Punkt-zu-Punkt-Verbindungen interessant, die unterbrechungsfreie Glasfaserverbindungen nutzen. Distanzen von mehreren Hundert Kilometern können auf diese Weise überbrückt werden. Für die E-Mail-Verschlüsselung, TLS, IPsec und viele andere Krypto-Anwendungen ist diese Technik dagegen nicht geeignet, da es hier normalerweise keine direkte Glasfaserverbindung zwischen Sender und Empfänger gibt. Der Quanten-Schlüsselaustausch wird daher RSA und Diffie-Hellman nicht ersetzen können.

Es liegt auf der Hand, dass der Quanten-Schlüsselaustausch die IT-Welt nicht revolutionieren wird. Auch mit mathematischen Verfahren, wie sie in diesem Buch beschrieben werden, ist ein sicherer Schlüsselaustausch hinzubekommen – auch wenn sich die Sicher-

> 3. Sifting

After the photons have been sent and received, Alice and Bob publicly share the bases they used for each photon.

Sifting is the process of removing all bits for which Alice's and Bob's basis were not equal.

Each bit you just received is either kept (✓) or sifted out (🗑).

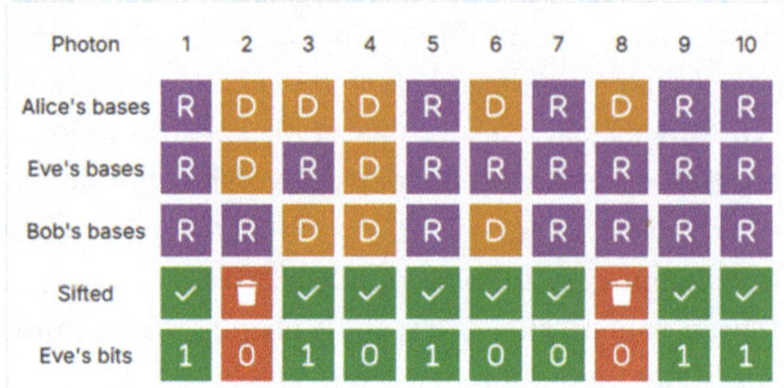

Photon	1	2	3	4	5	6	7	8	9	10
Alice's bases	R	D	D	D	R	D	R	D	R	R
Eve's bases	R	D	R	D	R	R	R	R	R	R
Bob's bases	R	R	D	D	R	D	R	R	R	R
Sifted	✓	🗑	✓	✓	✓	✓	✓	🗑	✓	✓
Eve's bits	1	0	1	0	1	0	0	0	1	1

If Alice's and Bob's bases are not equal, then the bit is sifted.

If you (Eve) chose the same basis as Alice, then the bit you received is 100% certain to be correct (✓).

Bits for which you got the basis wrong are uncertain (?). The received bit could be either right or wrong.

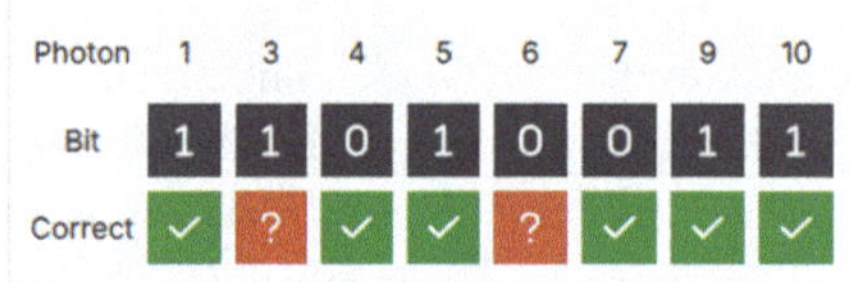

Photon	1	3	4	5	6	7	9	10
Bit	1	1	0	1	0	0	1	1
Correct	✓	?	✓	✓	?	✓	✓	✓

Abb. 8.2 Demonstration des BB84-Schlüsselaustauschs in der Open-Source-Software CrypTool-Online. Im hier gezeigten Schritt klären Alice und Bob nach der Übertragung der Photonen, in welchen Fällen der Filter richtig eingestellt war

heit nicht beweisen lässt. Zwar müssen die derzeit verwendeten RSA und Diffie-Hellman in den kommenden Jahren durch quantensichere Algorithmen ersetzt werden, doch ein Umstieg auf einen Quanten-Schlüsselaustausch, der völlig neue Hardware erfordert, ist meist nicht notwendig.

Es gibt zahlreiche Einrichtungen, die im Bereich der Quantenkryptografie forschen. Dabei hat die Quantenkryptografie noch weitere Anwendungen zu bieten. So gibt es etwa einen weiteren Quanten-Schlüsselaustausch, der dank verschränkter Photonen in unendlicher Geschwindigkeit stattfindet. Auch Quanten-Commitment-Verfahren und Quanten-Positionsnachweise wurden entwickelt. Interessant sind außerdem Quanten-Zufallsgeneratoren, die zur Schlüsselgenerierung verwendet werden können. Es wird in den kommenden Jahren zweifellos noch einige interessante Forschungsergebnisse in der Quantenkryptografie geben. Ob sich diese auf die Praxis auswirken, wird man sehen.

Praxistipp Die in Kap. 1 vorgestellte Open-Source-Software CrypTool enthält eine Demonstration des BB84-Schlüsselaustauschs (siehe Abb. 8.2). Diese Demo findet sich sowohl in der Desktop-Variante CrypTool 2 als auch in der Online-Version CrypTool-Online. Eine Besonderheit: Es wird gezeigt, mit welcher Wahrscheinlichkeit ein Angreifer das BB84-Protokoll austricksen kann. Natürlich wird die Chance immer geringer, wenn der vereinbarte Schlüssel länger wird.

Die Fiat-Shamir-Transformation 9

Die Fiat-Shamir-Transformation ist eine Methode, mit der man aus einer Einwegfunktion ein Verfahren für die digitale Signatur konstruieren kann. Wenn die jeweilige Einwegfunktion auch mit einem Quantencomputer nicht effektiv lösbar ist, dann ist das entstehende Signaturverfahren quantensicher. Mehrere Post-Quanten-Signaturverfahren, die ich in diesem Buch vorstellen werde, nutzen diese Methode.

Um die Fiat-Shamir-Transformation zu erklären, werde ich im Folgenden ein Signaturverfahren vorstellen, das für die Praxis nicht geeignet ist. Es macht jedoch deutlich, wie diese Technik funktioniert.

9.1 Graphen

Zunächst müssen wir hierzu definieren, was ein Graph ist. Wie in Abb. 9.1 zu sehen, versteht man unter einem Graphen eine Menge von Punkten (Knoten genannt), die miteinander verbunden sein können. In diesem Buch werden die Knoten stets als Kreise dargestellt und sind durchnummeriert. Die Verbindungen werden als Kanten bezeichnet. Bei einem Graphen kommt es nur auf die Anzahl der Knoten und auf die Verbindungen dazwischen an. Wo sich ein Knoten befindet und wie die Verbindungslinien verlaufen, ist nicht relevant. Man kann einen Graphen daher mit einer Tabelle eindeutig festlegen. Für den ersten Graphen in Abb. 9.1 sieht diese wie folgt aus:

K. Schmeh, *Post-Quanten-Kryptografie*,
https://doi.org/10.1007/978-3-658-50705-3_9

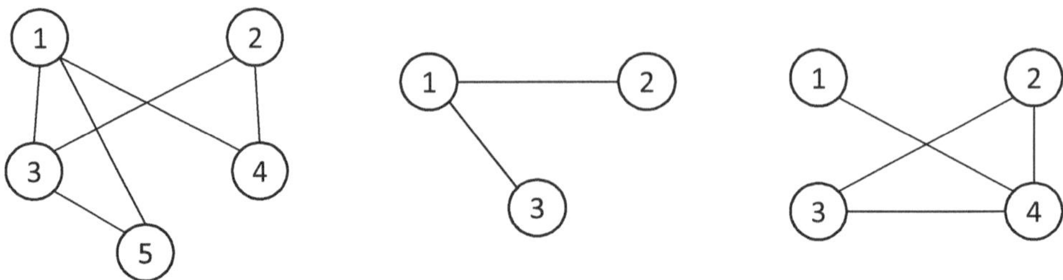

Abb. 9.1 Drei Beispiele für Graphen

	1	2	3	4	5
1			X	X	X
2			X	X	
3	X	X			X
4	X	X			
5	X		X		

Schreibt man diese Tabelle wie folgt als Matrix, dann bezeichnet man dies als Adjazenzmatrix:

$$\begin{pmatrix} 0 & 0 & 1 & 1 & 1 \\ 0 & 0 & 1 & 1 & 0 \\ 1 & 1 & 0 & 0 & 1 \\ 1 & 1 & 0 & 0 & 0 \\ 1 & 0 & 1 & 0 & 0 \end{pmatrix}$$

Zwei Graphen mit gleicher Adjazenzmatrix gelten als gleich. Zwei Graphen gelten als isomorph, wenn sie entweder gleich sind oder wenn man den einen durch Änderung der Nummern der Knoten in den anderen überführen kann (Abb. 9.2).

Es ist recht einfach, zu einem gegebenen Graphen einen isomorphen Graphen zu konstruieren. Bei großen Graphen ist es jedoch schwierig zu überprüfen, ob zwei Graphen isomorph sind (Isomorphie-Problem). Es liegt also eine Einwegfunktion vor.

Gibt es in einem Graphen einen Weg, der über verschiedene Kanten genau einmal durch jeden Knoten führt und danach wieder am Anfang ankommt, dann wird dieser als Hamiltonkreis bezeichnet (Abb. 9.3). Es ist recht einfach, einen Graphen mit Hamiltonkreis zu konstruieren. Man zeichnet dazu zunächst die Knoten, dann eine Reihe von Kanten, die den Hamiltonkreis bilden, und schließlich weitere Kanten. Andererseits ist es bei großen Graphen schwierig, einen darin enthaltenen Hamiltonkreis zu finden (Hamiltonkreis-Problem). Auch hier haben wir es somit mit einer Einwegfunktion zu tun.

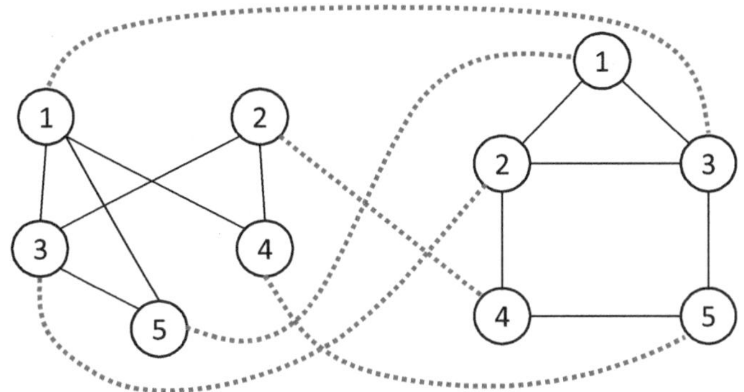

Abb. 9.2 Zwei isomorphe Graphen

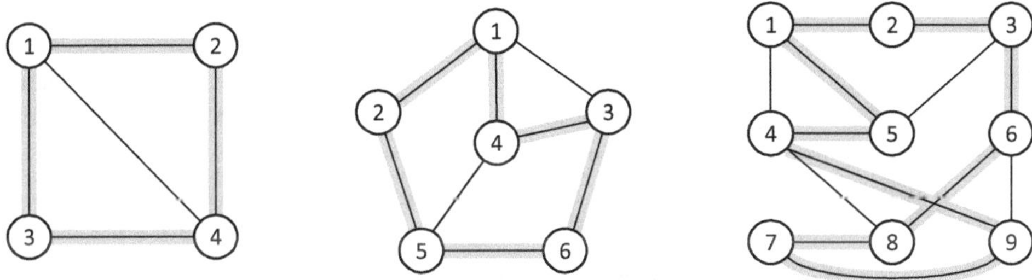

Abb. 9.3 Drei Graphen, die jeweils einen Hamiltonkreis (grau hinterlegt) enthalten

9.2 Zero-Knowledge-Beweise

Nehmen wir nun an, ein Bankkunde soll sich beim Online-Banking gegenüber seiner Bank authentifizieren. Dazu kann er ein Passwort nutzen, allerdings muss dann die Bank das Passwort speichern, was aus Sicherheitsgründen nicht wünschenswert ist. Gesucht ist also eine Methode, mit der der Kunde belegen kann, dass er eine Geheiminformation kennt, ohne diese preisgeben zu müssen. Es gibt verschiedene Lösungen für dieses Problem. Wir betrachten eine, die auf einem Hamiltonkreis in einem Graphen basiert. Hierzu generiert der Kunde einen großen Graphen mit einem Hamiltonkreis, was – wie erwähnt – nicht schwierig ist. Bei der Eröffnung seines Onlinekontos übergibt er diesen Graphen (als Adjazenzmatrix) an die Bank. Diese kennt den Hamiltonkreis im Graphen nicht und kann ihn auch nicht ermitteln, da dies – wie erwähnt – sehr aufwendig ist.

Wenn der Kunde nun über das Netz auf sein Bankkonto zugreifen will, beweist er der Bank, dass er den Hamiltonkreis im Graphen kennt, ohne dieses Wissen preiszugeben. Dies funktioniert nach folgendem Ablauf:

1. Der Kunde generiert einen Graphen, der isomorph zum bei der Bank hinterlegten Graphen ist, und schickt diesen (als Adjazenzmatrix) an die Bank.
2. Die Bank hat nun zwei Möglichkeiten: Entweder sie fordert den Kunden dazu auf, den Hamiltonkreis im isomorphen Graphen zu zeigen, oder sie fordert ihn dazu auf, die Isomorphie der beiden Graphen zu belegen. Die Bank wählt eine der beiden Optionen (beispielsweise per Münzwurf) und schickt die entsprechende Aufforderung (Challenge) an den Kunden.
3. Der Kunde liefert – je nach Aufforderung der Bank – den Hamiltonkreis im isomorphen Graphen oder den Beleg, dass die beiden Graphen isomorph sind (Response).
4. Die Bank prüft die Antwort und gewährt im positiven Fall Zugriff auf das Konto.

Die Bank hat nun tatsächlich keine Möglichkeit, Kenntnis vom Hamiltonkreis im ursprünglichen Graphen zu erlangen. Je nach Ausgang des Münzwurfs müsste sie dazu entweder das Isomorphie-Problem oder das Hamiltonkreis-Problem lösen.

Dieser Ablauf hat jedoch einen gravierenden Nachteil. Ein Angreifer, der sich für den Bankkunden ausgibt, kann in Schritt 1 statt eines isomorphen Graphen einen beliebigen anderen Graphen übersenden, in dem er einen Hamiltonkreis kennt. Wenn sich die Bank in Schritt 2 dazu entscheidet, den Hamiltonkreis im (angeblich) isomorphen Graphen sehen zu wollen, klappt der Schwindel. Wenn sie jedoch die Isomorphie sehen will, hat der Angriff keinen Erfolg. Alternativ kann der Angreifer auch einen isomorphen Graphen übersenden, der keinen ihm bekannten Hamiltonkreis aufweist. Wenn sich die Bank in Schritt 2 entscheidet, die Isomorphie sehen zu wollen, kommt der Angreifer damit durch, andernfalls nicht.

Die Erfolgswahrscheinlichkeit für den Angreifer beträgt hierbei 50%. Da dies nicht hinnehmbar ist, wird dieser Ablauf mehrfach wiederholt. Der Kunde generiert also mehrfach hintereinander einen isomorphen Graphen, und die Bank kann sich jeweils aussuchen, ob sie den Hamiltonkreis oder die Isomorphie sehen will. Natürlich darf der Kunde nie beide Informationen auf einmal liefern, denn sonst könnte die Bank auf einfache Weise den Hamiltonkreis im ursprünglichen Graphen ermitteln. Wenn der Ablauf zehn Mal durchgeführt wird, hat ein Angriff nur noch eine Erfolgswahrscheinlichkeit von 1 zu 1024.

Dieser Ablauf gehört zur Familie der Zero-Knowledge-Beweise. Solange die beiden Einwegfunktionen (Generierung eines isomorphen Graphen und Generierung eines Graphen mit Hamiltonkreis) tatsächlich nicht umkehrbar sind, erlangt die Bank keine Kenntnis (Zero Knowledge) über den Hamiltonkreis. Zero-Knowledge-Beweise spielen in der Kryptografie seit etwa drei Jahrzehnten eine wichtige Rolle, auch wenn nur wenige davon in die Praxis umgesetzt wurden. Wie genau ein Zero-Knowledge-Beweis definiert ist, soll uns an dieser Stelle nicht interessieren. Wichtig ist jedoch, dass ein solcher stets vorsieht, dass der Verifizierer mehrere (in unserem Fall zwei) Möglichkeiten hat, eine Challenge zu verschicken und dass mindestens eine davon dem Beweisenden das Betrügen ermöglicht. Durch Wiederholungen des Vorgangs kann man jedoch die Betrugswahrscheinlichkeit beliebig senken.

9.3 Durchführung der Fiat-Shamir-Transformation

Aus dem beschriebenen Ablauf, in dem der Kunde die Kenntnis einer geheimen Information beweist, ohne sie preiszugeben, kann man ein digitales Signaturverfahren generieren. Der entsprechende Vorgang wird **Fiat-Shamir-Transformation** genannt. Zum Signieren simuliert Alice den in Abschn. 9.2 gezeigten Zero-Knowledge-Beweis. Ihr öffentlicher Schlüssel ist der bei der Bank (die in diesem Fall nur simuliert wird) hinterlegte Graph, ihr privater Schlüssel der Hamiltonkreis darin. Wie in einem asymmetrischen Verfahren üblich, ist es einfach, aus dem privaten Schlüssel den öffentlichen zu berechnen, aber nicht umgekehrt.

Wir gehen davon aus, dass Alice zehn Challenges der Bank und entsprechend ebenso viele Responses des Kunden simuliert. Die Challenges legt sie nicht per Münzwurf fest, sondern mit einer kryptografischen Hashfunktion. Als Urbild für diese nutzt sie die Aneinanderreihung der zu signierenden Nachricht und des bei der Bank hinterlegten Graphen (in Form einer Adjazenzmatrix). Nehmen wir an, der Hashwert beginne mit den zehn Bits 0110100100. Dann nimmt Alice für die erste Challenge eine Null („zeige den Hamiltonkreis im isomorphen Graphen"), für die zweite und dritte Challenge jeweils eine Eins („zeige die Isomorphie"), danach wieder eine Null und so weiter. Die Signatur besteht aus den zehn Responses. Der Rest des Hashwerts ist nicht relevant.

Bob kann die Signatur verifizieren, indem er zunächst die signierte Nachricht und den hinterlegten Graphen (dieser ist Alices öffentlicher Schlüssel) nimmt. Auf diese Informationen wendet er die kryptografische Hashfunktion an. Nehmen wir an, der Hashwert beginne mit den zehn Bits 0110100100. Dann muss die erste Challenge eine Null sein („Zeige den Hamiltonkreis im isomorphen Graphen"), die zweite und dritte Challenge müssen jeweils eine Eins („Zeige die Isomorphie") sein und so weiter. Die zugehörigen Responses sind in der Signatur enthalten. Bob prüft, ob alle diese Responses korrekt sind. Ist dies der Fall, dann ist die Verifikation erfolgreich.

Die Fiat-Shamir-Transformation lässt sich in ähnlicher Form auch auf andere Zero-Knowledge-Beweise anwenden.

9.3.1 Fiat-Shamir-Transformation mit dem Modulo-Logarithmus

Die Fiat-Shamir-Transformation funktioniert jedoch nicht nur mit einem Zero-Knowledge-Beweis. Man kann sie auch in vielen anderen Fällen anwenden, in denen eine Partei (der Bankkunde) gegenüber einer anderen (der Bank) beweist, dass er etwas weiß, ohne dass er dieses Wissen preisgibt. Voraussetzung ist, dass die Bank eine zufällig generierte Challenge an den Kunden verschickt und dass diese in den Beweis einfließt. Dabei spielt stets eine Einwegfunktion eine Rolle.

Ein Beispiel für die Fiat-Shamir-Transformation ohne Zero-Knowledge-Beweis lässt sich mit der Modulo-Exponenzierung umsetzen, bei der es sich bekanntlich um eine Einwegfunktion handelt. Das Ergebnis ist das Schnorr-Signaturverfahren. Allerdings ist dieses kein Post-Quanten-Verfahren, da man die Modulo-Exponenzierung mit einem Quantencomputer berechnen kann.

Beim Eröffnen des Kontos generiert der Kunde eine Zufallszahl x und berechnet $a=g^x$ (mod *prim*), wobei *prim* eine Primzahl und g eine natürliche Zahl kleiner als *prim* ist. a übergibt er an die Bank. Wenn der Kunde auf sein Konto zugreifen will, beweist er, dass er x kennt, ohne es preiszugeben. Dieser Vorgang folgt dem folgenden Ablauf (man beachte, dass auch beim Modulo-Exponenzieren $g^{a+b}=g^a \cdot g^b$ bzw. $g^{a-b}=g^a/g^b$ gilt):

1. Der Kunde wählt eine Zahl y, berechnet $b=g^y$ (mod *prim*) und sendet dieses b an die Bank.
2. Die Bank wählt zufällig eine Zahl *chall* und sendet diese an den Kunden (Challenge).
3. Der Kunde berechnet $resp=y\text{-}chall\cdot x$ (mod *prim*) und sendet dieses *resp* an die Bank (Response).
4. Die Bank prüft ob $b=g^{resp}\cdot a^{chall}$ (mod *prim*). Diese Gleichung muss stimmen, da $b=g^y=g^{resp+chall\bullet x}=g^{resp}\cdot g^{chall\bullet x}=g^{resp}\cdot a^{chall}$ (mod *prim*).

Will die Bank in den Besitz von x kommen, dann muss sie den Modulo-Logarithmus lösen, was bei ausreichend großen Zahlen ohne Quantencomputer nicht machbar ist. Das gleiche gilt für einen externen Angreifer.

Alice kann nun die Fiat-Shamir-Transformation anwenden, um aus diesem Ablauf ein Signaturverfahren zu machen. Ihr öffentlicher Schlüssel ist der bei der Bank (die in diesem Fall nur simuliert wird) hinterlegte Wert a, ihr privater Schlüssel ist x. Im zweiten Schritt des obigen Ablaufs generiert sie die Challenge *chall* nicht per Zufallsgenerator, sondern mit einem kryptografischen Hashwert, der aus der zu signierenden Nachricht und a generiert wird. Die Signatur besteht aus der Response. Bob, der Empfänger der signierten Nachricht, verifiziert die Signatur, indem er den Ablauf nachvollzieht, wobei ihm nur die Informationen der Bank zur Verfügung stehen. Die Challenge kann er dabei selbst berechnen, da er die zu signierende Nachricht und a kennt. Wenn die Gleichung am Ende stimmt, ist die Signatur echt.

9.3.2 Die Fiat-Shamir-Transformation in der Post-Quanten-Kryptografie

Wie erwähnt, ist das beschriebene Signaturverfahren auf Basis eines Grafen mit Hamiltonkreis nicht praxistauglich, und der Signaturalgorithmus mit dem Modulo-Logarithmus ist nicht quantensicher. Die Fiat-Shamir-Transformation lässt sich jedoch auch mit zahlreichen anderen mathematischen Problemen anwenden, was zu einigen praxistauglichen, quantensicheren Signaturverfahren führt. Im Laufe dieses Buchs werden Sie noch einige Beispiele kennen lernen. Manche verwenden einen Zero-Knowledge-Beweis, andere nicht.

Gitter-basierte Algorithmen 10

Die momentan bedeutendste Familie von Post-Quanten-Verfahren ist die der **Gitter-basierten Algorithmen**. Zu ihr gehören sowohl Signaturverfahren als auch asymmetrische Verschlüsselungsverfahren. Einige davon – insbesondere CRYSTALS-Kyber und CRYSTALS-Dilithium – gelten als praktikabel und sind inzwischen vergleichsweise gut untersucht, ohne dass wesentliche Sicherheitslücken entdeckt wurden. Es spricht vieles dafür, dass Gitter-basierte Verfahren in den nächsten Jahren eine große Verbreitung finden und irgendwann RSA als meistverwendete asymmetrische Kryptomethode ablösen werden. Wer sich mit Post-Quanten-Kryptografie beschäftigt, sollte daher mit Gitter-basierten Verfahren anfangen.

10.1 Gitter

Um Gitter-basierte Algorithmen zu verstehen, müssen wir zunächst den Begriff „Gitter" einführen. Im zweidimensionalen Fall (siehe Abb. 10.1) besteht ein Gitter aus den Schnittpunkten, die entstehen, wenn unendlich viele parallele Geraden in zwei Richtungen mit jeweils gleichen Abständen verlaufen. Ein Gitter lässt sich im zweidimensionalen Raum mithilfe von zwei Vektoren (in der Abbildung a und b genannt) definieren, die als Basisvektoren und zusammen als **Basis** bezeichnet werden. Die Schnittstellen der Geraden bezeichnet man als **Gitterpunkte**. Dabei ist zu beachten, dass nur die Schnittpunkte als Gitterpunkte bezeichnet werden und nicht etwa alle Punkte, die auf einer der Geraden liegen.

Ein dreidimensionales Gitter wird von einer Basis bestehend aus drei Vektoren im dreidimensionalen Raum generiert. Wie in der Mathematik üblich, gibt es darüber hinaus auch

K. Schmeh, *Post-Quanten-Kryptografie*,
https://doi.org/10.1007/978-3-658-50705-3_10

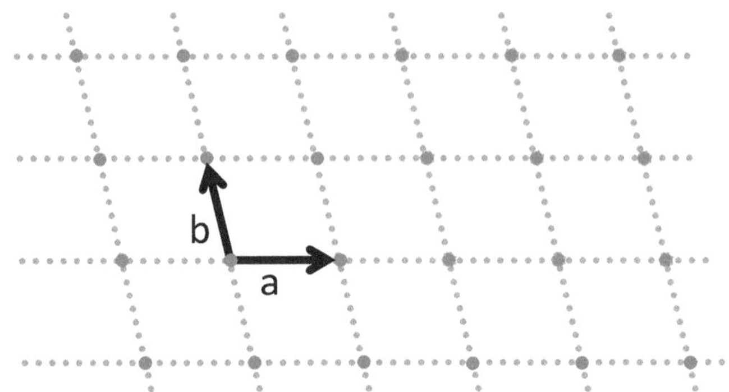

Abb. 10.1 Ein Gitter wird mithilfe von Vektoren definiert, die als Basisvektoren (und zusammen als Basis) bezeichnet werden

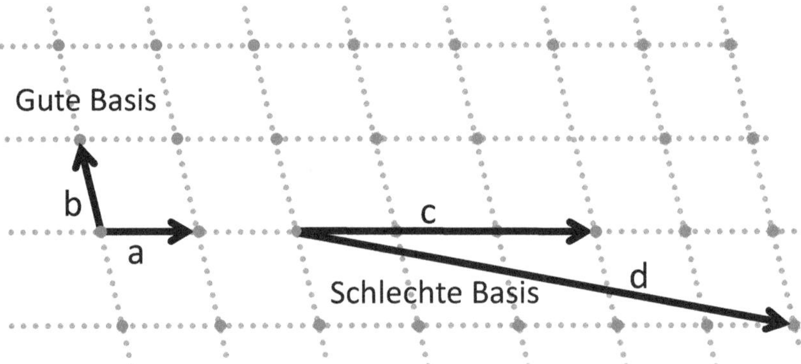

Abb. 10.2 Zwei unterschiedliche Basen definieren hier das gleiche Gitter. a und b stehen in diesem Fall annähernd senkrecht aufeinander und bilden eine sogenannte gute Basis. c und d verlaufen annähernd parallel und bilden eine sogenannte schlechte Basis

die höherdimensionalen Fälle. Allgemein besprochen heißt dies: Ein n-dimensionales Gitter wird mithilfe von n Basisvektoren im mindestens n-dimensionalen Raum definiert.

Wie man sich leicht klarmacht, können unterschiedliche Basen das gleiche Gitter definieren. Abb. 10.2 zeigt ein Beispiel für einen solchen Fall. Man unterscheidet hierbei zwischen einer guten Basis (die Vektoren stehen annähernd senkrecht zueinander) und einer schlechten Basis (die Vektoren verlaufen annähernd parallel). Im abgebildeten Beispiel ist es relativ einfach, die gute Basis (gebildet von den Vektoren a und b) in die schlechte (gebildet von den Vektoren c und d) umzuwandeln:

$$c = 3a$$
$$d = 5a - b$$

Man kann die schlechte Basis auch in eine gute umwandeln, doch die Sache wird etwas komplizierter:

$$a = 1/3c$$
$$b = 5/3c - d$$

Auch in höheren Dimensionen (etwa im 250-dimensionalen Raum) ist es mit einem geeigneten Computer-Programm recht einfach, aus einer guten eine schlechte Basis zu berechnen. Der umgekehrte Vorgang – also das Berechnen einer guten Basis aus einer schlechten – ist dagegen deutlich aufwendiger und in höheren Dimensionen nicht mehr mit realistischem Aufwand möglich. Wohlgemerkt gilt dies nicht nur dann, wenn (wie im Beispiel) eine bestimmte gute Basis vorgegeben ist. Vielmehr ist es schwierig, aus einer schlechten Basis irgendeine gute Basis zu berechnen. Das Berechnen einer schlechten Basis aus einer guten ist damit eine Einwegfunktion.

Eine für die Kryptografie wichtige Fragestellung wird als **Shortest-Vector-Problem** bezeichnet. Sie lautet: Welches ist die kürzeste Entfernung, die in einem Gitter zwischen zwei Gitterpunkten auftreten kann? Bei einem zweidimensionalen Gitter ist es ziemlich trivial, das Shortest-Vector-Problem zu lösen – man sieht auf den ersten Blick, wo von einem Gitterpunkt aus gesehen der nächste liegt. Es ist auch nicht besonders schwierig, diesen Weg mithilfe einer guten Basis anzugeben. In Abb. 10.3 kommt man mit b von einem beliebigen Gitterpunkt zum nächstgelegenen. Etwas schwieriger ist es schon, diese kürzeste Verbindung mithilfe einer schlechten Basis anzugeben. In Abb. 10.3 ist $2c$-d die richtige Lösung.

Geht man von einem Gitter in höheren Dimensionen aus, dann wird die Bestimmung der kürzesten Entfernung schwieriger. Hier kann man die Lösung nicht mehr auf den ersten Blick erkennen, sondern muss sie aus den Basisvektoren berechnen. Für diesen Zweck gibt es Lösungsverfahren, auf die ich nicht näher eingehen will. Dabei gilt: Hat man eine gute Basis zur Verfügung, dann geht die Sache relativ schnell. Muss man dagegen mit einer schlechten Basis rechnen, dann wird der Vorgang ziemlich aufwendig. In einem Git-

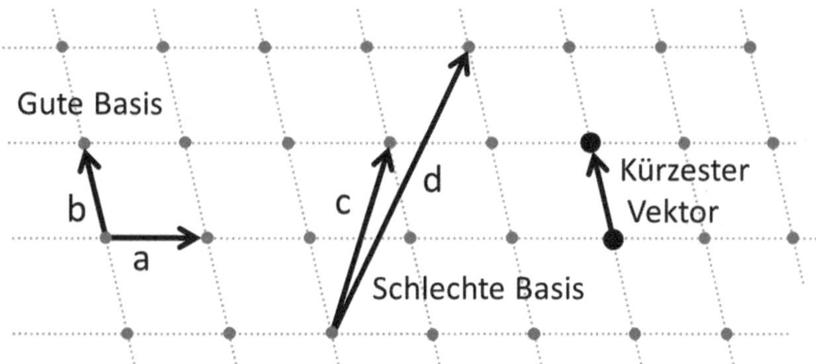

Abb. 10.3 Beim Shortest-Vector-Problem geht es darum, den kürzesten Vektor zu bestimmen, der innerhalb eines Gitters zwischen zwei Punkten auftreten kann. Mit einer guten Basis ist das Problem auch in höheren Dimensionen leicht lösbar

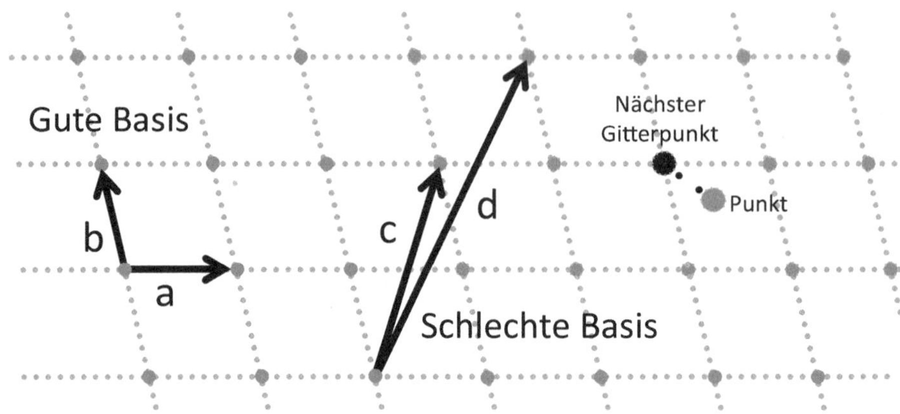

Abb. 10.4 Beim Closest-Vector-Problem geht es um die Frage, welcher Gitterpunkt von einem gegebenen Punkt aus am nächsten liegt. Mit einer guten Basis lässt sich die Lösung viel einfacher finden als mit einer schlechten

ter mit mehreren Hundert Dimensionen ist selbst der stärkste Computer überfordert. Hier liegt also eine Falltürfunktion vor. Die zugehörige Einwegfunktion ist das Berechnen einer schlechten Basis aus einer guten.

Eine weitere wichtige Fragestellung ist das **Closest-Vector-Problem.** Hier geht es darum, zu einem beliebigen Punkt, der nicht auf dem Gitter liegt, den nächsten Gitterpunkt zu finden (siehe Abb. 10.4). Auch dieses Problem ist im zweidimensionalen Raum sehr einfach zu lösen. Dort hat ein Punkt, der nicht auf dem Gitter liegt, vier benachbarte Gitterpunkte. Man sieht auf den ersten Blick, welcher davon am nächsten liegt.

Deutlich schwieriger wird die Sache wieder, wenn wir uns beispielsweise im 250-dimensionalen Raum bewegen. Dort hat ein Punkt, der nicht auf dem Gitter liegt, nicht mehr nur vier, sondern 2^{250} (dies ist eine 76-stellige Zahl) benachbarte Gitterpunkte, was das Durchprobieren aller Entfernungen zu einem Ding der Unmöglichkeit macht. Zwar gibt es Algorithmen, die den nächsten Gitterpunkt etwas schneller ermitteln, doch für diese gilt: Nur wenn eine gute Basis bekannt ist, ist dieser Punkt schnell gefunden. Steht dagegen lediglich eine schlechte Basis zur Verfügung, dauert die Suche extrem lange.

Das Platzieren eines Punkts in der Nähe eines Gitterpunkts ist also eine Falltürfunktion. Die zugehörige Einwegfunktion ist das Berechnen einer schlechten Basis aus einer guten. Um die Falltürfunktion auszuführen, wählt man zunächst einen Gitterpunkt aus und dann in dessen Nähe einen nicht auf dem Gitter liegenden Punkt. Dabei muss man natürlich aufpassen, dass Letzterer nicht versehentlich näher an einem anderen Gitterpunkt liegt. Dies lässt sich in der Praxis leicht vermeiden: Wenn die Basisvektoren beispielsweise alle eine Länge im Zentimeterbereich haben, wählt man den Nicht-Gitterpunkt etwa einen Millimeter vom Gitterpunkt entfernt und ist dadurch auf der sicheren Seite.

Betrachten wir nun noch das **Short-Integer-Solution-Problem,** das auch als SIS-Problem bekannt ist. Hierzu benötigen wir ein Gitter und eine Menge von Vektoren, wie in Abb. 10.5 gezeigt. In unserem Beispiel haben sie folgende Werte:

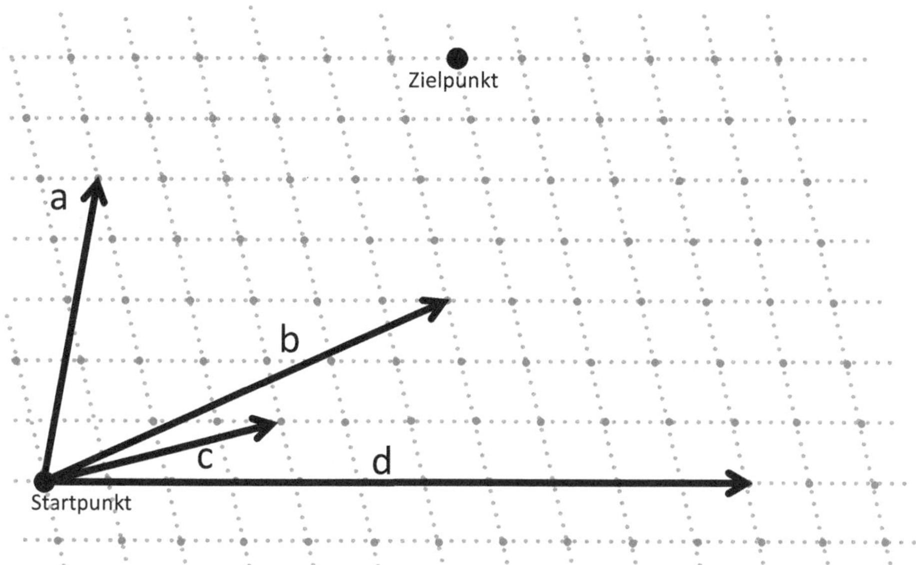

Abb. 10.5 Beim Short-Integer-Solution-Problem geht es darum, mithilfe von vorgegebenen Vektoren einen möglichst kurzen Weg von einem Start- zu einem Zielpunkt zu finden

$$a=\begin{pmatrix}2\\5\end{pmatrix},\ b=\begin{pmatrix}7\\3\end{pmatrix},\ c=\begin{pmatrix}4\\1\end{pmatrix},\ d=\begin{pmatrix}11\\0\end{pmatrix}$$

Diese vier Vektoren bilden keine Basis, da es dafür zu viele sind (im Zweidimensionalen besteht eine Basis aus nur zwei Vektoren). Beachten Sie außerdem, dass diese Vektoren nicht zu den kürzesten gehören, die in diesem Gitter möglich sind.

Die Frage ist nun, ob wir mit ganzzahligen Vielfachen dieser Vektoren einen Weg vom Nullpunkt zu einem gegebenen Zielpunkt bilden können. Man kann die Vektoren und den Zielpunkt so wählen, dass dies nicht möglich ist – etwa wenn $a = (0\ 2)^T$, $b = (2\ 2)^T$, $c = (2\ 0)^T$ und $d = (2\ 4)^T$ gilt und der Zielpunkt bei $(9\ 9)^T$ liegt. Uns sollen aber nur solche Fälle interessieren, in denen ein entsprechender Weg existiert. Ist die Aufgabe lösbar, dann gibt es im Normalfall viele Lösungen. Eine beliebige davon zu finden, ist mit einem geeigneten Computerprogramm auch in hochdimensionalen Gittern nicht schwierig. Im vorliegenden Beispiel führt etwa der Weg $60a - 80b - 54c - 60d$ zum Zielpunkt. Wir schreiben dafür kurz (60,−80,−54, 60).

In diesem Zusammenhang gelten jedoch nur Wege als gültige Lösung, die aus kleinen Zahlen (zum Beispiel zwischen −5 und +5) bestehen. Im Beispiel bildet (2,−1,−1,1) einen solchen Weg. Ein Problem dieser Art mit einer kleinzahligen Lösung lässt sich leicht erstellen: Man wählt zunächst irgendwelche Vektoren, bildet mit diesen einen kleinzahligen Weg und kommt so zum Zielpunkt. Umgekehrt ist es deutlich aufwendiger, bei gegebenen Vektoren und gegebenem Zielpunkt einen kleinzahligen Weg zu finden. Wenn wir uns im

250-dimensionalen Raum befinden, von einer Menge bestehend aus 1000 Vektoren ausgehen und außerdem deutlich längere Vektoren zulassen, dann gilt sogar: Selbst der stärkste Computer findet unter diesen Umständen keinen kleinzahligen Weg. Das gilt zumindest dann, wenn man nur eine schlechte Basis zur Verfügung hat. Mit einer guten Basis ist die Lösung dagegen mit vertretbarem Aufwand zu berechnen. Das Erstellen eines kleinzahligen Wegs mit einer gegebenen Menge von Vektoren ist daher eine Falltürfunktion. Die zugehörige Einwegfunktion ist wiederum das Berechnen einer schlechten Basis aus einer guten.

Mit dem Shortest-Vector-, dem Closest-Vector- und dem Short-Integer-Solution-Problem haben wir nun drei Fragestellungen in mathematischen Gittern betrachtet. Anstatt der natürlichen Zahlen und der Modulo-Rechnung kann man für Gitter auch andere mathematische Strukturen nutzen. Dazu gehören beispielsweise ein Ring (etwa ein Polynom-Ring) oder ein Modul. Dementsprechend bezeichnet man die Probleme dann als RSV (Ring Shortest Vector), RCV (Ring Closest Vector), RSIS (Ring Short Integer Solution), MSV (Module Shortest Vector), MCV (Module Closest Vector) oder MSIS (Module Short Integer Solution). In diesem Buch will ich jedoch nicht näher darauf eingehen.

10.1.1 GGH-Verschlüsselungsverfahren

Aus dem Closest-Vector-Problem und der damit verbundenen Falltürfunktion kann man ein asymmetrisches Verschlüsselungsverfahren definieren, das als **GGH-Verschlüsselungsverfahren** bezeichnet wird (Oded Goldreich, 1997). Es ist nach seinen Erfindern Oded Goldreich, Shafi Goldwasser und Shai Halevi benannt. Zwar hat sich GGH als unsicher erwiesen und kommt daher für die Praxis nicht infrage, doch als vergleichsweise einfach zu verstehendes Verfahren will ich es an dieser Stelle vorstellen.

Das GGH-Verfahren sieht zunächst vor, dass sich Bob als potenzieller Empfänger einer Nachricht ausgehend von einer guten Basis ein Gitter im (beispielsweise) 250-dimensionalen Raum generiert (Abb. 10.6). Die gute Basis ist Bobs privater Schlüssel. Sein öffentlicher Schlüssel ist eine schlechte Basis desselben Gitters – wie am Anfang dieses Kapitels gesagt, ist es einfach aus einer guten Basis eine schlechte zu generieren.

Will Alice eine Nachricht an Bob verschicken, dann setzt sie einen Punkt in die Nähe eines Gitterpunkts. Die Differenz zwischen Punkt und Gitterpunkt ist die Nachricht (da wir uns im 250-dimensionalen Raum befinden, hat Alice 250 Komponenten zur Verfügung, um die Nachricht zu kodieren). Da Bob eine gute Basis besitzt, kann er den nächsten Gitterpunkt schnell finden und die Nachricht damit entschlüsseln. Ein Angreifer hat dagegen nur eine schlechte Basis zur Verfügung und benötigt daher sehr lange für diese Aufgabe.

Ein Nachteil von GGH liegt in den Schlüssellängen. Verwendet man Gitter ohne spezielle Eigenschaften, dann kann der private sowie der öffentliche Schlüssel mehrere Dutzend MByte lang werden – die Länge variiert stark mit der gewünschten Sicherheitsstufe. Verwendet man Gitter, die eine Struktur haben und eine platzsparende Speicherung ermöglichen, dann ergeben sich Schlüssel in einer Länge zwischen einigen Hundert KByte

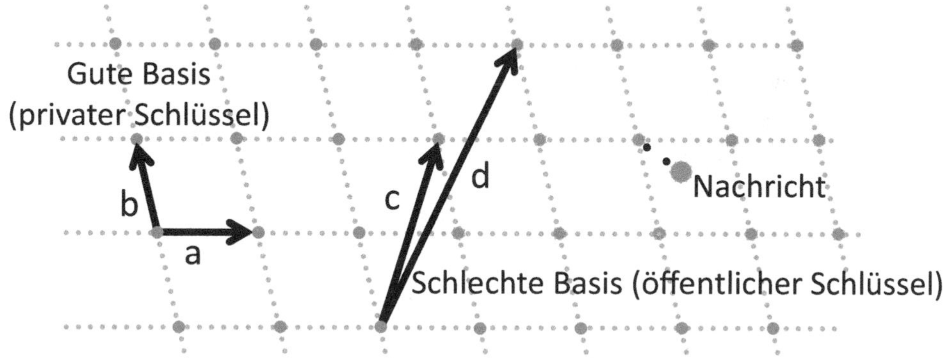

Abb. 10.6 Beim Krypto-Verfahren nach Goldreich, Goldwasser und Halevi (GGH) ist der private Schlüssel eine gute Basis, der öffentliche eine schlechte. Alice kodiert eine Nachricht, indem sie einen Punkt in die Nähe eines Gitterpunkts setzt. Da Bob eine gute Basis besitzt, kann er den nächsten Gitterpunkt schnell finden und die Nachricht damit entschlüsseln

Tab. 10.1 Das GGH-Verschlüsselungsverfahren im Überblick

Name:	GGH
Zweck:	Asymmetrische Verschlüsselung
Falltürfunktion:	Platzieren eines Punkts in der Nähe eines Gitterpunkts
Umkehrung der Falltürfunktion:	Finden des nächsten Gitterpunkts (Closest-Vector--Problem)
Einwegfunktion:	Berechnen einer schlechten Basis aus einer guten
Umkehrung der Einwegfunktion:	Berechnen einer guten Basis aus einer schlechten
Privater Schlüssel:	Gute Basis
Öffentlicher Schlüssel:	Schlechte Basis
Typische Länge des privaten Schlüssels:	10 Mio. bit
Typische Länge des öffentlichen Schlüssels:	10 Mio. bit
Typische Länge des Geheimtexts	10.000 bit

und mehreren MByte (Hooshmand, 2015). Letztendlich spielt all dies jedoch keine große Rolle, denn bereits 1999 wurden Schwächen in GGH entdeckt, die dazu führten, dass das Verfahren nicht für die Praxis geeignet ist (Nguyen, 1999).

Wir fassen zusammen. Für das GGH-Verschlüsselungsverfahren gilt (Tab. 10.1):

10.1.2 GGH-Signaturverfahren

Eng verwandt mit dem GGH Verschlüsselungsverfahren ist das **GGH-Signaturverfahren.** Es wurde ebenfalls gebrochen, allerdings basieren andere, noch als sicher geltende Signaturverfahren darauf.

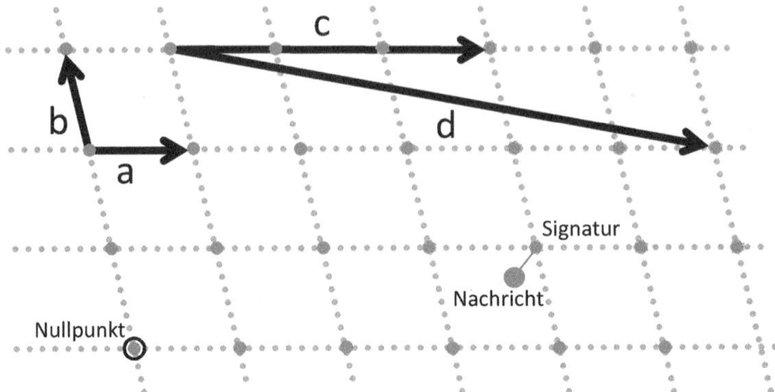

Abb. 10.7 Beim GGH-Signaturverfahren bestimmt der Signierer mithilfe einer guten Basis den Gitterpunkt, der am nächsten bei der Nachricht liegt

Auch für das GGH-Signaturverfahren benötigen wir ein Gitter (Abb. 10.7). Eine gute Basis dieses Gitters ist der private Schlüssel von Signiererin Alice. Ihr öffentlicher Schlüssel ist eine schlechte Basis des gleichen Gitters. Die zu signierende Nachricht ist ein Punkt, der sich an beliebiger Stelle im Gitter befindet. Zum Signieren der Nachricht bestimmt Alice den nächstgelegenen Gitterpunkt, was sie auf einfache Weise tun kann, da sie eine gute Basis kennt. Im Beispiel ist sofort zu erkennen, dass (vom Nullpunkt aus gesehen) der Punkt $4a+b$ der richtige ist. Wie beschrieben, kann Alice diesen Punkt auch mit der schlechten Basis beschreiben, wobei gilt:

$$a = 1/3c$$
$$b = 5/3\text{c} - d$$

Mit der schlechten Basis beschrieben lautet der nächstgelegene Gitterpunkt (vom Nullpunkt aus gesehen) also $3c$-d. Dieser Punkt, den wir auch als (3,−1) schreiben können, bildet die Signatur. Bob kann die Korrektheit der Signatur auf einfache Weise überprüfen, indem er den Abstand zwischen Signatur und Nachricht berechnet (eine solche Abstandsmessung ist auch ohne Kenntnis einer guten Basis möglich). Ist dieser Abstand klein, dann ist die Signatur korrekt. Die Frage ist allerdings, was in diesem Zusammenhang als klein gilt. Wenn Sie sich vorstellen, dass das Gitter in der Abbildung nicht nur einen Teil einer Buchseite, sondern (bei gleichen Punktabständen) einige Quadratkilometer füllt, kann eine Strecke als klein gelten, wenn sie kürzer als die Vektoren der schlechten Basis ist. Die Wahrscheinlichkeit, dass sich eine derart kurze Distanz bei einem zufällig gewählten Punkt in einem quadratkilometergroßen Gitter ergibt, ist vernachlässigbar.

Wir fassen zusammen. Für das GGH-Signaturverfahren gilt (Tab. 10.2):

Tab. 10.2 Das GGH-Signaturverfahren im Überblick

Name:	GGH
Zweck:	Digitales Signieren
Typ:	Homomorphie-Typ
Einwegfunktion:	Berechnen einer schlechten Basis aus einer guten
Umkehrung der Einwegfunktion:	Berechnen einer guten Basis aus einer schlechten
Privater Schlüssel:	Gute Basis
Öffentlicher Schlüssel:	Schlechte Basis
Typische Länge des privaten Schlüssels:	10 Mio. bit
Typische Länge des öffentlichen Schlüssels:	10 Mio. bit
Typische Länge der Signatur:	10.000 bit

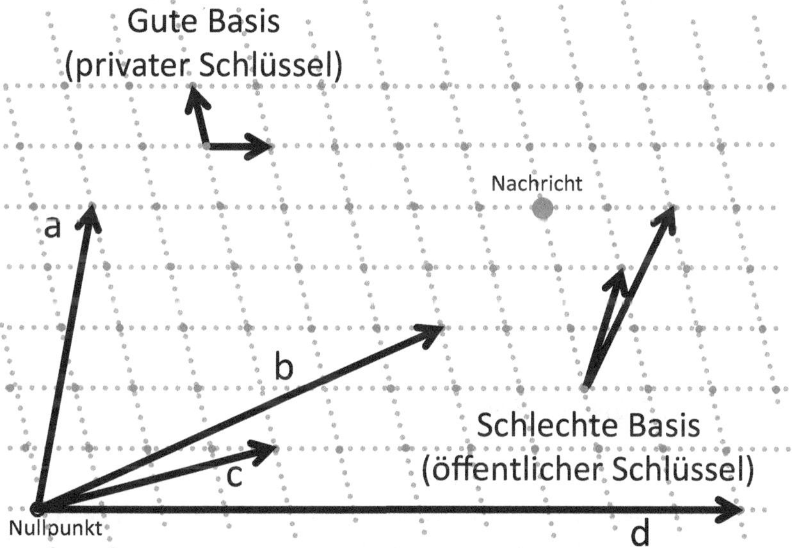

Abb. 10.8 Das GVP-Signaturverfahren basiert auf dem SIS-Problem

10.1.3 GVP-Signaturverfahren

Betrachten wir nun noch das **GVP-Signaturverfahren,** das nach seinen Erfindern Craig Gentry, Chris Peikert und Vinod Vaikuntanathan benannt ist (Craig Gentry, 2008). Dieser Algorithmus basiert auf dem SIS-Problem und setzt voraus, dass ein Gitter sowie eine Menge von Vektoren vorliegen (die Anzahl der Vektoren muss größer als die Dimension des Gitters sein) – diese Informationen müssen nicht geheim gehalten werden. Eine gute Basis dieses Gitters ist der private Schlüssel von Signiererin Alice. Ihr öffentlicher Schlüssel ist eine schlechte Basis des gleichen Gitters.

Die zu signierende Nachricht entspricht einem Gitterpunkt (Abb. 10.8). Wie beschrieben, kann Alice mit ihrer guten Basis die Vektoren zu einem Weg vom Nullpunkt zur

Tab. 10.3 Das GVP-Signaturverfahren im Überblick

Name:	GVP
Zweck:	Digitales Signieren
Typ:	Homomorphie-Typ
Einwegfunktion:	Berechnen einer schlechten Basis aus einer guten
Umkehrung der Einwegfunktion:	Berechnen einer guten Basis aus einer schlechten
Privater Schlüssel:	Gute Basis
Öffentlicher Schlüssel:	Schlechte Basis
Typische Länge des privaten Schlüssels:	–
Typische Länge des öffentlichen Schlüssels:	–
Typische Länge der Signatur:	–

Nachricht zusammensetzen, wobei nur kleine Vielfache der Vektoren benötigt werden (kleinzahlige Lösung). Diese kleinen Vielfachen bilden die Signatur. Für Empfänger Bob ist es einfach, die Signatur zu verifizieren, da er auch mit einer schlechten Basis prüfen kann, ob der gegebene Weg zum Ziel führt.

Das GVP-Signaturverfahren wurde von den Entwicklern zusammen mit einigen anderen Krypto-Verfahren vorgestellt, die auf ähnlichen Fragestellungen beruhen. Die Schlüssel- und Signaturlängen hängen vom verwendeten Gitter und anderen Rahmenbedingungen ab, zu denen diese Arbeit jedoch keine Angaben macht. Das GVP-Verfahren wird daher in seiner ursprünglichen Form nicht eingesetzt. Es gibt jedoch einige Verfahren, die darauf beruhen. Man kann es wie folgt zusammenfassen (Tab. 10.3):

10.1.4 NTRU, FALCON und Squirrel

NTRU ist eine Familie von asymmetrischen Krypto-Verfahren, zu der sowohl Verschlüsselungs- als auch Signaturalgorithmen gehören. NTRU steht für „N-th degree Truncated polynomial Ring Units“ und basiert auf Modulo-Polynomen, deren Invertierung besonders schwierig ist. Dieses mathematische Problem lässt sich auf Gitter übertragen, weshalb NTRU zu den Gitter-basierten Verfahren gehört.

Ein Vorteil der NTRU-Verfahren ist, dass die verwendeten Gitter eine Struktur haben, die eine effektive Speicherung und damit kurze Schlüssel ermöglicht. Diese spezielle Struktur ist jedoch auch ein Kritikpunkt, denn es ist denkbar, dass die damit verbundenen Regelmäßigkeiten zu Schwächen führen. Bisher hat sich diese Befürchtung jedoch nicht bewahrheitet.

Das erste NTRU-Verfahren wurde 1996 unter dem Namen NTRUEncrypt von den Mathematikern Jeffrey Hoffstein, Jill Pipher und Joseph H. Silverman veröffentlicht (Jeffrey Hoffstein, 1998). Es handelt sich dabei um ein asymmetrisches Verschlüsselungsverfahren, das auf dem Shortest-Vector-Problem basiert, auch wenn dies in der Spezifikation, in der nur die besagten Modulo-Polynome vorkommen, nicht gleich erkennbar ist.

Später erschien mit NTRUSign (dieses hieß ursprünglich Polynomial Authentication and Signature Scheme (PASS)) auch ein NTRU-Signaturalgorithmus (Jeffrey Hoffstein, 2003). Dabei handelt es sich um eine Variante des GGH-Signaturverfahrens, die aufgrund der NTRU-Gitterstruktur mit vergleichsweise kurzen öffentlichen Schlüsseln und Signaturen auskommt. Wie GGH basiert NTRUSign auf dem Shortest-Vector-Problem. Schnell wurden jedoch Schwächen in NTRUSign entdeckt. 2006 wurde das Verfahren gebrochen (Phong Q. Nguyen, 2006). Auch eine verbesserte Version erwies sich als unsicher (Léo Ducas, 2012).

Am ersten Post-Quanten-Wettbewerb des NIST nahmen mit dem bereits erwähnten NTRUEncrypt sowie NTRU-HRSS-KEM (Andreas Hülsing, 2018) und NTRU Prime (Daniel J. Bernstein, 2020). drei NTRU-Verschlüsselungs- sowie mit pqNTRUSign (Jeffrey Hoffstein, 2017). ein NTRU-Signaturverfahren teil. Diese wurden von unterschiedlichen Autoren eingereicht. NTRUEncrypt und NTRU-HRSS-KEM wurden im Verlaufe des Wettbewerbs unter dem Namen NTRU zusammengelegt (Cong Chen, 2019). Keiner dieser Algorithmen kam am Ende in die engere Wahl.

Die ursprünglichen Entwickler von NTRU gründeten 1996 ein Unternehmen namens NTRU Cryptosystems, mit dem sie versuchten, NTRUEncrypt und später auch NTRUSign zu vermarkten. Ein Patent für NTRUEncrypt sollte dabei helfen. Tatsächlich fand NTRU Cryptosystems einige Kunden, außerdem wurde NTRU in verschiedene Standards und Open-Source-Implementierungen aufgenommen. NTRU etablierte sich dadurch nach RSA, den Verfahren auf Basis des diskreten Logarithmus und den ECC-Verfahren als vierte Kraft auf dem Markt für asymmetrische Krypto-Algorithmen. Dadurch sind einige NTRU-Varianten die einzigen Post-Quanten-Verfahren, zu denen bereits nennenswerte Erfahrung beim Einsatz in der Praxis vorliegt. Insgesamt konnte sich NTRU jedoch nicht durchsetzen. Wie oft zu beobachten, hatte ein Patent in diesem Zusammenhang eine abschreckende Wirkung – andere Anbieter setzten lieber auf andere Algorithmen, statt sich in Abhängigkeit eines konkurrierenden Unternehmens zu begeben und möglicherweise Patentgebühren bezahlen zu müssen. 2017 übergab NTRU Cryptosystems das Patent in die Public Domain, 2021 lief es aus.

FALCON ist ein Gitter-basierter Signaturalgorithmus, der auf NTRU aufbaut und dabei die Funktionsweise des GVP-Signaturverfahrens übernimmt (Pierre-Alain, 2020). FALCON wurde im ersten NIST-Post-Quanten-Wettbewerb als einer der Sieger-Algorithmen ausgewählt. Das Verfahren hat folgende Eigenschaften (Tab. 10.4):

Tab. 10.4 Das FALCON-Signaturverfahren im Überblick

Name:	FALCON (FN-DSA)
Zweck:	Digitales Signieren
Typ:	Homomorphie-Typ
Einwegfunktion:	Berechnen einer schlechten Basis aus einer guten
Umkehrung der Einwegfunktion:	Berechnen einer guten Basis aus einer schlechten
Privater Schlüssel:	Gute Basis
Öffentlicher Schlüssel:	Schlechte Basis
Typische Länge des privaten Schlüssels:	10.000 bit
Typische Länge des öffentlichen Schlüssels:	7000 bit
Typische Länge der Signatur:	6000 bit

10.2 CRYSTALS-Kyber-Verschlüsselungsverfahren und Lernen mit Fehlern

Wie am Beispiel NTRU gesehen, taucht bei einigen Gitter-basierten Verfahren der Begriff Gitter in der Beschreibung zwar nicht auf, doch das mathematische Prinzip, auf dem sie beruhen, ist gleichwertig mit einem Gitter-Problem. Zu diesen Algorithmen gehören auch die sogenannten **LWE-Verfahren** (LWE steht für „Learning with Errors"). Um diese zu verstehen, muss man sich zunächst mit linearen Gleichungssystemen beschäftigen. Diese dürften den meisten Lesern noch aus der Schule bekannt sein. Speziell geht es hier um lineare Gleichungssysteme, in denen modulo einer Primzahl gerechnet wird. Es gibt also nur ganze Zahlen, und diese liegen alle zwischen 0 und einer bestimmten Primzahl, dem Modulus. Das folgende Gleichungssystem arbeitet mit dem Modulus 701:

$$
\begin{aligned}
604x + 123y + 251z &= 21 \pmod{701} \\
322x + 88y + 478z &= 448 \pmod{701} \\
92x + 620y + 348z &= 283 \pmod{701} \\
502x + 67y + 176z &= 526 \pmod{701}
\end{aligned}
$$

Wie man sieht, gibt es hier mehr Gleichungen als Variablen, das Gleichungssystem ist also überbestimmt. Überbestimmte Gleichungssysteme haben im Allgemeinen keine Lösung. In diesem Zusammenhang interessieren uns jedoch nur solche Fälle, in denen eine Lösung existiert. Beim obigen Gleichungssystem lautet sie: $x = 5$, $y = 2$ und $z = 6$. Man beachte, dass diese drei Werte im Vergleich zum Modulus 701 ziemlich klein sind, was durchaus gewollt ist. Die Krypto-Verfahren, um die es in diesem Buch geht, würden zwar auch mit größeren Zahlen funktionieren, doch aus Performanzgründen werden solche nicht verwendet.

Im nächsten Schritt führen wir auf der rechten Seite des Gleichungssystems ein paar Fehler ein (aus 21 wird 22, aus 283 wird 281, aus 526 wird 525):

$$604x + 123y + 251z = 22 \pmod{701}$$
$$322x + 88y + 478z = 448 \pmod{701}$$
$$92x + 620y + 348z = 281 \pmod{701}$$
$$502x + 67y + 176z = 525 \pmod{701}$$

Wie man sieht, sind auch die Fehler stets klein im Vergleich zum Modulus (in der zweiten Zeile ist der Fehler 0). Hierbei gilt: Die Fehler müssen klein sein, sonst funktionieren die darauf basierenden Verfahren nicht. Klar ist: Durch die kleinen Fehler auf der rechten Seite ist das Gleichungssystem mit hoher Wahrscheinlichkeit nicht mehr lösbar. In der Praxis, wo größere Zahlen, mehr Variablen und mehr Gleichungen eingesetzt werden, ist die Wahrscheinlichkeit sogar so hoch, dass wir ein Gleichungssystem dieser Art mit kleinen Fehlern als unlösbar annehmen können.

Kennt man die Lösung (also die Werte der drei Variablen) des fehlerfreien Gleichungssystems, dann kann man die drei Fehler auf der rechten Seite schnell ermitteln. Die Frage ist nun: Ist es möglich, die Fehler auf der rechten Seite zu finden, ohne die Lösung zu kennen? Die Antwort lautet: Ja, das ist möglich, aber ziemlich aufwendig. Die naheliegendste Möglichkeit hierzu besteht darin, alle möglichen Fehler durchzuprobieren und zu jeweils prüfen, ob das Gleichungssystem lösbar ist. Wenn wir in unserem Beispiel davon ausgehen, dass nur die Fehler −2, −1, 0, 1 und 2 vorkommen, dann gibt es bei vier Gleichungen $5^4 = 625$ zu prüfende Möglichkeiten. Damit kommt ein Computerprogramm zurecht. Wenn wir es jedoch mit sehr großen Zahlen, Hunderten von Gleichungen und Millionen von möglichen Fehlern pro Gleichung zu tun haben, lassen sich die Fehler ohne Kenntnis der Lösung nicht mehr mit realistischem Aufwand finden – auch wenn es effektivere Verfahren zur Fehlerfindung als das Durchprobieren aller Möglichkeiten gibt.

Zusammengefasst heißt dies: Das Aufstellen eines derartigen Gleichungssystems mit Fehlern ist einfach, das Finden der Fehler dagegen schwierig bis unmöglich. Es liegt also eine Einwegfunktion vor. Man kann die Sache auch formal betrachten. Wir haben eine Matrix *Matrix*, einen Vektor *s*, ein Ergebnis *b*, einen Fehlervektor *error* und einen Modulus *n*. In unserem Beispiel haben diese Variablen folgende Werte:

$$Matrix = \begin{pmatrix} 604 & 123 & 251 \\ 322 & 88 & 478 \\ 92 & 620 & 348 \\ 502 & 67 & 176 \end{pmatrix}, s = \begin{pmatrix} 5 \\ 2 \\ 6 \end{pmatrix}, \; b = \begin{pmatrix} 21 \\ 448 \\ 283 \\ 526 \end{pmatrix}, error = \begin{pmatrix} 1 \\ 0 \\ -2 \\ -1 \end{pmatrix}, n = 701$$

Es gilt:

$$Matrix \cdot s = b + error \pmod{n}$$

Aus *Matrix*, *s* und *b+error* den Wert von *b* (also das korrekte Ergebnis) zu berechnen, ist einfach. Aus *b+error* (also dem fehlerhaften Ergebnis) die Werte von *s*, *b* und *error* zu berechnen, ist dagegen schwierig. Wie erwähnt, ist dies eine Einwegfunktion. Die mathematische Fragestellung, auf der diese basiert, wird als Learning-with-Errors-Problem bzw. LWE-Problem bezeichnet.

Bei geeigneter Wahl der Parameter funktioniert das LWE-Problem auch, wenn das verwendete Gleichungssystem genauso viele Variablen wie Gleichungen hat (also nicht überbestimmt ist). Man bezeichnet ein solches Gleichungssystem auch als quadratisch, da die zugehörige Matrix *Matrix* quadratisch ist. Wie wir sehen werden, wird das LWE-Problem in der Kryptografie sowohl mit überbestimmten als auch mit quadratischen Gleichungssystemen angewendet.

Das LWE-Problem ist äquivalent zum Closest-Vector-Problem. Die drei Spalten der Matrix *Matrix* in unserem Beispiel entsprechen der Basis eines dreidimensionalen Gitters im vierdimensionalen Raum. Das fehlerhafte Ergebnis *b+error* ist der Punkt, der nicht auf dem Gitter liegt und zu dem wir den nächstgelegenen Gitterpunkt suchen. Das korrekte Ergebnis *b* ist der gesuchte nächstgelegene Gitterpunkt.

Wie bei Gittern, so kann man auch in den hier beschriebenen Gleichungssystemen statt der Modulo-Rechnung andere mathematische Strukturen nutzen. Dazu gehören beispielsweise ein Ring (in der Praxis ist dies fast immer ein Polynom-Ring) oder ein Modul. Man spricht dann von **Ring Learning with Errors (RLWE)** bzw. **Module Learnig with Errors (MLWE).** Am Ablauf der im Folgenden beschriebenen Krypto-Verfahren ändert sich dadurch jedoch nichts, weshalb ich an dieser Stelle nicht näher auf RLWE und MLWE eingehen will.

Schauen wir nun noch auf Gleichungssysteme, die mehr Variablen als Gleichungen haben. Man bezeichnet ein solches als unterbestimmt. Hier ist ein Beispiel:

$$101w + 604x + 123y + 251z = 667 \pmod{701}$$
$$440w + 322x + 88y + 478z = 187 \pmod{701}$$
$$499w + 502x + 67y + 176z = 694 \pmod{701}$$

Wenn nicht modulo gerechnet wird, hat ein unterbestimmtes Gleichungssystem im Normalfall unendlich viele Lösungen. In unserem Fall ist die Anzahl zwar durch den Modulus begrenzt, doch wenn wir diesen sehr groß wählen (etwa mehrere Hundert Dezimalstellen), sind die Lösungen sehr zahlreich. Das Learning-with-Errors-Prinzip lässt sich bei einem unterbestimmten Gleichungssystem nicht anwenden, da ein solches durch das Einfügen von Fehlern nicht unlösbar wird. Wir können aber nach kleinzahligen Lösungen (ohne Fehler auf der rechten Seite des Gleichungssystems) suchen. Im vorliegenden Fall ist $w = 1$, $x = 5$, $y = 2$ und $z = 6$ eine solche. Wie man sich leicht klarmacht, ist das Finden einer kleinzahligen Lösung gleichwertig mit dem Short-Integer-Solution-Problem und damit schwer zu lösen.

10.2.1 Regev-Verschlüsselungsverfahren und New Hope

Das LWE-Prinzip und die besagte Einwegfunktion kann man für ein asymmetrisches Verschlüsselungsverfahren nutzen. Dabei dient das fehlerhafte Gleichungssystem (bestehend aus *Matrix* und *b+error*) als Alices öffentlicher Schlüssel. Den privaten Schlüssel bilden die Lösung *s* und der Fehlervektor *error*. Wenn Bob eine Nachricht für Alice verschlüsseln will, wählt er zufällig (beispielsweise durch Münzwurf) etwa die Hälfte der Gleichungen aus. In unserem Fall seien es die zweite und die dritte Gleichung des gezeigten Gleichungssystems. Diese addiert er (durch eine Addition ändert sich die Lösung nicht):

$$92x + 620y + 348z = 281 \pmod{701}$$
$$502x + 67y + 176z = 525 \pmod{701}$$
$$\text{-----------------------}$$
$$594x + 687y + 524z = 105 \pmod{701}$$

Nun kann Bob eine Null oder eine Eins kodieren. Im ersten Fall zählt er zum Ergebnis der resultierenden Gleichung (105) die Zahl 0 sowie einen kleinen Fehler (beispielsweise 2) dazu und schickt dann „$594x + 686y + 524z = 107 \pmod{701}$" an Alice. Im zweiten Fall addiert er etwa die Hälfte des Modulus (beispielsweise die Zahl 350) sowie einen kleinen Fehler (beispielsweise −1) zum Ergebnis und verschickt entsprechend „$594x + 686y + 524z = 456 \pmod{701}$". Alice kennt die Lösung und kann damit leicht feststellen, ob das Ergebnis (bis auf einen kleinen Fehler) stimmt oder ob es grob falsch ist. Im ersteren Fall weiß sie, dass Bob eine Null übermittelt hat, im zweiten eine Eins. Ein Angreifer kann dagegen nicht wissen, ob die Gleichung nahezu korrekt oder komplett falsch ist, da er die Lösung nicht mit realistischem Aufwand berechnen kann.

Die beschriebene Methode wird als **Regev-Verschlüsselungsverfahren** bezeichnet. Das gezeigte Prozedere ermöglicht es allerdings nur, ein einziges Bit zu verschlüsseln – das ist sehr wenig im Vergleich zum getriebenen Aufwand. Bob kann jedoch auch zwei Bits kodieren, indem er nicht nur zwischen 0 und 350 auswählt, sondern sich zwischen 0, 175, 350 und 525 entscheidet – was dann 00, 01, 10 bzw. 11 entspricht. Zur jeweiligen Zahl addiert er einen kleinen Fehler und das Ergebnis anschließend zur rechten Seite der Gleichung (das alles passiert modulo 701). Empfängerin Alice kennt die Lösung der Gleichung und kann dadurch feststellen, ob der Fehler im Ergebnis nahe bei 0, 175, 350 oder 525 liegt und so das verschlüsselte Bitpaar ermitteln. Sollen drei Bits übermittelt werden, dann muss Alice die Abstände der Zahlen noch einmal halbieren. In der Praxis können asymmetrische Verschlüsselungsverfahren auf diese Weise typischerweise 256, 512 oder 1024 bit verschlüsseln.

Eine bekannte Weiterentwicklung des Regev-Verschlüsselungsverfahrens ist **New Hope,** das von Google im Chrome-Browser implementiert wurde und dadurch eine gewisse Popularität erlangte (Erdem Alkim, 2020). New Hope verwendet statt der Modulo-Multiplikation die Multiplikation in einem Polynom-Ring und gehört daher zu den RLWE

Verfahren. Es verschlüsselt 256-Bit-Nachrichten. Die Zahl der Variablen im Gleichungssystems beträgt je nach Variante 512 oder 1024 Bit. Die Länge des öffentlichen Schlüssels beträgt zwischen 7000 und 15.000 bit. Der Geheimtext ist jeweils etwas länger als der öffentliche Schlüssel. New Hope nahm am ersten NIST-Post-Quanten-Wettbewerb teil, zählte dort jedoch nicht zu den Finalisten.

10.2.2 CRYSTALS-Kyber-Verschlüsselungsverfahren

Ein weitere Weiterentwicklung des Regev-Verschlüsselungsverfahrens ist **CRYSTALS-Kyber,** das unter anderem von den Bochumer Kryptografen Eike Kiltz und Peter Schwabe entwickelt wurde (Roberto Avanzi, 2021). Es handelt sich um ein MLWE-Verfahren, das 256 Bit-Nachrichten verschlüsselt. Die verwendete Matrix wird per Hashkette generiert. Der öffentliche Schlüssel hat eine Länge zwischen 4000 und 13.000 bit, der Geheimtext ist je nach Variante etwa gleich lang oder etwas kürzer als der öffentliche Schlüssel. Die Zahl der Variablen im Gleichungssystems beträgt 512, 768 oder 1024 Bit.

CRYSTALS-Kyber schnitt beim ersten NIST-Wettbewerb von allen asymmetrischen Verschlüsselungsverfahren am besten ab und zählte damit zu den vier Verfahren, die 2022 als Sieger ausgewählt wurden. CRYSTALS-Kyber ist daher neben dem weiter unten beschriebenen Signaturverfahren CRYSTALS-Dilithium das momentan wichtigste Post-Quanten-Verfahren überhaupt. Inzwischen wurde es vom NIST unter dem Namen Module-Lattice-Based Key-Encapsulation Mechanism (ML-KEM) standardisiert. Man kann es wie folgt zusammenfassen (Tab. 10.5):

Praxistipp Die in Kap. 1 vorgestellte Open-Source-Software CrypTool bietet in der Variante CrypTool-Online eine Demonstration von CRYSTALS-Kyber (siehe Abb. 10.9). Diese Demo führt durch die Schlüsselgenerierung, die Verschlüsselung und die Entschlüsselung, wobei die Sicherheitsstufe festgelegt werden kann. Weitere Informationen gibt es unter www.cryptool.org.

Tab. 10.5 Das CRYSTALS-Kyber-Verschlüsselungsverfahren im Überblick

Name:	CRYSTALS-Kyber (ML-KEM)
Zweck:	Asymmetrische Verschlüsselung
Falltürfunktion:	Hinzuzählen eines Fehlers bestimmter Größe
Umkehrung der Falltürfunktion:	Ermittlung des Fehlers
Einwegfunktion:	Aufstellen eines fehlerhaften linearen Gleichungssystems
Umkehrung der Einwegfunktion:	Lösen des fehlerhaften Gleichungssystems
Privater Schlüssel:	Lösung des fehlerhaften Gleichungssystems
Öffentlicher Schlüssel:	Fehlerhaftes lineares Gleichungssystem
Typische Länge des privaten Schlüssels:	19.000 bit
Typische Länge des öffentlichen Schlüssels:	10.000 bit
Typische Länge des Geheimtexts:	9000 bit

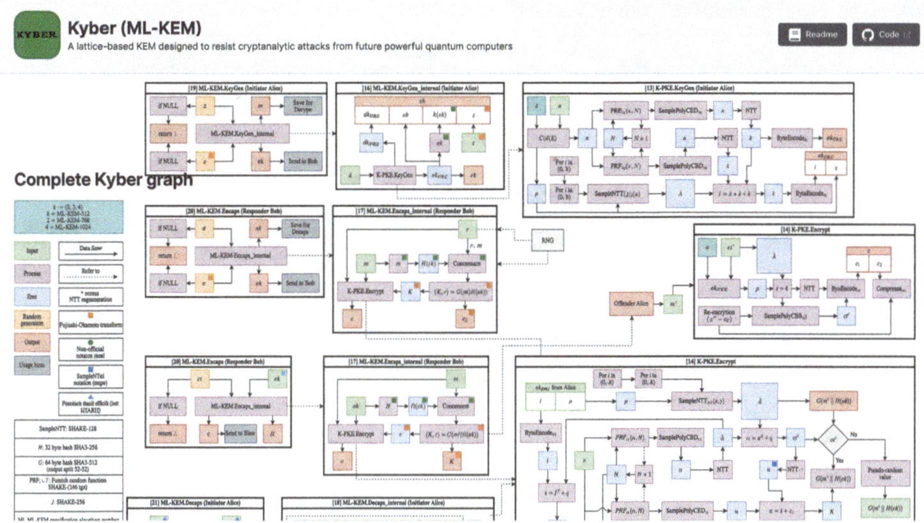

Abb. 10.9 Demonstration von CRYSTALS-Kyber in CrypTool-Online. In der hier gezeigten Ansicht werden alle relevanten Abläufe – etwa das Verschlüsseln, das Entschlüsseln und die Schlüsselgenerierung – systematisch dargestellt

10.2.3 FrodoKEM-Verschlüsselungsverfahren

FrodoKEM ist ein asymmetrisches Verschlüsselungsverfahren, das am ersten NIST-Post-Quanten-Wettbewerb teilgenommen hat, dort aber nicht in die engere Auswahl kam (Erdem Alkim, 2023). FrodoKEM ist nach Frodo, einer Figur aus der Romanreihe „Der Herr der Ringe", benannt, wobei die Abkürzung KEM für Key Encapsulation Mechanism steht. An der Entwicklung des Verfahrens waren neben Chris Peikert, einem Pionier der Gitter-basierten Kryptografie, mehrere Mitarbeiter von Microsoft beteiligt.

FrodoKEM ist CRYSTALS-Kyber recht ähnlich. Das Verfahren basiert jedoch auf dem Learning-with-Errors-Prinzip (LWE), während CRYSTALS-Kyber das Module-Learning-with-Errors-Problem (MLWE) nutzt. Letzteres bietet eine höhere Performanz, zumindest in der Theorie jedoch auch mehr Angriffsfläche. Ein weiterer wichtiger Unterschied besteht darin, dass die (per Hashkette generierte) Matrix A von CRYSTALS-Kyber einige Regelmäßigkeiten enthält, die schnellere Berechnungen erlauben. Die entsprechende Matrix von FrodoKEM wird zwar ebenfalls mit einer Hashkette generiert, weist jedoch ansonsten keine innere Struktur auf. Dadurch sind die Berechnungen mit FrodoKEM vergleichsweise langsam, dafür hat das Verfahren einen möglichen Angriffspunkt weniger.

FrodoKEM gilt unter den asymmetrischen Verschlüsselungsverfahren als besonders konservative und daher sichere Wahl. Das Bundesamt für Sicherheit in der Informationstechnik (BSI), das eine Vorliebe für konservative Verfahren hat, hat FrodoKEM in seine Algorithmen-Empfehlungen aufgenommen (Informationstechnik, 2024). Ob sich das Verfahren durchsetzt, dürfte vor allem von CRYSTALS-Kyber abhängen. Sollten in letzterem

Tab. 10.6 Das Verschlüsselungsverfahren FrodoKEM im Überblick

Name:	FrodoKEM
Zweck:	Asymmetrische Verschlüsselung
Falltürfunktion:	Hinzuzählen eines Fehlers bestimmter Größe
Umkehrung der Falltürfunktion:	Ermittlung des Fehlers
Einwegfunktion:	Aufstellen eines fehlerhaften linearen Gleichungssystems
Umkehrung der Einwegfunktion:	Lösen des fehlerhaften linearen Gleichungssystems
Privater Schlüssel:	Lösung des fehlerhaften linearen Gleichungssystems
Öffentlicher Schlüssel:	Fehlerhaftes lineares Gleichungssystem
Typische Länge des privaten Schlüssels:	250.000 bit
Typische Länge des öffentlichen Schlüssels:	109.000 bit
Typische Länge des Geheimtexts:	126.000 bit

Verfahren keine größeren Schwachstellen entdeckt werden, dann wird es FrodoKEM schwer haben. Umgekehrt könnte das konservative FrodoKEM interessant werden, wenn sich die besagten Angriffsflächen von CRYSTALS-Kyber als Nachteil erweisen sollten. Bisher ist dieser Fall jedoch nicht eingetreten. Hier sind die wichtigsten Fakten zu FrodoKEM (Tab. 10.6):

10.3 CRYSTALS-Dilithium-Signaturverfahren

CRYSTALS-Dilithium ist ein digitales Signaturverfahren, das im Wesentlichen von den gleichen Leuten wie das asymmetrische Verschlüsselungsverfahren CRYSTALS-Kyber entwickelt wurde. Eine wichtige Rolle spielten hierbei wiederum die beiden Bochumer Kryptografen Eike Kiltz und Peter Schwabe.

Wie die Namen andeuten, haben die beiden Algorithmen CRYSTALS-Kyber und CRYSTALS-Dilithium einige Gemeinsamkeiten – dennoch handelt es sich um unterschiedliche Verfahren. Dies ist ein wesentlicher Unterschied zu RSA, dessen Signatur- und Verschlüsselungsvariante gleich ablaufen. Während CRYSTALS-Kyber auf dem MLWE-Problem basiert, baut CRYSTALS-Dilithium auf dem MSIS-Problem (und damit auf einer Variante des Short-Integer-Solution-Problems) auf. In beiden Fällen werden also Gitter über Modulen genutzt. Es ist jedoch nicht möglich, für die beiden Verfahren das gleiche Schlüsselpaar zu verwenden.

Ähnlich wie bei CRYSTALS-Kyber benötigen wir für CRYSTALS-Dilithium zunächst ein lineares Gleichungssystem. Ich verwende zur Erklärung wieder natürliche Zahlen und die Modulo-Rechnung, auch wenn das eigentliche Verfahren eine andere mathematische Struktur nutzt. Das Gleichungssystem ist – da wir es mit dem Short-Integer-Solution-Problem zu tun haben – unterbestimmt. Hier ist ein Beispiel:

$$
\begin{aligned}
101w + 604x + 123y + 251z &= 667 \pmod{701} \\
440w + 322x + 88y + 478z &= 187 \pmod{701} \\
499w + 502x + 67y + 176z &= 694 \pmod{701}
\end{aligned}
$$

Da das Gleichungssystem unterbestimmt ist, gibt es viele Lösungen. Uns sollen jedoch nur solche mit kleinen Zahlen interessieren, da diese schwer zu finden sind. $w = 1$, $x = 5$, $y = 2$ und $z = 6$ ist eine solche kleinzahlige Lösung. Nun führen wir noch Fehler auf der rechten Gleichungsseite ein (wir nehmen 1, -2 und 0), die ebenfalls klein im Vergleich zum Modulus sind:

$$
\begin{aligned}
101w + 604x + 123y + 251z &= 668 \pmod{701} \\
440w + 322x + 88y + 478z &= 185 \pmod{701} \\
499w + 502x + 67y + 176z &= 694 \pmod{701}
\end{aligned}
$$

Wir können das Gleichungssystem auch mit folgenden Variablen notieren (den Fehler *error* definieren wir als den Negativwert von dem, was wir rechts addiert haben):

$$
Matrix = \begin{pmatrix} 101 & 604 & 123 & 251 \\ 440 & 322 & 88 & 478 \\ 499 & 502 & 67 & 176 \end{pmatrix}, solution = \begin{pmatrix} 1 \\ 5 \\ 2 \\ 6 \end{pmatrix}, result = \begin{pmatrix} 668 \\ 185 \\ 694 \end{pmatrix}, error = \begin{pmatrix} -1 \\ 2 \\ 0 \end{pmatrix}
$$

Hinzu kommt der Modulus, den wir mit der variable *modulus* notieren. Es gilt nun:

$$
Matrix \cdot solution = result + error \pmod{modulus}
$$

Wir können die vier Spalten der Matrix A auch als vier Vektoren in einem dreidimensionalen Gitter betrachten. *result* ist ein Gitterpunkt, der als Zielpunkt dient, und *solution* beschreibt einen mit den vier Vektoren gebildeten kurzen Weg vom Nullpunkt zum Zielpunkt. Damit ist der Zusammenhang mit dem Short-Integer-Solution-Problem (siehe Abschn. 10.1) klar. Wie dort beschrieben, haben wir es hier mit einer Einwegfunktion zu tun: Es ist einfach, passende Werte für *Matrix* und *solution* festzulegen, daraus *result* zu berechnen und außerdem einen Fehler *error* einzuführen; es ist jedoch – jedenfalls bei deutlich größeren Werten – sehr schwierig, aus *Matrix* und *result* den Wert von *solution* oder eine andere kleinzahlige Lösung zu ermitteln. Durch den kleinzahligen Fehler *error* wird es sogar noch schwieriger.

Da das CRYSTALS-Kyber-Signaturverfahren mithilfe der Fiat-Shamir-Transformation gebildet wird (siehe Kap. 9), benötigen wir ein Authentifizierungsprotokoll. Wir gehen zu diesem Zweck davon aus, dass ein Kunde sich online gegenüber seiner Bank authentifiziert, indem er beweist, dass er *solution* kennt – jedoch ohne dieses Wissen preisgeben zu müssen. Der Kunde generiert *Matrix, solution, result* und *error* und übergibt bei der Kontoeröffnung *Matrix* und *result* an die Bank. *solution* und *error* hält er geheim. Die Authentifizierung des Kunden gegenüber der Bank läuft dann wie folgt ab:

1. Die Bank generiert zufällig einen Vektor *solution2* mit kleinen Werten, beispielsweise $(1\ 3\ 0\ 4)^T$. Der Vektor *result2* steht für das Ergebnis, welches das Gleichungssystem für *solution2* liefert, also im Beispiel $(113\ 514\ 606)^T$. Die Bank generiert außerdem eine Challenge *challenge* in Form einer kleinen natürlichen Zahl, beispielsweise *challenge* = 2. *solution2* und *challenge* werden an den Kunden geschickt.
2. Der Kunde berechnet nun *solution3* = *challenge·solution+solution2*. Im Beispiel lautet das Ergebnis $(3\ 13\ 4\ 16)^T$. *solution3* schickt er an die Bank.
3. Die Bank berechnet nun *result3* = *Matrix·solution3*. Daraufhin prüft sie, ob (bis auf einen kleinen Fehler) *challenge·result+result2* = *result3* gilt. Im positiven Fall ist die Authentifizierung erfolgreich. Im Beispiel ist *challenge·result+result2* = $(47\ 183\ 592)^T$ und *result3* = $(45\ 187\ 592)^T$. Bis auf einen kleinen Fehler von $(2\ {-4}\ 0)^T$ ist die Gleichung also korrekt.

Schauen wir uns an, warum dieser Ablauf funktioniert. Wenn wir uns die Spalten von *Matrix* als Vektoren vorstellen, bildet *solution* einen kleinzahligen Weg vom Nullpunkt zu *result* (mit einem kleinen Fehler). Wenn wir sowohl *solution* als auch *result* mit *challenge* multiplizieren, bildet *challenge·solution* einen Weg zu *challenge·result*. Da wir *challenge* als kleine Zahl gewählt haben, ist auch dieser Weg kleinzahlig. Die von der Bank gewählt Variable *solution2* bildet ebenfalls einen kleinzahligen Weg, und zwar vom Nullpunkt zu *result2* (dieses Mal ohne Fehler). Zählen wir *result2* und *challenge·solution* zusammen, dann erhalten wir einen kleinzahligen Weg *solution3* zu *result3*. Es gilt also *challenge·result+result2=result3*.

Im realen Einsatz sind die Zahlen natürlich deutlich größer. Es gibt daher sehr viele mögliche Werte von *challenge*, und trotzdem entsteht stets ein im Verhältnis zum Modulus kleinzahliger Weg, wenn wir *solution* mit *challenge* multiplizieren.

Nun wenden wir die Fiat-Shamir-Transformation an, um das Signaturverfahren zu erhalten, um das es eigentlich geht. Der private Schlüssel von Absenderin Alice ist hierbei die Lösung *solution*, während der öffentliche Schlüssel aus *Matrix* und *result* sowie dem Modulus besteht. Zum Signieren simuliert Alice den obigen Ablauf, wobei *challenge* mit einer kryptografischen Hashfunktion aus der zu signierenden Nachricht und *result2* gebildet wird. Die Signatur besteht aus *challenge* und *result3*. Bob kann die Signatur verifizieren, indem er den Ablauf nachvollzieht und prüft, ob der Kunde am Ende erfolgreich authentifiziert wird. Bob kann die Signatur jedoch nicht fälschen, ohne *solution* zu kennen oder die kryptografische Hashfunktion umzukehren.

Der Ablauf von CRYSTALS-Dilithium ist hier vereinfacht dargestellt. In der vollständigen Version wird an einigen Stellen gerundet, was nicht ins Gewicht fällt, da ohnehin immer ein kleiner Fehler im Spiel ist. Dieses Runden spart Speicherplatz. Außerdem akzeptiert der Kunde die Challenge nicht in jedem Fall, da manche Challenges das Verfah-

Tab. 10.7 Das Signaturverfahren CRYSTALS-Dilithium im Überblick

Name	CRYSTALS-Dilithium (ML-DSA)
Zweck:	Digitales Signieren
Typ:	Fiat-Shamir-Typ
Einwegfunktion:	Aufstellen eines fehlerhaften linearen Gleichungssystems
Umkehrung der Einwegfunktion:	Finden einer kleinzahligen Lösung
Privater Schlüssel:	Kleinzahlige Lösung des fehlerhaften linearen Gleichungssystems
Öffentlicher Schlüssel:	Fehlerhaftes lineares Gleichungssystem
Typische Länge des privaten Schlüssels:	32.000 bit
Typische Länge des öffentlichen Schlüssels:	16.000 bit
Typische Länge der Signatur:	27.000 bit

ren unsicher machen. Stattdessen fordert der Kunde gegebenenfalls eine neue Challenge an (eventuell sogar mehrfach), bis schließlich ein unbedenklicher Wert vorliegt.

CRYSTALS-Dilithium hat beim ersten NIST-Post-Quanten-Wettbewerb am besten von allen Signaturverfahren abgeschnitten und zählte folgerichtig – neben CRYSTALS-Kyber, FALCON und SPHINCS+ – zu den vier Algorithmen, die 2022 als Gewinner präsentiert wurden. 2024 wurde CRYSTALS-Dilithium dann unter dem Namen ML-DSA (Module-Lattice-Based Digital Signature Algorithm) standardisiert. Sofern keine größeren Schwachstellen entdeckt werden und kein bahnbrechendes anderes Signaturverfahren auf den Markt kommt, dürfte sich CRYSTALS-Dilithium in ein bis zwei Jahrzehnten zum meistverwendeten Signaturverfahren überhaupt entwickeln. Für CRYSTALS-Dilithium gilt (Tab. 10.7):

10.4 Weitere Gitter-basierte Algorithmen

An den beiden NIST-Wettbewerben nahmen insgesamt über 20 Gitter-basierte Verschlüsselungs- und Signaturverfahren teil. Durchsetzen konnten sich zunächst nur die in diesem Kapitel beschriebenen CRYSTALS-Kyber, CRYSTALS-Dilithium und FALCON. Der einzige weitere Algorithmus aus dieser Familie, der in absehbarer Zeit standardisiert werden könnte, ist HAWK (Joppe W. Bos, 2025). Dieses Gitter-basierte Signaturverfahren hat die erste Runde des zweiten NIST-Wettbewerbs überstanden und wird nun zusammen mit einem guten Dutzend weiterer Signaturverfahren von Experten unter die Lupe genommen.

11 Code-basierte Algorithmen

Code-basierte Algorithmen gehören zu den ältesten Verfahren der asymmetrischen Kryptografie. Ihre Geschichte geht bis in die Siebziger-Jahre zurück. Viele dieser Algorithmen – darunter auch das vergleichsweise bekannte McEliece-Verfahren – benötigen sehr lange öffentliche Schlüssel und wurden daher bisher kaum in der Praxis genutzt. Da Code-basierte Verfahren als quantensicher gelten, sind sie in den letzten Jahren jedoch auf neues Interesse gestoßen, zumal es inzwischen auch Varianten mit relativ kurzen öffentlichen Schlüsseln gibt. Zu diesen gehört mit dem HQC-Verschlüsselungsverfahren der momentan bedeutendste Algorithmus aus dieser Familie.

In diesem Kapitel rechnen wir stets mit Binärzahlen. Dies gilt auch für Matrizen und Vektoren. Eine Binärzahl ist hierbei das gleiche wie eine $1 \times n$-Matrix, wir unterscheiden also beispielsweise nicht zwischen der Binärzahl 10110100 und der Matrix (1 0 1 1 0 1 0 0). Die Addition zweier Binärzahlen (diese müssen die gleiche Länge haben) erfolgt als bitweise Exklusiv-oder-Verknüpfung ohne Übertrag. Es gilt also beispielsweise:

```
 1011011010100
+1101010001001
 ––––––––
 0110001011101
```

Man beachte, dass die Addition in diesem Zusammenhang mit der Subtraktion identisch ist.

K. Schmeh, *Post-Quanten-Kryptografie*,
https://doi.org/10.1007/978-3-658-50705-3_11

11.1 Fehlerkorrigierende Codes

Um Code-basierte Algorithmen zu verstehen, müssen wir uns zunächst mit sogenannten **Fehlerkorrektur-Codes** beschäftigen. Dazu nehmen wir an, eine Raumsonde sei auf dem Weg von der Erde irgendwohin ins All. Diese Sonde schicke Funknachrichten in Form von Bit-Folgen (z. B. 01011001 00110101) an die Basisstation auf der Erde. Dabei gebe es jedoch ein Problem: Die Funkverbindung ist durch die große Entfernung fehleranfällig, wodurch vereinzelt eine Null als Eins ankommt oder umgekehrt.

11.1.1 Fehlererkennende Codes

Eine einfache Maßnahme gegen derartige Übertragungsfehler sind Paritätsbits. Diese kann die Raumsonde nutzen, indem sie nach jeweils sieben Bits ein achtes (das Paritätsbit) so einfügt, dass die Zahl der Einsen im jeweiligen Byte gerade ist. Eine Nachricht wird dadurch jeweils um ein Siebtel länger. Hier ist ein Beispiel (die Paritätsbits sind unterstrichen):

Nachricht	Nachricht mit Paritätsbits
01011001 00110101 10011011 10010001	0101100$\underline{1}$ 1001101$\underline{0}$ 0110011$\underline{0}$ 0111001$\underline{0}$ 0001

Das Paritätsbit in einem Byte ermöglicht es der Basisstation zu erkennen, dass ein Fehler vorliegt. Dies gelingt zumindest dann, wenn in einem Byte nur *ein* Fehler enthalten ist. Wenn es dagegen zwei oder mehr sind, ist nicht mehr garantiert, dass diese Methode korrekt funktioniert. Ein Nachteil der Paritätsbits ist klar: Die Basisstation weiß nie, wo genau in einem Byte ein etwaiger Fehler aufgetreten ist. Das Einfügen eines Paritätsbits ermöglicht es also, das Vorhandensein eines Fehlers zu erkennen, aber nicht, diesen zu korrigieren. Man spricht daher auch von einem fehlererkennenden Code.

Die ersten sieben Bits eines Bytes mit Paritätsbit am Ende bezeichnet man als Datenwort. Nimmt man das Paritätsbit dazu, dann spricht man von einem **Codewort**. Ein solches Codewort schickt die Sonde auf den Weg zur Basisstation. Der von der Basisstation empfangene Bitblock wird als **Empfangswort** bezeichnet – es handelt sich dabei um das Codewort, in dem Fehler enthalten sein können. Man kann den Paritätsbit-Code auch mit einer Matrixmultiplikation realisieren. Dazu schreiben wir das Datenwort (hier: 0101100) als einzeilige Matrix und multiplizieren es wie folgt, wodurch das Codewort (hier: 01011001) entsteht:

$$(0\ 1\ 0\ 1\ 1\ 0\ 0)\cdot\begin{pmatrix} 1 & 0 & 0 & 0 & 0 & 0 & 0 & 1 \\ 0 & 1 & 0 & 0 & 0 & 0 & 0 & 1 \\ 0 & 0 & 1 & 0 & 0 & 0 & 0 & 1 \\ 0 & 0 & 0 & 1 & 0 & 0 & 0 & 1 \\ 0 & 0 & 0 & 0 & 1 & 0 & 0 & 1 \\ 0 & 0 & 0 & 0 & 0 & 1 & 0 & 1 \\ 0 & 0 & 0 & 0 & 0 & 0 & 1 & 1 \end{pmatrix} = (0\ \ 1\ \ 0\ \ 1\ \ 1\ \ 0\ \ 0\ \ 1)$$

Die Matrix, mit der wir das Datenwort multipliziert haben, wird **Generatormatrix** genannt. Es handelt sich in diesem Fall um eine 7×8-Matrix. Natürlich kann man auch Datenwörter anderer Größe verwenden und jeweils ein Paritätsbit anhängen, wodurch sich die Größe der Matrix entsprechend ändert. Allgemein gesprochen entspricht die Zeilenanzahl der Generatormatrix der Bitlänge der Datenwörter *databits* und ihre Spaltenanzahl der Bitlänge der Codewörter *codebits*. Da letztere Größe beim Paritätsbit-Code immer um eins größer ist als erstere, sagt man auch, der Code habe den Overhead *overhead*=1. Allgemein gilt stets *codebits* = *databits* + *overhead*.

11.1.2 Fehlerkorrigierende Codes

Betrachten wir nun einen anderen Code, den die Raumsonde als Maßnahme gegen Übertragungsfehler verwenden kann: den Dreifach-Code. Dieser sieht vor, dass die Sonde jedes Datenwort dreimal hintereinander verschickt, wie in folgendem Beispiel:

Nachricht	Nachricht im Dreifach-Code
01011001 00110101	01011001 01011001 01011001 00110101 00110101 00110101

Das Codewort (24 bit) ist hier dreimal so lang wie das Datenwort (8 bit). Der Overhead beträgt also 16 bit. Der Vorteil des Dreifach-Codes besteht darin, dass die Basisstation einen Fehler nicht nur erkennen, sondern auch lokalisieren und dann gleich korrigieren kann. Wenn sie beispielsweise das Codewort 01011001 00011001 01011001 erhält, lautet die korrekte Version des Datenworts aller Wahrscheinlichkeit nach 01011001. Man spricht hierbei von einem **fehlerkorrigierenden Code** oder einem **Fehlerkorrektur-Code**. Wenn in einem dreifach gesendeten Byte maximal ein Fehler vorkommt, funktioniert dieser Code auf jeden Fall. Auch hier können wir eine Generatormatrix verwenden. Es handelt sich um eine 8×24-Matrix:

$$\begin{pmatrix}0 & 1 & 0 & 1 & 1 & 0 & 0 & 1\end{pmatrix} \cdot \begin{pmatrix}1 & \cdots & 0 & 1 & \cdots & 0 & 1 & \cdots & 0 \\ \vdots & \ddots & \vdots & \vdots & \ddots & \vdots & \vdots & \ddots & \vdots \\ 0 & \cdots & 1 & 0 & \cdots & 1 & 0 & \cdots & 1\end{pmatrix}$$
$$= \begin{pmatrix}0 & 1 & 0 & 1 & 1 & 0 & 0 & 1 & 0 & 1 & 0 & 1 & 1 & 0 & 0 & 1 & 0 & 1 & 0 & 1 & 1 & 0 & 0 & 1\end{pmatrix}$$

Auch in diesem Fall kann die Basisstation auf einfache Weise aus dem korrekten Codewort das Datenwort zurückberechnen, indem sie die letzten *overhead* Bits weglässt. Bei einem fehlerhaften Codewort muss sie zunächst das erste, das neunte und das 17. Bit vergleichen, dann die Bits 2, 10 sowie 18 und so weiter. Wenn die jeweils drei verglichenen Bits gleich sind, gibt es nichts zu korrigieren; falls nicht, ist bei zwei Nullen und einer Eins die Null richtig und umgekehrt. Man spricht hierbei von einem **Fehlerkorrektur-Algorithmus**.

Der wichtigste Nachteil des Dreifach-Codes ist klar: Er produziert pro Codewort 16 bit Overhead und geht damit sehr verschwenderisch mit der Bandbreite um. Es gibt jedoch auch fehlerkorrigierende Codes, die effektiver sind. Ein Beispiel ist der sogenannte **Hamming-Code**, dessen Datenwort (in der hier betrachteten Variante) die Länge 4 und dessen Codewort die Länge 7 hat. Es gilt also *overhead*=3. Er wird mit folgender Regel ge

Datenwort:	Bit 1	Bit 2	Bit 3	Bit 4			
Codewort:	Bit 1	Bit 2	Bit 3	Bit 4	Parität aus den Bits 1, 2 und 4	Parität aus den Bits 1, 3 und 4	Parität aus den Bits 2, 3 und 4

Die ersten vier Bits werden also unverändert vom Datenwort ins Codewort übernommen. Die drei verbleibenden Bits sind Paritätsbits, die unterschiedlich zustande kommen. Hier ist ein Beispiel:

Nachricht	**Nachricht im Hamming-Code**
1011	1011010

Auch den Hamming-Code können wir mithilfe einer Generatormatrix anwenden, wobei beispielsweise für das Datenwort 1011 gilt:

$$\begin{pmatrix}1 & 0 & 1 & 1\end{pmatrix} \cdot \begin{pmatrix}1 & 0 & 0 & 0 & 1 & 1 & 0\\ 0 & 1 & 0 & 0 & 1 & 0 & 1\\ 0 & 0 & 1 & 0 & 0 & 1 & 1\\ 0 & 0 & 0 & 1 & 1 & 1 & 1\end{pmatrix} = \begin{pmatrix}1 & 0 & 1 & 1 & 0 & 1 & 0\end{pmatrix}$$

Ein Nachteil des Hamming-Codes im Vergleich zum Dreifach-Code ist, dass die Fehlerkorrektur etwas aufwendiger ist. Da ein Codewort in diesem Fall sieben Bits hat, gibt es sieben mögliche Positionen für einen Fehler. Zusammen mit dem Fall, dass kein Fehler auftritt, ergeben sich acht Möglichkeiten. Da drei Bits als Paritätsbits genutzt werden, gibt es 2^3=8 Möglichkeiten, diese zu belegen – es passt also genau. Wir können den Fehlerkorrektur-Algorithmus mithilfe einer achtspaltigen Tabelle (Fehlerkorrektur-Tabelle) realisieren. Diese sieht wie folgt aus (*k* steht für „korrekt“, *f* für „falsch“):

Paritätsbits	*fff*	*ffk*	*fkf*	*fkk*	*kff*	*kfk*	*kkf*	*kkk*
Falsches Bit	4	1	2	5	3	6	7	-

Ein Beispiel: Das falsch empfangene Codewort 1111010 können wir auf diese Weise in 1011010 korrigieren.

Nehmen wir nun an, wir haben es mit einem Code zu tun, dessen Codewörter 20 bit lang sind (*codebits*=20). Wenn maximal ein Fehler auftritt, gibt es 21 Werte, die vorkommen können (20 fehlerhafte Werte und ein korrekter). Um diese 21 Möglichkeiten unterscheiden zu können, benötigen wir fünf Paritätsbits (diese lassen sich auf 2^5=32 unterschiedliche Weisen belegen, von denen wir aber nur 21 benötigen). Die Fehlerkorrektur-Tabelle hätte demnach 21 Spalten.

Es gibt auch Fehlerkorrektur-Codes, die zwei oder mehr falsche Bits sicher korrigieren können. Nehmen wir etwa an, wir haben einen Code, der zwei Bits sicher korrigieren kann und dessen Codewörter 20 bit lang sind (*codebits*=20). Wie man leicht nachrechnet, gibt es hierbei 190 Möglichkeiten, zwei Fehler zu machen, 20 Möglichkeiten einen Fehler zu machen und eine Möglichkeit, keinen Fehler zu machen. Um diese insgesamt 211 Möglichkeiten abzudecken, benötigen wir acht Paritätsbits, und die Fehlerkorrektur-Tabelle hat 211 Spalten. Schon jetzt sieht man, dass die Größe der Fehlerkorrektur-Tabelle stark ansteigt, wenn die Codewörter länger werden und die Zahl der sicher korrigierbaren Fehler größer wird.

Gehen wir nun davon aus, wir haben einen Code, der Codewörter der Größe *codebits*=1000 generiert und der 50 Fehler sicher korrigiert. Die Fehlerkorrektur-Tabelle hat nun etwa 10^{86} Spalten – weit mehr als es im Universum Atome gibt. Auch wenn für die Fehlerkorrektur effektivere Methoden bekannt sind, als eine derart riesige Fehlerkorrektur-Tabelle zu nutzen, ist nun ein Aufwand notwendig, der selbst den stärksten Computer der Welt bei weitem überfordert. Es gibt jedoch Generatormatrizen (und damit auch Fehlerkorrektur-Codes), bei denen die Fehlerkorrektur deutlich schneller funktioniert. Mit diesen lassen sich asymmetrische Krypto-Verfahren realisieren.

11.2 Das McEliece-Verschlüsselungsverfahren

Bereits 1978 veröffentlichte der Mathematiker Robert McEliece das nach ihm benannte McEliece-Verschlüsselungsverfahren , das bis heute der bekannteste Algorithmus aus dieser Familie ist (McEliece, 1978). Das McEliece-Verschlüsselungsverfahren gilt als sicher und performant, benötigt jedoch sehr lange öffentliche Schlüssel (ein halbes bis ein MByte), weshalb es sich in der Praxis nicht durchsetzen konnte.

Für das McEliece-Verschlüsselungsverfahren benötigen wir einen Fehlerkorrektur-Code, der eine schnelle Fehlersuche ermöglicht. Wie ein solcher funktioniert, werde ich im nächsten Unterkapitel erklären. Zunächst einmal begnügen wir uns mit der Information, dass ein solcher Code existiert.

Die Generatormatrix *Good* eines Codes mit schneller Fehlersuche bezeichne ich in diesem Zusammenhang als **gute Matrix**. Ist die Fehlersuche dagegen so aufwendig wie in Abschn. 11.1 beschrieben, liegt eine **schlechte Matrix** vor. Eine zufällig erstellte Matrix ist fast immer schlecht, daher muss man eine gute Matrix speziell auswählen. Der Einfachheit halber nehmen wir an, die erwähnte Matrix des Hamming-Codes sei eine gute Matrix (das stimmt zwar nicht, aber für die Erklärung des Verfahrens spielt das zunächst keine *Rolle*):

$$GoodMcE = \begin{pmatrix} 1 & 0 & 0 & 0 & 1 & 1 & 0 \\ 0 & 1 & 0 & 0 & 1 & 0 & 1 \\ 0 & 0 & 1 & 0 & 0 & 1 & 1 \\ 0 & 0 & 0 & 1 & 1 & 1 & 1 \end{pmatrix}$$

Wir machen nun aus der guten Matrix *GoodMcE* eine schlechte Matrix *BadMcE*. Dazu multiplizieren wir eine zufällig generierte, invertierbare Matrix *BlindMcE* (Blendmatrix) vorne *dazu:*

$$\begin{aligned} BadMcE &= BlindMcE \cdot GoodMcE \\ &= \begin{pmatrix} 1 & 1 & 0 & 0 \\ 0 & 0 & 1 & 1 \\ 1 & 0 & 0 & 1 \\ 1 & 1 & 0 & 1 \end{pmatrix} \cdot \begin{pmatrix} 1 & 0 & 0 & 0 & 1 & 1 & 0 \\ 0 & 1 & 0 & 0 & 1 & 0 & 1 \\ 0 & 0 & 1 & 0 & 0 & 1 & 1 \\ 0 & 0 & 0 & 1 & 1 & 1 & 1 \end{pmatrix} = \begin{pmatrix} 1 & 1 & 0 & 0 & 0 & 1 & 1 \\ 0 & 0 & 1 & 1 & 1 & 0 & 0 \\ 1 & 0 & 0 & 1 & 0 & 0 & 1 \\ 1 & 1 & 0 & 1 & 1 & 0 & 0 \end{pmatrix} \end{aligned}$$

Eine solche Multiplikation einer Blendmatrix mit einer guten Matrix, bei der mit sehr hoher Wahrscheinlichkeit eine schlechte Matrix entsteht, ist mit einem geeigneten Computer-Programm einfach durchzuführen. Die Umkehrung, also das Zerlegen einer schlechten Matrix in eine gute und eine Blendmatrix, ist dagegen aufwendig und bei großen Matrizen selbst mit dem besten Rechner so gut wie unmöglich. Wir haben es also mit einer Einwegfunktion zu tun. Die Situation ist ähnlich wie beim RSA-Verfahren. Dort ist die Multiplikation zweier Primzahlen die Einwegfunktion, hier die Multiplikation zweier Matrizen, von denen die eine eine bestimmte Eigenschaft hat.

Kommen wir noch einmal zurück zu einem Fehlerkorrektur-Code mit langen Codewörtern (beispielsweise *codebits*=1000), der viele Fehler (beispielsweise 50) sicher korrigiert. Die Generatormatrix dieses Codes sei schlecht. Es ist nun sehr einfach, 50 Fehler in ein Codewort einzubringen. Es ist jedoch – wie erwähnt – mit realistischen Mitteln unmöglich, diese Fehler durch Anwendung eines Fehlerkorrektur-Algorithmus zu finden. Die Ausnahme: Man kennt eine Zerlegung der schlechten Generatormatrix in eine Blendmatrix und eine gute Matrix. In diesem Fall kann man die Blendmatrix herausrechnen und mit der guten Matrix auf vergleichsweise einfache Weise die Fehler lokalisieren. Das Einbringen von Fehlern in ein Codewort ist damit (unter den beschriebenen Umständen) eine Falltürfunktion. Das Multiplizieren einer Blendmatrix mit einer guten Matrix ist die zugehörige Einwegfunktion.

Mit diesen Vorüberlegungen können wir das McEliece-Verschlüsselungsverfahren definieren. Die gute Matrix *GoodMcE* und die Blendmatrix *BlindMcE* sind zusammen Bobs privater Schlüssel. Die schlechte Matrix *BadMcE* dient ihm als öffentlicher Schlüssel, den er Alice bekannt macht. Wenn Alice eine Nachricht an Bob verschlüsseln will, generiert sie als zu verschlüsselnde Nachricht ein Datenwort *plaintext*. Wir nehmen an, dieses laute 1101. Dieses Datenwort multipliziert sie mit der schlechten Matrix *BadMcE* und erhält *dadurch ein* Codewort *codeword*:

$$codeword = plaintext \cdot BadMcE$$

$$= \begin{pmatrix} 1 & 1 & 0 & 1 \end{pmatrix} \cdot \begin{pmatrix} 1 & 1 & 0 & 0 & 0 & 1 & 1 \\ 0 & 0 & 1 & 1 & 1 & 0 & 0 \\ 1 & 0 & 0 & 1 & 0 & 0 & 1 \\ 1 & 1 & 0 & 1 & 1 & 0 & 0 \end{pmatrix} = \begin{pmatrix} 0 & 0 & 1 & 0 & 0 & 1 & 1 \end{pmatrix}$$

Diesem Codewort *codeword* fügt sie Fehler hinzu. In unserem einfachen Beispiel ist es nur ein Fehler: Aus 0010011 wird 0110011. Das Hinzufügen des Fehlers kann sie durch die Addition von *error*=0100000 erreichen (wie erwähnt, erfolgt eine solche binäre Addition ohne Übertrag). Die Variable *error* wird auch als Fehlerwort bezeichnet. Es gilt *also:*

$$ciphertext = plaintext \cdot BadMcE + error$$

Das fehlerhafte Codewort *ciphertext* ist die verschlüsselte Nachricht, die sie an Bob schickt. Ein Angreifer kann diese Nachricht nur entschlüsseln, wenn es ihm gelingt, den bzw. die Fehler zu korrigieren. Wie erwähnt, ist dies aber schwierig bis unmöglich, wenn er es mit einer sehr großen, schlechten Generatormatrix zu tun hat und die korrigierbare Fehlerzahl hoch ist.

Empfänger Bob kann die Nachricht entschlüsseln, indem er diese zunächst mit der guten Matrix *GoodMcE* dekodiert (wie erwähnt, ist dies bei einer guten Matrix einfach) und so den geblendeten Klartext *blindedplaintext* erhält. Diesen multipliziert er mit der Inversen der Blendmatrix *BlindMcE*:

$$plaintext = BlindMcE^{-1} \cdot blindedplaintext$$

Eine Verkomplizierung kommt jedoch noch hinzu. Bob verwendet die Matrix *BadMcE* nicht unverändert als öffentlichen Schlüssel, sondern ändert die Reihenfolge der Spalten. Aus

$$\begin{pmatrix} 1 & 1 & 0 & 0 & 0 & 1 & 1 \\ 0 & 0 & 1 & 1 & 1 & 0 & 0 \\ 1 & 0 & 0 & 1 & 0 & 0 & 1 \\ 1 & 1 & 0 & 1 & 1 & 0 & 0 \end{pmatrix} \text{wird also beispielsweise} \begin{pmatrix} 1 & 0 & 1 & 0 & 0 & 1 & 1 \\ 0 & 1 & 0 & 1 & 1 & 0 & 0 \\ 1 & 0 & 0 & 0 & 1 & 0 & 1 \\ 0 & 0 & 0 & 1 & 1 & 1 & 1 \end{pmatrix}.$$

Diese Umordnung macht Bob nach dem Entschlüsseln wieder rückgängig, indem er die Reihenfolge der Ziffern im erhaltenen Klartext in entgegengesetzter Weise ändert. In der Praxis erledigt Bob die Umordnung der schlechten Matrix durch die Multiplikation mit einer geeigneten Matrix, die als Permutationsmatrix bezeichnet wird. Im obigen Beispiel sieht diese wie folgt aus:

$$\begin{pmatrix} 0 & 0 & 0 & 0 & 0 & 0 & 1 \\ 0 & 0 & 0 & 0 & 0 & 1 & 0 \\ 0 & 1 & 0 & 0 & 0 & 0 & 0 \\ 0 & 0 & 0 & 0 & 1 & 0 & 0 \\ 0 & 0 & 0 & 1 & 0 & 0 & 0 \\ 0 & 0 & 1 & 0 & 0 & 0 & 0 \\ 1 & 0 & 0 & 0 & 0 & 0 & 0 \end{pmatrix}$$

Die entgegengesetzte Umordnung erfolgt durch die Multiplikation mit der Inversen der Permutationsmatrix. Die Permutationsmatrix ist neben der guten Matrix und der Blendmatrix ein Teil von Bobs privaten Schlüssels.

In der Praxis sind die Nachrichten und die Matrizen natürlich deutlich größer als in unserem Beispiel. Gegenwärtig gilt das McEliece-Verfahren als sicher, wenn beispielsweise die Generatormatrix *GoodMcE* 2048 Spalten und 1751 Zeilen hat (also *codebits*=2048 und *databits*=1751) und dabei 27 Fehler korrigieren kann. Der öffentliche Schlüssel ist in diesem Fall etwa ein halbes MByte groß. Sollte sich McEliece als Post-Quanten-Verfahren durchsetzen, wird man wohl größere Parameter wählen müssen, wodurch eine Schlüssellänge von einem MByte oder sogar mehr zu erwarten ist.

Zusammengefasst ist das McEliece-Verfahren ein asymmetrisches Verschlüsselungsverfahren mit folgenden Eigenschaften (Tab. 11.1):

Eine Variante des McEliece-Verfahrens hat unter der Bezeichnung **Classic McEliece** am ersten NIST-Post-Quanten-Wettbewerb teilgenommen (Daniel & Bernstein, 2022). Genau genommen handelt es sich dabei um eine Variante des Niederreiter-Verschlüsselungsverfahrens, auf das ich weiter unten eingehen werde. Classic McEliece

Tab. 11.1 Das Verschlüsselungsverfahren McEliece im Überblick

Name:	McEliece
Zweck:	Asymmetrische Verschlüsselung
Falltürfunktion:	Einfügen von Fehlern in ein Codewort eines Fehlerkorrektur-Codes
Umkehrung der Falltürfunktion:	Finden der eingefügten Fehler (mit einem Fehlerkorrektur-Algorithmus)
Einwegfunktion:	Multiplikation einer guten Matrix mit einer Blendmatrix
Umkehrung der Einwegfunktion:	Zerlegung einer Matrix in eine gute Matrix und eine Blendmatrix
Privater Schlüssel:	Gute Matrix, Blendmatrix, Permutationsmatrix
Öffentlicher Schlüssel:	Schlechte Matrix
Typische Länge des privaten Schlüssels:	100.000 bit
Typische Länge des öffentlichen Schlüssels:	5.000.000 bit
Typische Länge des Geheimtexts:	1500 bit

zählte zu den drei (ursprünglich vier) Verfahren, die nach Bekanntgabe der vier siegreichen Algorithmen CRYSTALS-Kyber, CRYSTALS-Dilithium, FALCON und SPHINCS+ genauer unter die Lupe genommen wurden. In dieser Gruppe setzte sich am Ende jedoch (das ebenfalls Code-basierte) HQC durch und wurde damit zum fünften Gewinner des ersten Post-Quanten-Wettbewerbs. Im Gegensatz zu HQC wird McEliece daher vorläufig nicht vom NIST standardisiert werden.

Auf Grund der sehr langen öffentlichen Schlüssel ist McEliece für Umgebungen mit begrenzten Ressourcen nicht geeignet. So ist es völlig unsinnig, einen öffentlichen Schlüssel in der Länge eines halben MBytes auf eine Smartcard bringen zu wollen, da eine solche selbst in luxuriöser Ausführung nicht mehr als ein paar Hundert KByte an Speicher bereitstellt. Eine mögliche Lösung besteht darin, statt dem öffentlichen Schlüssel nur eine Referenz darauf auf einer Karte zu speichern, über die sich der jeweilige Nutzer den öffentlichen Schlüssel von anderer Quelle holen kann. Eine solche Vorgehensweise ist bisher jedoch unüblich und würde daher die Änderung zahlreicher Protokolle erfordern. Ich gehe davon aus, dass eine solche Lösung nur dann umgesetzt wird, wenn es zu McEliece keine Alternativen gibt. Danach sieht es momentan jedoch nicht aus.

11.2.1 Goppa-Codes

Es bleibt die Frage, welche fehlerkorrigierenden Codes es gibt, die eine gute Matrix und damit eine einfache Fehlerkorrektur ermöglichen. Das McEliece-Verfahren sieht hierzu einen sogenannten **binären Goppa-Code** vor. Es gibt auch andere Codes mit den gewünschten Eigenschaften, die Alice und Bob nutzen könnten, was im Folgenden aber keine Rolle spielen soll. Leider ist die Mathematik hinter den Goppa-Codes zu komplex, um sie an dieser Stelle halbwegs erschöpfend zu behandeln. Ich begnüge mich daher mit den wichtigsten Prinzipien.

Das Interessante an einem Goppa-Code ist, dass sich damit eine spezielle Fehlerkorrektur-Tabelle erstellen lässt. Diese hat lediglich so viele Spalten wie die Generatormatrix. Wenn wir also von einer 1751×2048-Matrix ausgehen, die 27 Fehler korrigiert, hat die Goppa-Fehlerkorrektur-Tabelle lediglich 2048 Spalten, während es mit der üblichen Methode um die 10^{61} wären. Wir schauen uns ein Beispiel mit kleineren Zahlen an. Die folgende 4×12-Matrix ist die Generatormatrix eines Goppa-Codes, der zwei Fehler sicher korrigieren kann (Valentijn, 2015):

$$\begin{pmatrix} 0 & 1 & 1 & 0 & 1 & 0 & 1 & 0 & 0 & 1 & 0 & 0 \\ 0 & 1 & 1 & 1 & 1 & 0 & 0 & 1 & 1 & 0 & 0 & 0 \\ 1 & 1 & 0 & 1 & 1 & 0 & 0 & 0 & 0 & 0 & 0 & 1 \\ 1 & 1 & 1 & 0 & 1 & 1 & 0 & 1 & 0 & 0 & 1 & 0 \end{pmatrix}$$

Mithilfe eines Algorithmus, auf den ich leider nicht genauer eingehen kann, baut der Empfänger eine Tabelle auf, die jedem Bit des Empfangsworts eine vierstellige Binärzahl zuordnet:

Bit	1	2	3	4	5	6	7	8	9	10	11	12
Binärzahl	0010	0001	1100	0110	0011	1101	1010	0101	1001	1110	0111	1111

Mithilfe des Empfangsworts generiert der Algorithmus außerdem ein Polynom, das als Fehler-Lokalisierungs-Polynom bezeichnet wird. Dieses hat maximal so viele Nullstellen wie der Code Fehler korrigiert. Als Nullstellen tauchen nur Werte auf, die in der unteren Zeile der Tabelle enthalten sind. Nehmen wir an, der Empfänger berechnet die beiden Nullstellen 1100 (Spalte 3) und 1101 (Spalte 6). Dann weiß er, dass im Empfangswort das dritte und das sechste Bit falsch sind.

Diese Art der Fehlerkorrektur funktioniert auch bei einer Generatormatrix mit 2048 Spalten so gut, dass Empfänger Bob eine McEliece-verschlüsselte Nachricht von Alice in Sekundenschnelle entschlüsseln kann.

11.2.2 Niederreiter-Verschlüsselungsverfahren

Das **Niederreiter-Verschlüsselungsverfahren** ist nach dem österreichischen Mathematiker Harald Niederreiter benannt, der es 1986 der Öffentlichkeit vorstellte (Niederreiter, 1986). Es handelt sich dabei um eine Variante des McEliece-Verfahrens. Wir gehen daher wieder davon aus, dass Alice eine gute Matrix *GoodMcE* zur Verfügung steht, die einen Goppa-Code generiert:

$$\text{GoodMcE} = \begin{pmatrix} 0 & 1 & 1 & 0 & 1 & 0 & 1 & 0 & 0 & 1 & 0 & 0 \\ 0 & 1 & 1 & 1 & 1 & 0 & 0 & 1 & 1 & 0 & 0 & 0 \\ 1 & 1 & 0 & 1 & 1 & 0 & 0 & 0 & 0 & 0 & 0 & 1 \\ 1 & 1 & 1 & 0 & 1 & 1 & 0 & 1 & 0 & 0 & 1 & 0 \end{pmatrix}$$

Außerdem brauchen wir die duale Matrix von *GoodMcE*, die wir hier *DualMcE* nennen. Die duale Matrix einer Matrix hat die Eigenschaft, dass bei der Multiplikation der beiden eine Matrix entsteht, die ausschließlich Nullen enthält. Es gilt also *GoodMcE* · *DualMcE* = 0, wobei 0 in diesem Fall für eine nur aus Nullen bestehende Matrix steht. Die Anzahl der Zeilen von *DualMcE* entspricht der Anzahl von Spalten von *GoodMcE*. Die Anzahl der Spalten von *DualMcE* entspricht dem Overhead. Da *GoodMcE* in unserem Beispiel eine 4×12-Matrix ist, muss *DualMcE* eine 12×8-Matrix sein. Allgemein gesprochen hat die duale Matrix einer $m \times n$-Matrix die Größe $n \times (n\text{-}m)$. In unserem Beispiel gilt:

$$\text{DualMcE} = \begin{pmatrix} 0 & 0 & 0 & 1 & 1 & 0 & 0 & 0 \\ 0 & 1 & 0 & 1 & 1 & 0 & 1 & 1 \\ 1 & 1 & 0 & 0 & 1 & 1 & 0 & 1 \\ 0 & 1 & 0 & 0 & 1 & 0 & 0 & 1 \\ 1 & 0 & 1 & 0 & 0 & 0 & 0 & 1 \\ 0 & 0 & 1 & 1 & 0 & 0 & 0 & 0 \\ 0 & 0 & 0 & 1 & 1 & 0 & 0 & 1 \\ 0 & 0 & 1 & 1 & 0 & 0 & 1 & 1 \\ 0 & 1 & 0 & 0 & 1 & 1 & 0 & 1 \\ 0 & 0 & 1 & 0 & 1 & 1 & 1 & 0 \\ 0 & 0 & 1 & 0 & 1 & 1 & 0 & 0 \\ 1 & 0 & 1 & 0 & 1 & 0 & 1 & 1 \end{pmatrix}$$

Wenn man ein fehlerfreies Codewort mit der dualen Matrix einer Generatormatrix multipliziert (und nur dann), erhält man eine einzeilige Matrix, die nur aus Nullen besteht. In unserem Beispiel ist 1111 1110 1110 ein Codewort, und für dieses ergibt *sich*:

$$(111111101110) \cdot \mathit{DualMcE} = (00000000)$$

Man kann also mit der dualen Matrix von *GoodMcE* prüfen, ob ein Empfangswort fehlerfrei ist. Man kann auf diese Weise die Fehler allerdings nicht lokalisieren. Die duale Matrix von *GoodMcE* ersetzt also keinen Fehlerkorrektur-Algorithmus.

Im Niederreiter-Verschlüsselungsverfahren bildet *DualMcE* einen von drei Teilen von Bobs privatem Schlüssel. Der zweite Teil ist wieder eine Blendmatrix *BlindNied*, die hier jedoch die Größe *codebits* × *codebits* hat, in unserem Beispiel also 12×12. Der dritte Teil des privaten Schlüssels ist wieder eine Permutationsmatrix. Da letztere jedoch nur die Spalten der Matrizen vertauscht und am Ende wieder herausgerechnet wird, werde ich sie im Folgenden weglassen.

Der öffentliche Schlüssel des Niederreiter-Verfahrens ist das Produkt von *BlindNied* und *DualMcE*, das ich als *BadNied bezeichne:*

$$\mathit{BadNied} = \mathit{BlindNied} \cdot \mathit{DualMcE}$$

Um den Klartext zu generieren, nimmt Alice das Codewort, das nur aus Nullen besteht – in unserem Beispiel also 0000 0000 0000. In dieses fügt sie eine Anzahl von Fehlern ein, die der Code sicher korrigieren kann, in unserem Fall zwei. Dies bedeutet, dass sie an zwei Stellen im aus Nullen bestehenden Codewort jeweils eine Null durch eine Eins ersetzt, wodurch sich beispielsweise 0001 0010 0000 ergibt. Diese Variable bezeichne ich als *error*. In der Praxis braucht Alice außerdem ein Verfahren, mit dem sie ihre eigentliche Nachricht in *error* umwandeln kann. Ein solches Verfahren muss typischerweise den

256-Bit-Schlüssel eines symmetrischen Verfahrens auf eine 2048-stellige Binärzahl mit genau 27 Einsen abbilden. Wie das funktioniert, soll uns an dieser Stelle nicht interessieren.

Zum Verschlüsseln multipliziert Alice die Matrix *BadNied* mit dem fehlerhaften Null-Codewort *error*. Das Ergebnis wird als Syndrom bezeichnet, wir verwenden den *Variablennamen syndrome*:

$$syndrome = error \cdot BadNied$$

Empfänger Bob kann dieses einfach entschlüsseln, wenn er die Matrix *GoodMcE* kennt. Das sieht man an folgender *Umformung:*

$$syndrome = error \cdot BadNied$$

Da ein beliebiges Codewort mit *BadNied* multipliziert den Nullvektor ergibt, können wir *schreiben:*

$$syndrome = codeword \cdot BadNied + error \cdot BadNied$$
$$\Rightarrow syndrome = (codeword + error) \cdot BadNied$$

Ein Codewort können wir auch als Multiplikation des Datenworts mit der Generatormatrix *schreiben:*

$$syndrome = (dataword \cdot BadMcE + error) \cdot BadNied$$

Jetzt multiplizieren wir die Inverse von *BadNied* dazu:

$$syndrome\ BadNied^{-1} = (dataword \cdot BadMcE + error) \cdot BadNied \cdot BadNied^{-1}$$
$$\Rightarrow syndrome \cdot BadNied^{-1} = dataword \cdot BadMcE + error$$

Zum Vergleich ist hier noch einmal die Gleichung, mit der Alice eine McEliece-Verschlüsselung *durchführt:*

$$ciphertext = plaintext \cdot BadMcE + error$$

Wenn Alice $ciphertext = syndrome \cdot BadNied^{-1}$ und $plaintext = dataword$ setzt, kann sie eine McEliece-Entschlüsselung durchführen, wobei sie auch den Wert der Variablen *error* ermitteln kann. Dieser ist im Niederreiterverfahren der Klartext, womit auch die Niederreiter-Entschlüsselung abgeschlossen ist.

11.3 HQC-Verschlüsselungsverfahren

Neben dem McEliece- und dem Niederreiter-Verschlüsselungsverfahren gibt es inzwischen noch einen weiteren bedeutenden Code-basierten Krypto-Algorithmus: **HQC** (Carlos Aguilar Melchor, 2025). Die Abkürzung steht für Hamming Quasi-Cyclic. HQC ist ein asymmetrisches Verschlüsselungsverfahren und wurde von einem 14-köpfigen Kryptografen-Team, dessen Mitglieder vorwiegend aus Frankreich stammen, für den ersten NIST-Post-Quanten-Wettbewerb eingereicht.

Als das NIST 2022 die ersten vier Sieger des ersten Post-Quanten-Wettbewerbs verkündete, war HQC noch nicht dabei. Im März 2025 kürte das NIST HQC jedoch zu einem weiteren Gewinner dieses Kräftemessens. HQC ist damit nach CRYSTALS-Kyber, CRYSTALS-Dilithium, FALCON und SPHINCS+ das fünfte Verfahren, das aus dem ersten Post-Quanten-Wettbewerb als Sieger hervorgegangen ist. Weitere wird es wohl nicht geben. Es soll unter dem Namen HQC-KEM (Hamming Quasi-Cyclic Key-Encapsulation Mechanism) standardisiert werden.

Um HQC zu verstehen, benötigen wir zunächst den Begriff Hamming-Gewicht. Als Hamming-Gewicht eines Vektors oder einer Matrix bezeichnet man die Anzahl der darin vorkommenden Werte, die nicht null sind. Da wir es in diesem Kapitel nur mit Binärwerten zu tun haben, gilt: Das Hamming-Gewicht entspricht der Anzahl der Einsen, die in einem Vektor oder einer Matrix vorkommen. Da wir in diesem Zusammenhang einen $1\times n$-Vektor mit einer Binärzahl gleichsetzen, steht das Hamming-Gewicht auch für die Zahl der Einsen in einer Binärzahl. Hier sind ein paar *Beispiele:*

$$hamming\begin{pmatrix} 1 & 0 \\ 1 & 1 \end{pmatrix} = 3$$

$$hamming\begin{pmatrix} 0 \\ 1 \\ 0 \\ 1 \end{pmatrix} = 2$$

$$hamming\begin{pmatrix} 1 & 0 & 0 & 1 & 1 & 1 \end{pmatrix} = 4$$

$$hamming(1000111) = 4$$

Schauen wir uns an einem Beispiel an, was bezüglich des Hamming-Gewichts passiert, wenn wir zwei Binärzahlen gleicher Länge addieren. Gegeben seien die beiden 16-Bit-Zahlen 0001010000001001 und 0100010001000010, die jeweils ein Hamming-Gewicht von 4 haben. Die Addition (die in diesem Zusammenhang immer bitweise erfolgt) sieht wie folgt aus:

0001010000001001
0100010001000010
– – – – – – – – – – – – – –
0101000001001011

Das Ergebnis hat ein Hamming-Gewicht von 6. Das lässt sich auch allgemeiner formulieren. Ist das Hamming-Gewicht zweier gleich langer Binärzahlen bin_1 und bin_2 deutlich geringer als ihre Länge, dann *gilt:*

$$hamming(bin_1 + bin_2) \leq hamming(bin_1) + hamming(bin_2)$$

Im Zusammenhang mit dem HQC-Verfahren werden (in der in diesem Buch betrachteten Variante) zwei 32.000-Bit-Variablen mit einem Hamming-Gewicht von je 8000 addiert. Das Ergebnis hat typischerweise ein Hamming-Gewicht von etwa 12.000.

Für das HQC-Verfahren spielt außerdem das Multiplizieren zweier Binärzahlen gleicher Länge eine Rolle. Dieses Multiplizieren wird in diesem Zusammenhang mithilfe einer Matrix definiert. Die beiden Binärzahlen 10011 und 01101 multipliziert man beispielsweise wie folgt:

$$\begin{pmatrix} 1 & 0 & 0 & 1 & 1 \end{pmatrix} \cdot \begin{pmatrix} 0 & 1 & 1 & 0 & 1 \\ 1 & 0 & 1 & 1 & 0 \\ 0 & 1 & 0 & 1 & 1 \\ 1 & 0 & 1 & 0 & 1 \\ 1 & 1 & 0 & 1 & 0 \end{pmatrix} = \begin{pmatrix} 0 & 0 & 0 & 1 & 1 \end{pmatrix}$$

Allgemein gesprochen interpretiert man die erste Binärzahl als einzeilige Matrix und wandelt die zweite Binärzahl in eine quadratische Matrix um. In der ersten Zeile der quadratischen Matrix steht hierbei die zweite Binärzahl. In der zweiten Zeile steht sie erneut, jedoch um eine Stelle nach rechts rotiert. In der dritten Zeile wird sie um zwei nach rechts rotiert und so weiter. Die beiden Matrizen werden dann multipliziert. Diese Multiplikation zweier Binärzahlen ist kommutativ – wenn man also die Reihenfolge der beiden Zahlen ändert, bleibt das Ergebnis gleich.

Eine Tatsache spielt für das HQC-Verfahren eine wichtige Rolle: Werden zwei Binärzahlen mit (im Vergleich zur Länge) geringem Hamming-Gewicht auf die beschriebene Weise miteinander multipliziert, dann hat auch das Ergebnis ein (im Vergleich zur Länge) geringes Hamming-Gewicht. Wenn wir beispielsweise zwei 16-Bit-Zahlen multiplizieren, die jeweils ein Hamming-Gewicht von 2 haben, beträgt das Hamming-Gewicht des Ergebnisses meist 4, in Spezialfällen kann es auch weniger sein. Der Mittelwert liegt bei 3,7. Beim HQC-Verfahren werden Binärzahlen multipliziert, die (in der in diesem Buch betrachteten Variante) eine Länge von 36.000 bit und ein Hamming-Gewicht von etwa 100 aufweisen. Das Ergebnis hat im Schnitt ein Hamming-Gewicht von etwa 8000. Etwas allgemeiner gesprochen, können wir im Zusammenhang mit HQC davon ausgehen, dass für zwei gleich große Variablen bin_1 und bin_2 mit jeweils vergleichsweise kleinem Hamming-Gewicht *gilt:*

$$hamming(bin_1 \cdot bin_2) \approx hamming(bin_1) \cdot hamming(bin_2) \cdot 0{,}8$$

Bei zwei Variablen mit gleichem Hamming-Gewicht beträgt das Hamming-Gewicht des Multiplikationsergebnisses also etwa 80 % des Quadrats.

Außerdem benötigen wir im Folgenden noch einmal die duale Matrix einer Generatormatrix. Wie im vorhergehenden Kapitel beschrieben, hat die duale Matrix einer Matrix die

Eigenschaft, dass bei der Multiplikation der beiden eine Matrix entsteht, die ausschließlich Nullen enthält. Als Beispiel schauen wir uns einen Dreimal-Code an, der drei Bit durch doppeltes Wiederholen auf neun Bit abbildet – also beispielsweise 101 auf 101 101 101. Dieser Code hat folgende Generatormatrix:

$$Generator = \begin{pmatrix} 1 & 0 & 0 & 1 & 0 & 0 & 1 & 0 & 0 \\ 0 & 1 & 0 & 0 & 1 & 0 & 0 & 1 & 0 \\ 0 & 0 & 1 & 0 & 0 & 1 & 0 & 0 & 1 \end{pmatrix}$$

Wie am Anfang des Kapitels beschrieben, kann dieser Code einen Fehler sicher korrigieren. Die duale Matrix dieser Generatormatrix lautet:

$$Dual = \begin{pmatrix} 1 & 0 & 0 & 1 & 0 & 0 \\ 0 & 1 & 0 & 0 & 1 & 0 \\ 0 & 0 & 1 & 0 & 0 & 1 \\ 1 & 0 & 0 & 0 & 0 & 0 \\ 0 & 1 & 0 & 0 & 0 & 0 \\ 0 & 0 & 1 & 0 & 0 & 0 \\ 0 & 0 & 0 & 1 & 0 & 0 \\ 0 & 0 & 0 & 0 & 1 & 0 \\ 0 & 0 & 0 & 0 & 0 & 1 \end{pmatrix}$$

In diesem Zusammenhang verwenden wir statt der dualen Matrix deren Transponierte (also die an der Diagonalen gespiegelte Variante). Diese Matrix wird auch als Paritätscheck-Matrix bezeichnet:

$$Parity = Dual^T = \begin{pmatrix} 1 & 0 & 0 & 1 & 0 & 0 & 0 & 0 & 0 \\ 0 & 1 & 0 & 0 & 1 & 0 & 0 & 0 & 0 \\ 0 & 0 & 1 & 0 & 0 & 1 & 0 & 0 & 0 \\ 1 & 0 & 0 & 0 & 0 & 0 & 1 & 0 & 0 \\ 0 & 1 & 0 & 0 & 0 & 0 & 0 & 1 & 0 \\ 0 & 0 & 1 & 0 & 0 & 0 & 0 & 0 & 1 \end{pmatrix}$$

Der Name „Paritätscheck-Matrix“ ist etwas irreführend, da es hier nicht notwendigerweise um Paritätsbits im in Abschn. 11.1 beschriebenen Sinne geht. Hat die Generatormatrix die Größe $m \times n$, dann ist die Paritätscheck-Matrix $(n\text{-}m) \times n$ groß. Mit anderen Worten: Die Generatormatrix und die zugehörige Paritätscheck-Matrix ergeben untereinander geschrieben eine quadratische Matrix.

Das Ergebnis der Multiplikation eines Empfangsworts mit der dualen Matrix heißt, wie bereits erwähnt, Syndrom. Diese Definitionen können wir auf die Paritätscheck-Matrix übertragen. Wenn wir diese mit dem transponierten Empfangswort multiplizieren, ergibt sich das transponierte *Syndrom:*

$$Parity \cdot receivedword^T = syndrome^T$$

Im Folgenden ist mit dem Syndrom immer *syndrome*^{T}, also die transponierte Variante, gemeint. Das Syndrom ist in diesem Fall ein Vektor und nicht etwa eine einzeilige Matrix. Ist *receivedword* ein (fehlerfreies) Codewort, dann ist das Syndrom ein Nullvektor. Andernfalls ergibt sich ein Syndrom mit mindestens einem von Null verschiedener Wert. Wir können das Empfangswort *receivedword* auch als Summe eines Codeworts und eines Fehlerworts *schreiben:*

$$receivedword = codeword + error$$

Daraus ergibt *sich:*

$$\begin{gathered} Parity \cdot receivedword \\ = \text{Parity} \cdot (\text{codeword} + \text{error}) \\ = \text{Parity} \cdot \text{codeword} + \text{Parity} \cdot \text{error} \\ = \text{Parity} \cdot \text{error} \\ = \text{syndrome} \end{gathered}$$

Die Multiplikation der Paritätscheck-Matrix mit dem Empfangswort hat also das gleiche Ergebnis (und zwar das Syndrom) wie die Multiplikation der Paritätscheck-Matrix mit dem Fehlerwort. Daraus ergibt sich ein Fehlerkorrektur-Algorithmus, der wie folgt funktioniert: Der Empfänger multipliziert die Paritätscheck-Matrix mit dem Empfangswort und erhält ein Syndrom. Besteht dieses nur aus Nullen, dann ist das Empfangswort fehlerfrei, und die Dekodierung ist abgeschlossen. Andernfalls sucht der Empfänger nach einem Wort mit möglichst geringem Hamming-Gewicht, das dieses Syndrom ergibt. Hier ist ein *Beispiel:*

$$\begin{pmatrix} 1 & 0 & 0 & 1 & 0 & 0 & 0 & 0 & 0 \\ 0 & 1 & 0 & 0 & 1 & 0 & 0 & 0 & 0 \\ 0 & 0 & 1 & 0 & 0 & 1 & 0 & 0 & 0 \\ 1 & 0 & 0 & 0 & 0 & 0 & 1 & 0 & 0 \\ 0 & 1 & 0 & 0 & 0 & 0 & 0 & 1 & 0 \\ 0 & 0 & 1 & 0 & 0 & 0 & 0 & 0 & 1 \end{pmatrix} \cdot error = \begin{pmatrix} 1 \\ 0 \\ 1 \\ 0 \\ 0 \\ 1 \end{pmatrix}$$

Die Lösung ist in diesem Fall *error*=(0 0 1 1 0 0 0 0 0). Es sind also zwei Fehler im Empfangswort enthalten.

Wie man sich leicht klar macht, ist es einfach, ein Fehlerwort mit niedrigem Hamming-Gewicht auszuwählen und dieses mit einer Paritätscheck-Matrix zu einem Syndrom zu multiplizieren. Andererseits ist es aufwendig, zu einer gegebenen Paritätscheck-Matrix und einem gegebenen Syndrom ein Fehlerwort mit geringem Hamming-Gewicht zu finden. Bei großen Matrizen und einer größeren möglichen Fehlerzahl ist es mit realistischem Aufwand nicht mehr möglich, eine solche Berechnung durchzuführen. Es liegt also eine Einwegfunktion vor.

Man spricht in diesem Zusammenhang auch vom Learning-Parity-with-Noise-Problem oder kurz LPN-Problem. Es ähnelt dem Short Integer Solution-Problem-Problem, das Sie aus Abschn. 10.1 kennen. Beim Short Integer Solution-Problem wird modulo einer Primzahl gerechnet, und es geht darum, einen Vektor mit kleinzahligen Werten zu finden, der bei der Multiplikation mit einer Matrix ein bestimmtes Ergebnis liefert. Bei LPN wird mit Binärzahlen gerechnet, und es geht darum, einen Vektor mit geringem Hamming-Gewicht zu finden, der bei der Multiplikation mit einer Matrix ein bestimmtes Ergebnis liefert.

Mit diesem Vorwissen können wir uns anschauen, wie HQC funktioniert. Die im Folgenden verwendeten Variablengrößen entsprechen etwa den in der Praxis verwendeten Werten, wenn eine mittlere Sicherheitsstufe angestrebt wird. In mancherlei Hinsicht funktioniert HQC ähnlich wie McEliece. Will Alice eine Nachricht an Bob verschlüsseln, dann verwendet sie dazu das Datenwort *plaintext*, das den Klartext darstellt. Wir gehen davon aus, dass *plaintext* eine Länge von 1000 bit hat. Alice multipliziert *plaintext* mit der Generatormatrix *Generator*, die die Größe 1000×36.000 hat und erhält so ein Codewort *codeword* der Länge 36.000 *bit.*

$$plaintext \cdot Generator = codeword$$

Man beachte, dass der Overhead in diesem Fall 35.000 bit beträgt, wodurch bei Verwendung eines geeigneten Fehlerkorrektur-Codes bis zu 17.499 Fehler sicher korrigierbar sind. In *codeword* fügt Alice zufällig 100 Fehler ein, was der Addition einer 36.000-Bit-Variable *error* entspricht, die ein Hamming-Gewicht von 100 hat. Man bezeichnet *error* auch als Fehlerwort. Das Codewort mit den 100 Fehlern (und einer weiteren addierten Variable namens *mask*, auf die ich weiter unten eingehen werde) ist der Geheimtext *ciphertext*, den Alice an Bob *schickt:*

$$ciphertext = codeword + error + mask$$

Bob, der Empfänger der verschlüsselten Botschaft, dekodiert das fehlerhafte Codewort *ciphertext* mit der guten Matrix *Generator* und erhält dadurch den Klartext *plaintext*. Beim McEliece-Verfahren ist Bobs privater Schlüssel eine gute Matrix (also eine Matrix, die eine schnelle Dekodierung erlaubt), sein öffentlicher Schlüssel wird von einer schlechten Matrix gebildet, die mit einer Einwegfunktion aus der guten berechnet wird. Bei HQC ist das anders. Die hier von Alice zum Generieren des Geheimtexts verwendete Matrix *Generator* ist eine gute Matrix und nicht geheim. Der Fehlerkorrektur-Code, der hier verwendet wird, ist eine Kombination aus Reed-Muller- und Reed-Solomon-Codes. Auf die Details dieser Codes kann ich an dieser Stelle leider nicht eingehen. Wir müssen uns stattdessen mit der Information genügen, dass dieser Code durch die Matrix *Generator* definiert ist und zumindest annähernd die besagten 17.499 Fehler in einer 36.000-Bit-Nachricht korrigieren kann.

Nun kommt noch ein zweiter Code ins Spiel, für den es ebenfalls eine (öffentlich bekannte) Generatormatrix gibt. Dabei handelt es sich um eine schlechte Matrix – also um eine, die keine schnelle Dekodierung erlaubt – in der Größe von 36.000×72.000. Diese Generatormatrix wird jedoch nicht direkt verwendet, stattdessen wird die zugehörige Paritätscheck-Matrix *Parity* genutzt. *Parity* hat ebenfalls eine Größe von 36.000×72.000 (wie erwähnt, bilden eine Generatormatrix und die zugehörige Paritätscheck-Matrix zusammen eine quadratische Matrix, wenn sie übereinanderstehen).

Da der besagte zweite Code keine gute Matrix als Generatormatrix benötigt, hat man bei der Auswahl von letzterer große Freiheiten. Das HQC-Verfahren sieht vor, dass die Generatormatrix so gewählt wird, dass die zugehörige Paritätscheck-Matrix *Parity* folgenden Aufbau hat (statt einer 36.000×72.000 Matrix wird eine 5×10 Matrix gezeigt, aber das Prinzip sollte klar sein):

$$\begin{pmatrix} 1 & 0 & 0 & 0 & 0 & 1 & 0 & 1 & 1 & 0 \\ 0 & 1 & 0 & 0 & 0 & 0 & 1 & 0 & 1 & 1 \\ 0 & 0 & 1 & 0 & 0 & 1 & 0 & 1 & 0 & 1 \\ 0 & 0 & 0 & 1 & 0 & 1 & 1 & 0 & 1 & 0 \\ 0 & 0 & 0 & 0 & 1 & 0 & 1 & 1 & 0 & 1 \end{pmatrix}$$

Die linke Hälfte entspricht also der Einheitsmatrix, die in diesem Buch als *Identity* bezeichnet wird. Die rechte Hälfte wird als *Right* bezeichnet. Es gilt *daher*:

$$Parity = \left(Identity\ Right \right)$$

Die erste Spalte von *Right* (in diesem Fall 10110) wird in den folgenden Spalten wiederholt, aber dabei stets um eine Stelle nach unten rotiert. Einen fehlerkorrigierenden Code mit einer Paritätscheck-Matrix, die so aufgebaut ist, nennt man quasizyklisch. Damit dürfte klar sein, was die Buchstaben QC im Namen des Verfahrens HQC bedeuten („zyklisch" schreibt man auf Englisch mit „c"). Quasizyklische Codes haben den Vorteil, dass die Generator-Matrix äußerst platzsparend gespeichert werden kann – man muss sich nur eine Spalte davon merken (in unserem Fall 10110), den Rest kann man bei Bedarf herleiten.

Bob generiert nun einen 72.000-Bit-Zufallswert *priv*, der ein Hamming-Gewicht von etwa 200 aufweist (man beachte, dass 200 im Vergleich zu 72.000 ein ziemlich kleiner Wert ist). *priv* entspricht einem Fehlerwort, das 200 Fehler verursacht. Die erste Hälfte (also die ersten 36.000 bit) von *priv* wird als $priv_1$, die zweite als $priv_2$ bezeichnet, wobei sich die Fehler gleichmäßig auf beide Teile verteilen müssen. Bob berechnet damit das *Syndrom pub*:

$$Parity \cdot priv = pub$$

Da *Parity* = (*Identity Right*) gilt, ergibt sich *außerdem:*

$$Identity \cdot priv_1 + Right \cdot priv_2 = pub$$

Das zufällig generierte Fehlerwort *priv* ist Bobs privater Schlüssel, das Syndrom *pub* (zusammen mit der Matrix *Parity*) sein öffentlicher.

Wie erwähnt, verschlüsselt Alice, indem sie die Variable *plaintext* mit der Matrix *Generator* multipliziert, einen Fehler hinzufügt und eine Maskierung durchführt. Das Hinzufügen von Fehlern entspricht der Addition eines Fehlerworts *error* der Länge 36.000 bit und dem Hamming-Gewicht 100. Das Maskieren entspricht der Addition einer ebenfalls 36.000 bit langen Variable *mask*. Wir schreiben *daher:*

$$ciphertext = plaintext \cdot Generator + error + mask$$

Die Maskierung (also die Berechnung der Variable *mask*) ist von Bobs öffentlichem Schlüssel abhängig und läuft wie folgt ab: Absenderin Alice generiert per Zufall ein Fehlerwort *errorb*. Dieses besteht aus 72.000 Bits. Die erste Hälfte wird als $errorb_1$, die zweite als $errorb_2$ bezeichnet. $errorb_1$ und $errorb_2$ bestehen aus je 36.000 Bits und haben jeweils ein Hamming-Gewicht von 100. Aus *errorb* berechnet Alice mit *Parity* das *Syndrom syndrome*:

$$Parity \cdot errorb = syndrome$$

Dieser Vorgang läuft wie die Generierung des privaten und des öffentlichen Schlüssels durch Bob ab. Nun *gilt:*

$$mask = pub \cdot errorb_2$$

Die Verschlüsselung lässt sich daher mit folgender Gleichung vollständig *beschreiben:*

$$ciphertext = plaintext \cdot Generator + error + pub \cdot errorb_2$$

Wie erwähnt, schickt Alice zusammen mit der Variable *ciphertext* eine Zusatzinformation an Bob, die dadurch zu einem Teil des Geheimtexts wird. Diese Zusatzinformation ist das Syndrom *syndrome*. Bobs Ziel ist es nun, mithilfe seines privaten Schlüssels *priv* aus den Variablen *ciphertext* und *syndrome* den Klartext *plaintext* zu berechnen.

Die Addition von *error* sorgt für 100 Fehler in *ciphertext*. Diese Fehler könnte ein Angreifer finden, da die Matrix *Generator* Fehlerkorrekturen in dieser Größe ermöglicht. Durch die Addition von *mask* wird dies jedoch unmöglich gemacht. *mask* entsteht durch die Multiplikation von $errorb_2$ und *pub*. Letztere Variable besteht etwa zur Hälfte aus Einsen, was zu einem Hamming-Gewicht von etwa 18.000 bit führt. Dadurch hat auch *mask* ein Hamming-Gewicht in etwa dieser Größe. Dies liegt über der erwähnten Grenze von 17.499. Damit ist klar, dass sich *ciphertext* nicht dekodieren lässt.

Empfänger Bob kann jedoch mit seinem privaten Schlüssel *priv* die Maskierung teilweise rückgängig machen, wodurch die Fehlerzahl in *ciphertext* auf einen Wert sinkt, der eine Dekodierung ermöglicht. Dazu berechnet Bob $ciphertext - syndrome \cdot priv_2$. Er zieht also das Syndrom multipliziert mit der zweiten Hälfte des privaten Schlüssels vom Geheimtext ab. Da in diesem Zusammenhang Addieren und Subtrahieren das gleiche ist, könnte man statt „–" auch „+" schreiben, was man aber aus Gründen der Anschaulichkeit nicht tut. Es ergibt *sich:*

$$\begin{aligned}
& ciphertext\text{--}syndrome \cdot priv_2 \\
& = plaintext \cdot Generator + error + pub \cdot errorb_2 - syndrome \cdot priv_2 \\
& = plaintext \cdot Generator + error + pub \cdot errorb_2 - \left(errorb_1 + Right \cdot errorb_2\right) \cdot priv_2 \\
& = plaintext \cdot Generator + error + \left(priv_1 + Right \cdot priv_2\right) \cdot errorb_2 \\
& \quad - \left(errorb_1 + Right \cdot errorb_2\right) \cdot priv_2 \\
& = plaintext \cdot Generator + error + \left(priv_1 + Right \cdot priv_2\right) \cdot errorb_2 - errorb_1 \cdot priv_2 \\
& \quad + Right \cdot errorb_2 \cdot priv_2 \\
& = plaintext \cdot Generator + error + priv_1 \cdot errorb_2 + priv_1 \cdot Right \cdot priv_2 - errorb_1 \cdot priv_2 \\
& \quad + h \cdot errorb_2 \cdot priv_2
\end{aligned}$$

Da $Right \cdot priv_2 = 0$ gilt, ergibt *sich:*

$$= plaintext \cdot Generator + error + priv_1 \cdot errorb_2 - priv_2 \cdot errorb_1$$

$priv_1 \cdot errorb_2$ entsteht aus der Multiplikation zweier 36.000-Bit-Variablen mit jeweils einem Hamming-Gewicht von 100. Für $priv_2 \cdot errorb_1$ gilt das gleiche. Wie beschrieben, können wir für beide Multiplikationsergebnisse ein Hamming-Gewicht von etwa 8000 annehmen. Hinzu kommt ein Hamming-Gewicht von 100 der Variable *error*. Beim Addieren bzw. Subtrahieren ergibt sich ein Hamming-Gewicht in der Größenordnung von 12.000. Das liegt deutlich unter der Grenze von 17.499 Fehlern und ist dadurch korrigierbar.

Code-basierte Kryptoverfahren haben normalerweise sehr lange öffentliche Schlüssel. Dies liegt daran, dass die Matrizen, die den öffentlichen Schlüssel (oder einen Teil davon) bilden, sehr groß sind. HQC kommt dagegen mit erstaunlich kurzen öffentlichen Schlüsseln aus – etwa 36.000 bit werden für die von uns betrachteten Parametergrößen (und damit für eine mittlere Sicherheitsstufe) benötigt. Grund dafür ist, dass HQC keine gute Matrix als öffentlichen Schlüssel braucht und man daher eine Matrix aussuchen kann, die einfach zu speichern ist. 36.000 bit sind allerdings immer noch deutlich mehr als die 2048 bit von RSA.

Der private Schlüssel von HQC hat – bei geschickter Speicherung – eine Länge von nur etwa 500 bit, während der Geheimtext in der hier betrachteten Sicherheitsstufe etwa 72.000 bit lang ist. HQC kann schneller entschlüsseln als RSA. Ein Nachteil von HQC ist dagegen die geringe Performanz beim Verschlüsseln, die dem recht aufwendigen Fehlerkorrektur-Algorithmus geschuldet ist.

Tab. 11.2 Das Verschlüsselungsverfahren HQC im Überblick

Name:	HQC (HQC-KEM)
Zweck:	Asymmetrische Verschlüsselung
Falltürfunktion:	Generierung eines fehlerhaften Codeworts und dessen Maskierung mithilfe eines Syndroms
Umkehrung der Falltürfunktion:	Dekodierung des maskierten fehlerhaften Codeworts
Einwegfunktion:	Multiplizieren einer Fehlervariablen mit einer Generatormatrix, wodurch ein Syndrom entsteht
Umkehrung der Einwegfunktion:	Ermitteln der Fehlervariable aus dem Syndrom
Privater Schlüssel:	Fehlervariable (Datenwort mit niedrigem Hamming-Gewicht)
Öffentlicher Schlüssel:	Syndrom, Paritätscheck-Matrix
Typische Länge des privaten Schlüssels:	500 bit
Typische Länge des öffentlichen Schlüssels:	36.000 bit
Typische Länge des Geheimtexts:	72.000 bit

Wir können das asymmetrische Verschlüsselungsverfahren HQC wie folgt zusammenfassen (Tab. 11.2):

11.4 Weitere Code-basierte Verschlüsselungsverfahren

Am ersten NIST-Post-Quanten-Wettbewerb war ein Code-basiertes Verschlüsselungsverfahren namens **BIKE** beteiligt, das von einem französisch-deutsch-US-amerikanischen Kryptografen-Team entwickelt wurde (Nicolas Aragon, 2024). Die Abkürzung BIKE steht für Bit Flipping Key Encapsulation. BIKE basiert auf einer leicht abgewandelten Variante des Niederreiter-Verschlüsselungsverfahrens, nutzt jedoch keine Goppa-Codes. Stattdessen kommt ein fehlerkorrigierender Code namens QC-MDPC (Quasi-Cyclic Moderate Density Parity-Check) zum Einsatz, der ebenfalls eine schnelle Fehlerkorrektur ermöglicht. BIKE gehörte zu den drei (ursprünglich vier) Algorithmen, die nach Verkündung der vier Siegerverfahren evaluiert wurden. Unter diesen Verfahren wurde jedoch nur HQC zur Standardisierung ausgewählt.

11.5 Code-basierte Signaturen

Während die Code-basierten Verschlüsselungsverfahren McEliece und Niederreiter in der Literatur seit Jahrzehnten ausführlich diskutiert werden, führen Code-basierte Signaturverfahren bisher noch ein Schattendasein. Der zweite NIST-Post-Quanten-Wettbewerb, der bei Redaktionsschluss dieses Buchs noch andauert, könnte das ändern, denn an diesem sind einige Algorithmen dieser Art vertreten. Ursprünglich waren es sechs, mit CROSS und LESS kamen zwei in die zweite Runde.

Es gibt zwei gängige Methoden, um Code-basierte Signaturverfahren zu konstruieren: die Falltür- und die Fiat-Shamir-Methode. Die Falltür-Methode entspricht der Vorgehensweise, die auch beim RSA-Verfahren zum Einsatz kommt. Signiererin Alice kehrt hierbei eine Falltürfunktion um, wobei sie eine Falltür-Information als Schlüssel nutzt. Ein Angreifer, der diese Information nicht kennt, kann diese Umkehrung nicht durchführen, da es sich für ihn um eine Einwegfunktion handelt. Bob kann die Signatur verifizieren, indem er die Falltürfunktion berechnet. Dies ist einfach, da eine Falltürfunktion per Definition einfach zu berechnen ist – lediglich die Umkehrung ist schwierig.

Die Falltür-Methode lässt sich prinzipiell auch auf das McEliece-Verfahren anwenden. Hierbei gibt es jedoch ein Problem: Die McEliece-Falltürfunktion liefert ein Codewort mit einer bestimmten Zahl an Fehlern. Die zu signierende Nachricht muss damit ein Codewort mit einer bestimmten Zahl von Fehlern sein, das in die umgekehrte Falltürfunktion einfließt. Leider sieht man einer Bitfolge der entsprechenden Länge nicht an, ob es sich dabei um ein Codewort mit einer bestimmten Zahl an Fehlern handelt. Wenn Alice also eine Bitfolge der entsprechenden Länge verwendet, dann ist die Wahrscheinlichkeit groß, dass es nicht passt.

2001 schlugen Courtois, Finiasz und Sendrier ein Signaturverfahren dieser Art vor, das nach ihren Nachnamen als **CFS** bezeichnet wird (Nicolas T. Courtois, 2001). Durch eine geschickte Parameterwahl konnten sie die Wahrscheinlichkeit für ein korrektes Codewort, das in die umgekehrte Falltürfunktion eingeht, auf 1/9!=1/362.880 festsetzen. Signiererin Alice muss den Signaturvorgang daher mit leicht veränderter Nachricht so lange wiederholen, bis es passt, was im Schnitt nach 362.880 Versuchen der Fall ist. Dies hat natürlich den Nachteil, dass das Signieren sehr lange dauert.

In den Folgejahren entstanden mehrere Signaturverfahren, die auf CFS aufbauten, dabei die Falltür-Methode übernahmen und deutlich praktikabler waren. Sie wurden jedoch alle geknackt. Auch im ersten NIST-Post-Quanten-Wettbewerb konnten die drei teilnehmenden Code-basierten Signaturverfahren, die alle mit der Falltür-Methode arbeiteten, nicht überzeugen. Zum zweiten NIST-Post-Quanten-Wettbewerb wurden folgende Signaturalgorithmen aus diesem Segment gemeldet:

- **Enhanced pqsigRM** basiert auf modifizierten Reed-Muller-Codes (Jinkyu Cho, 2022). Das Verfahren wurde geknackt und kam damit als Kandidat für die zweite Wettbewerbsrunde nicht mehr infrage.
- **FuLeeca** wurde von einem Kryptografen-Team von der TU München entwickelt (Stefan Ritterhoff, 2023). Es konnte mit kurzen Schlüsseln, kurzen Signaturen und einer hohen Performanz aufwarten, was es zu einem vielversprechenden Kandidaten gemacht hätte. Leider wurde es geknackt.

- **Wave** stammt aus Frankreich und basiert auf zwei Problemstellungen, die sich aus fehlerkorrigierenden Codes ergeben (Gustavo Banegas, 2023). Im Gegensatz zu den zwei zuvor genannten Verfahren gilt es bisher noch als sicher. Allerdings sind die öffentlichen Schlüssel sehr lang, in der höchsten Sicherheitsstufe sogar 13 MByte. Wave kam daher nicht in die zweite Runde.

Code-basierte Signaturverfahren, die die Falltür-Methode nutzen, haben den Vorteil, dass sie vergleichsweise kurze Signaturen generieren. Auch der Aufwand für die Verifikation ist inzwischen meist akzeptabel. Zumindest die bisher als sicher geltenden Varianten brauchen jedoch – wie bei Code-basierten Verfahren üblich – sehr lange öffentliche Schlüssel.

Kommen wir zur Fiat-Shamir-Methode für Code-basierte Signaturen. Wie der Name andeutet, wendet diese Methode die Fiat-Shamir-Transformation (siehe Kap. 9) auf ein Code-basiertes Zero-Knowledge-Verfahren an. Beim zweiten NIST-Post-Quanten-Wettbewerb sind folgende Verfahren aus dieser Familie am Start:

- **CROSS** (Codes and Restricted Objects Signature Scheme) basiert auf dem sogenannten Restricted Syndrome Decoding Problem (R-SDP), mit dessen Hilfe ein Zero-Knowledge-Protokoll gebildet wird (Marco Baldi, 2024) Zum Entwickler-Team gehören mehrere deutsche Kryptografen. CROSS kam in die zweite Runde.
- **LESS** steht für Linear Equivalence Signature Scheme (Marco Baldi, 2024). Es entsteht durch die Anwendung der Fiat-Shamir-Transformation auf ein Zero-Knowledge-Protokoll, das auf der Isometrie zwischen zwei Codes basiert. Auch LESS schaffte es in die zweite Runde des zweiten NIST-Wettbewerbs.
- **MEDS** (Matrix Equivalence Digital Signature) beruht auf der Schwierigkeit, eine Isometrie zwischen zwei äquivalenten Matrix-Rank-Metric-Codes zu finden (Tung Chou, 2023). Aus diesem wird ein Zero-Knowledge-Verfahren generiert, das per Fiat-Shamir-Transformation in ein Signaturverfahren umgewandelt wird. Nachdem in der ersten Wettbewerbsrunde eine Schwäche entdeckt wurde, mussten die Entwickler MEDS nachbessern. Das Verfahren kam daraufhin nicht in die zweite Runde.

Der Fiat-Shamir-Ansatz leidet in der Regel unter der beträchtlichen Größe der Signaturen.

12 Multivariate Algorithmen

Multivariate Krypto-Algorithmen sind Post-Quanten-Verfahren, die Ende der Neunziger-Jahre erfunden wurden. Inzwischen gibt es zahlreiche Algorithmen dieser Art, die meisten davon zählen zu den Signaturverfahren. Es gibt zwar auch einige Verschlüsselungs- bzw. Schlüsselaustausch-Algorithmen aus dieser Familie, doch bisher hat sich keines davon als praxistauglich erwiesen – in diesem Buch werde ich mich daher auf Signaturverfahren beschränken.

Viele multivariate Krypto-Algorithmen wurden gebrochen, was dem Ansehen dieser Methoden erheblich geschadet hat. Auch im ersten NIST-Post-Quanten-Wettbewerb konnte sich kein Verfahren dieser Art empfehlen. Im zweiten Wettbewerb, für den nur Signaturverfahren zugelassen wurden, gingen erneut einige multivariate Algorithmen an den Start, von denen es immerhin vier in die zweite Runde schafften. Die meisten multivariaten basieren auf dem Essig-und-Öl-Prinzip, das auch in diesem Kapitel im Mittelpunkt steht.

12.1 Das Leiterproblem

Einen anschaulichen Einstieg in die Welt der multivariaten Algorithmen liefert das sogenannte Leiterproblem. Dabei handelt es sich um eine mathematische Fragestellung, die zwar recht einfach zu formulieren ist, die sich jedoch nur mit höherer Mathematik lösen lässt. Die im folgenden genannten Zahlen sind natürlich nur Beispiele, die man variieren kann. Gegeben sind zwei Leitern der Längen 8 und 10 m, die in einem Raum an gegenüberliegende Wände gelehnt sind (siehe Abb. 12.1). Die Leitern kreuzen sich in einer Höhe von zwei Metern. Die Frage lautet: Wie breit ist der Raum?

K. Schmeh, *Post-Quanten-Kryptografie*,
https://doi.org/10.1007/978-3-658-50705-3_12

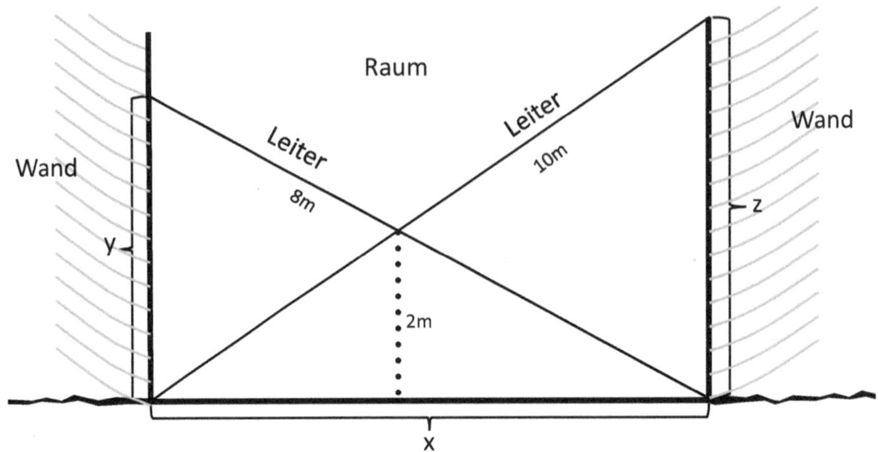

Abb. 12.1 Das Leiterproblem führt zu einem Gleichungssystem, das aus multivarianten Polynomen besteht

Zur Lösung dieses Problems benötigen wir zunächst den Satz des Pythagoras. Mit diesem können wir zwei Gleichungen aufstellen:

$$x^2 + y^2 = 64$$
$$x^2 + z^2 = 100$$

Als nächstes wenden wir den Strahlensatz an. Auch mit diesem können wir zwei Gleichungen formulieren:

$$w / x = 2 / z$$
$$(x - w) / x = 2 / y$$

Diese Gleichungen können wir wie folgt umformen:

$$wz - 2x = 0$$
$$xy - wy - 2x + 2w = 0$$

So erhalten wir folgendes Gleichungssystem:

$$x^2 + y^2 = 64$$
$$x^2 + z^2 = 100$$
$$wz - 2x = 0$$
$$xy - wy - 2x + 2w = 0$$

Wir haben also vier Gleichungen mit vier Variablen. Der Gauß-Algorithmus, mit dem sich viele Gleichungssysteme lösen lassen, versagt hier jedoch, weil nicht nur Ausdrücke wie „$3x$“ oder „$-2z$“ vorkommen, sondern auch beispielsweise „xy” und „ x^2“, in denen Variablen miteinander multipliziert werden. Man spricht in diesem Zusammenhang von einem **multivariaten Polynom**. „xy-wy-$2x$+$2w$“ ist ein solches, genauso wie „$x^2 + z^2$“, „wz-$2x$“ und „xy-wy-$2x$+$2w$“. Im obigen Gleichungssystem steht auf der linken Seite also jeweils ein multivariates Polynom. Da in diesem Fall maximal zwei Variablen miteinander multipliziert werden (es gibt also beispielsweise kein *wxy*) und weil maximal Zweierpotenzen vorkommen (es gibt also beispielsweise kein x^3), spricht man von multivariaten Polynomen zweiten Grades. Im Folgenden ist mit einem multivariaten Polynom immer ein multivariates Polynom zweiten Grades gemeint.

Auch für Gleichungssysteme mit multivariaten Polynomen gibt es Lösungsverfahren. Diese sind jedoch im Allgemeinen sehr aufwendig. Dies macht auch das Leiterproblem schwer lösbar, obwohl es recht einfach zu formulieren ist. Wie ein solches Lösungsverfahren funktioniert, können Sie in (Schmeh, 2021) nachlesen. Die Lösung in unserem Fall lautet $x \approx 7{,}47$, $y \approx 2{,}86$ und $z \approx 6{,}65$.

Das Leiterproblem ist zwar nicht trivial, mit vier Gleichungen und ebenso vielen Variablen ist es allerdings noch beherrschbar. Man kann derartige Gleichungssysteme jedoch auch mit deutlich mehr Gleichungen und Variablen aufstellen. Sofern man zuerst die Variablen sowie die Faktoren festlegt und dann die Ergebnisse auf der rechten Seite der Gleichungen berechnet, ist dies nicht besonders schwierig. Sehr aufwendig ist es dagegen, ein solches Gleichungssystem zu lösen. Selbst der stärkste Computer geht ab einigen Dutzend Gleichungen und Variablen in die Knie. Wir haben es also mit einer Einwegfunktion zu tun. Wie wir gleich sehen werden, gibt es einen Spezialfall, in dem daraus eine Falltürfunktion wird.

12.2 Oil-and-Vinegar-Verfahren

Die wichtigsten Algorithmen aus der multivariaten Familie sind die sogenannten **Oil-and-Vinegar-Verfahren**, die man auf Deutsch auch Essig-und-Öl-Verfahren nennen kann. Der Name kommt daher, dass diese Algorithmen Variablen verwenden, die untereinander vermischt werden. Diese Vermischung ist aber nie vollständig, genauso wie Essig und Öl sich nie vollständig vermischen. Schauen wir uns folgendes Gleichungssystem an, auf dessen linker Seite in jeder Zeile ein multivariates Polynom *steht*:

$$2z^2 + xz + yz + 2x + y - 3z - 12 = result1$$
$$z^2 - 3xz + yz + 2x + y + 3z + 1 = result2$$

Die Variablen x und y bezeichnet man als Ölvariablen, z als Essigvariable. In der Praxis sind beispielsweise 100 bis 250 Variablen im Spiel, davon ein Drittel Öl-Variablen, wobei die Zahl der Gleichungen zwischen 50 und 150 liegt. Wie man sieht, werden in der obigen Gleichung keine Öl-Variablen mit Öl-Variablen multipliziert, es gibt also keine Terme der Form x^2, y^2 oder xy. Dies folgt dem erwähnten Prinzip: Essig- und Öl-Variablen werden in den multivariaten Polynomen der Oil-and-Vinegar-Verfahren zwar vermischt, jedoch nicht in allen möglichen Kombinationen. Die Tatsache, dass es mehr Variablen als Gleichungen gibt, führt dazu, dass normalerweise viele Lösungen existieren.

Wie erwähnt, ist es schwierig, ein Gleichungssystem mit multivariaten Polynomen zu lösen. Dies gilt jedoch nicht für den Spezialfall, dass Essig- und Öl-Variablen vorliegen. Unter diesen Voraussetzungen ist es sogar denkbar einfach, eine Lösung zu finden. Wir müssen lediglich die Essigvariablen (in unserem Fall gibt es nur eine) mit beliebigen Werten belegen – sagen wir z=3. So erhalten *wir*:

$$18 + 3x + 3y + 2x + y - 9 - 12 = result1$$
$$9 - 9x + 3y + 2x + y + 9 + 1 = result2$$

Und *damit:*

$$5x + 4y - 3 = result1$$
$$-7x + 4y + 19 = result2$$

Wie man sieht, ist jetzt kein multivariates Polynom mehr enthalten. Dies liegt daran, dass die Ölvariablen nicht miteinander multipliziert werden. Wir haben nun ein lineares Gleichungssystem, das wir mit dem Gauß-Algorithmus lösen können. Darauf komme ich gleich zurück.

Nun benötigen wir noch eine zufällig gewählte quadratische Matrix M, die invertierbar sein muss. Die Anzahl der Zeilen und Spalten von M entspricht jeweils der Anzahl der Variablen – in unserem Beispiel ist M daher eine 3x3-Matrix. Um die Rechnungen nicht zu kompliziert zu machen, habe ich M für unser Beispiel so gewählt, dass sie nur Nullen und Einsen enthält, was in der Praxis nicht gefordert ist:

$$M = \begin{pmatrix} 1 & 1 & 0 \\ 0 & -1 & 0 \\ 1 & 0 & 1 \end{pmatrix} \quad M^{-1} = \begin{pmatrix} 1 & 1 & 0 \\ 0 & -1 & 0 \\ -1 & -1 & 1 \end{pmatrix}$$

Aus den nun vorliegenden Informationen können wir ein Signaturverfahren bilden. Alices privater Schlüssel ist die linke Seite des obigen Gleichungssystems, die üblicherweise ohne die Variablen als Matrix geschrieben wird:

$$\begin{pmatrix} 2 & 1 & 1 & 2 & 1 & -3 & -12 \\ 1 & -3 & 1 & 2 & 1 & 3 & 1 \end{pmatrix}$$

Um Alices öffentlichen Schlüssel zu generieren, müssen wir x, y und z durch die Variablen u, v und w ersetzen, die durch eine Multiplikation mit der Inversen von M definiert sind:

$$\begin{pmatrix} x \\ y \\ z \end{pmatrix} = M^{-1} \cdot \begin{pmatrix} u \\ v \\ w \end{pmatrix} = \begin{pmatrix} 1 & 1 & 0 \\ 0 & -1 & 0 \\ -1 & -1 & 1 \end{pmatrix} \cdot \begin{pmatrix} u \\ v \\ w \end{pmatrix}$$

Es gilt also: $x=u+v$, $y=-v$ und $z=-u-v+w$. Wenn wir diese Werte in die Gleichungen einsetzen und umformen, erhalten *wir:*

$$u^2 + 2v^2 + 2w^2 - 2uv - 3uw - 4vw + 2u + v - 12 = result1$$
$$-2u^2 + 5v^2 + w^2 + 6uv - 5uw - 3vw - -u - 2v + 3w + 1 = result2$$

Man beachte, dass es nun keine Essig- und Öl-Variablen mehr gibt – jede Variable kann mit jeder anderen multipliziert werden. Eine solche Umwandlung eines Essig-und-Öl-Gleichungssystems in ein allgemeines multivariates Gleichungssystem ist mit dem Computer einfach zu berechnen. Umgekehrt ist es jedoch äußerst aufwendig, aus einem allgemeinen multivariaten Gleichungssystem ein Essig-und-Öl-System zu machen. Es liegt also eine Einwegfunktion vor.

Die linken Seiten der beiden neuen Gleichungen bilden Alices öffentlichen Schlüssel. Man notiert diesen wiederum ohne die Variablen als Matrix:

$$\begin{pmatrix} 1 & 2 & 2 & -2 & -3 & -4 & 2 & 1 & 0 & -12 \\ -2 & 5 & 1 & 6 & -5 & -3 & -1 & -2 & 3 & 1 \end{pmatrix}$$

Die Nachricht, die Alice signiert, ist durch die rechte Seite des Gleichungssystems gegeben, also in Gestalt der Variablen *result1* und *result2*. In unserem Fall nehmen wir hierfür die Werte *result1*=3 und *result2*=1 an. Es gilt also:

$$u^2 + 2v^2 + 2w^2 - 2uv - 3uw - 4vw + 2u + v - 12 = 3$$
$$-2u^2 + 5v^2 + w^2 + 6uv - 5uw - 3vw - -u - 2v + 3w + 1 = 1$$

Dieses Gleichungssystem ist scheinbar schwer zu lösen, da es sich nicht um ein Essig-und-Öl-System handelt. Für Alice gibt es jedoch einen einfachen Weg, eine Lösung (von mehreren, die existieren) zu finden: Sie berechnet die Werte von x, y und z im Essig-und-Öl-Gleichungssystem und ermittelt aus diesen u, v und w. Es liegt also eine Falltürfunktion vor, deren Falltür-Information aus dem Essig-und-Öl-Gleichungssystems besteht. Die zugehörige Einwegfunktion ist das Umwandeln eines Essig-und-Öl-Gleichungssystems in ein allgemeines multivariates Gleichungssystem.

Die Berechnung von x, y und z ist einfach. Für z haben wir den Wert 3 festgelegt, und für x und y haben wir folgendes Gleichungssystem ermittelt (es gilt *result1*=3 und *result2*=1):

$$5x + 4y - 3 = 3$$
$$7x + 4y + 19 - 1$$

Wie man leicht nachrechnet, ergibt sich x=2, y=−1 und z=3. Die Belegung dieser Variablen wird auch als Präsignatur bezeichnet. Als nächstes multipliziert Alice die Präsignatur mit M:

$$\begin{pmatrix} u \\ v \\ w \end{pmatrix} = \begin{pmatrix} 1 & 1 & 0 \\ 0 & -1 & 0 \\ 1 & 0 & 1 \end{pmatrix} \cdot \begin{pmatrix} x \\ y \\ z \end{pmatrix} = \begin{pmatrix} 1 & 1 & 0 \\ 0 & -1 & 0 \\ 1 & 0 & 1 \end{pmatrix} \cdot \begin{pmatrix} 2 \\ -1 \\ 3 \end{pmatrix} = \begin{pmatrix} 1 \\ 1 \\ 5 \end{pmatrix}$$

Alice erhält also u=1, v=1 und w=5. Wie man leicht nachrechnet, ist dies die Lösung des obigen Gleichungssystems ohne Essig- und Öl-Variablen, und diese Lösung ist Alices Signatur. Bob kann die Signatur verifizieren, indem er u, v und w in die Gleichungen einsetzt und prüft, ob die Ergebnisse der zu signierenden Nachricht entsprechen, die durch *result1* und *result2* gegeben ist. Bob kann die Signatur jedoch nicht fälschen, denn dazu müsste er ein multivariates Gleichungssystem ohne Essig- und Öl-Variablen lösen.

Oil-and-Vinegar-Signaturverfahren gehören (wie auch RSA) zu den Algorithmen des Falltürfunktions-Typs. Man kann relativ einfach ein asymmetrisches Verschlüsselungsverfahren daraus machen, wobei der öffentliche und der private Schlüssel gleich bleiben. Hierzu nutzt Absender Bob die Variablen u, v und w als Klartext und berechnet *result1* und *result2*, die als Geheimtext dienen. Alice kann diesen entschlüsseln, indem sie x, y und z im Essig-und-Öl-Gleichungssystem berechnet und daraus dann u, v und w ermittelt.

Oil-and-Vinegar-Verfahren gibt es in zahlreichen Varianten. Ursprünglich nutzte man gleich viele Essig- und Ölvariablen, was auch als balancierte Oil- und Vinegar-Verfahren bezeichnet wird. Dies erwies sich jedoch als unsicher. Inzwischen werden daher praktisch nur noch solche Oil-and-Vinegar-Varianten verwendet, bei denen deutlich mehr Essig- als Ölvariablen genutzt werden. Man spricht dann von unbalancierten Oil-and-Vinegar-Verfahren, abgekürzt UOV-Verfahren. Praxistaugliche UOV-Verfahren nutzen beispielsweise 64 Gleichungen mit 64 Öl- und 128 Essigvariablen.

Ein wesentlicher Nachteil von UOV-Verfahren ist, dass die öffentlichen und privaten Schlüssel ziemlich groß werden können. Einige Hundert KByte für ein Signaturverfahren, das etwa die Sicherheit von 2048-Bit-RSA bietet, sind nicht ungewöhnlich. Dafür sind die Signaturen kurz und die in den Gleichungen verwendeten Operationen schnell zu berechnen, was diese Signaturen für ressourcenarme Hardware, wie sie in Smartcards zu finden ist, praktikabel macht.

Zusammengefasst gilt für UOV-Signaturverfahren (die Angaben zur Länge der Schlüssel und der Signatur sind nur als Größenordnungen zu verstehen, da es zahlreiche unterschiedliche UOV-Verfahren mit unterschiedlichen Eigenschaften gibt) (Tab. 12.1):

Tab. 12.1 Oil-and-Vinegar-Signaturverfahren im Überblick

Name:	Oil and Vinegar
Zweck:	Digitales Signieren
Typ:	Falltürtyp
Falltürfunktion:	Erstellen eines Essig-und-Öl-Gleichungssystems, das sich in der unten genannten Form umwandeln lässt
Umkehrung der Falltürfunktion:	Lösen eines Essig-und-Öl-Gleichungssystems
Einwegfunktion:	Umwandeln eines Essig-und-Öl-Gleichungssystems in ein allgemeines multivariates Gleichungssystem
Umkehrung der Einwegfunktion:	Umwandeln eines allgemeinen multivariaten Gleichungssystems in ein Essig-und-Öl-Gleichungssystem
Privater Schlüssel:	Linke Seite eines multivariaten Gleichungssystems mit Essig- und Ölvariablen
Öffentlicher Schlüssel:	Linke Seite des Gleichungssystems, die entsteht, wenn man die Variablen des Gleichungssystems mit Essig- und Ölvariablen (also des privaten Schlüssels) mit der Matrix M multipliziert
Typische Länge des privaten Schlüssels:	800.000 bit
Typische Länge des öffentlichen Schlüssels:	800.000 bit
Typische Länge der Signatur:	1200 bit

12.3 Die wichtigsten multivariaten Algorithmen

Am ersten NIST-Post-Quanten-Wettbewerb nahmen mehrere multivariate Krypto-Verfahren teil – allerdings ohne Erfolg. Am weitesten kam ein unbalanciertes Oil-and-Vinegar-Signaturverfahren namens Rainbow (Jintai Ding, 2018)., das schließlich jedoch gebrochen wurde und ausschied. Beim zweiten NIST-PQC-Wettbewerb gingen die folgenden multivariaten Signaturverfahren (in allen Fällen unbalancierte Oil-und-Vinegar-Algorithmen) an den Start und kamen in die zweite Runde:

- Das Verfahren **MAYO** wurde von einem fünfköpfigen internationalen Team entwickelt (Ward Beullens, 2023).
- **QR-UOV** wurde von einem japanischen Team entwickelt (Hiroki Furue, 2023). Das Oil-and-Vinegar-Prinzip wird hier auf Basis von Quotientenringen genutzt.
- Das Verfahren **SNOVA** stammt aus Taiwan (Lih-Chung Wang, 2023).
- **UOV** (Unbalanced Oil and Vinegar) wurde von einem internationalen Team entwickelt (Ward Beullens, 2023).

Einige weitere Teilnehmer aus dieser Familie kamen nicht über die erste Runde hinaus. Multivariate Verschlüsselungs- bzw. Schlüsselaustausch-Verfahren konnten sich bisher nicht profilieren.

Praxistipp Eine Demonstration des multivariaten Signaturalgorithmus Rainbow ist im Funktionsumfang von JCrypTool, der Java-Variante der Open-Source-Software CrypTool, enthalten (siehe Kap. 1).

Isogenie-basierte Algorithmen 13

Die Familie der **Isogenie-basierten Algorithmen** ist noch vergleichsweise jung. Das erste derartige Verfahren in der heute üblichen Form wurde 2011 vorgestellt (Luca de Feo, 2011), und zwischenzeitlich galten diese Methoden als die Shooting-Stars in der Post-Quanten-Kryptografie. Im ersten NIST-Post-Quanten-Wettbewerb wurde der Isogenie-basierte Schlüsselaustausch-Algorithmus SIKE als einer der erweiterten Gewinner ausgewählt, was den Verfahren aus dieser Familie weitere Aufmerksamkeit bescherte. 2022 wurde SIKE jedoch komplett gebrochen, wodurch der Aufstieg der Isogenie-basierten Algorithmen erst einmal beendet war.

Beim zweiten NIST-Post-Quanten-Wettbewerb ist mit SQIsign ein Isogenie-basiertes Signaturverfahren vertreten, das sich bis zum Redaktionsschluss dieses Buchs gut geschlagen hat. Inzwischen gibt es zahlreiche Forschungsarbeiten, in denen weitere Isogenie-basierte Algorithmen vorgestellt werden. Dennoch ist die Isogenie-basierte Familie bisher deutlich weniger verzweigt, als dies etwa bei den Gitter-basierten oder den Code-basierten Methoden der Fall ist.

Isogenie-basierte Verfahren nutzen elliptische Kurven. Wer Vorkenntnisse in der Kryptografie hat, dürfte wissen, dass es asymmetrische Krypto-Verfahren auf Basis elliptischer Kurven gibt, die auch als ECC-Verfahren bezeichnet werden (ECC steht für Elliptic Curve Cryptography). ECC-Verfahren können jedoch mit einem Quantencomputer gelöst werden und zählen daher nicht zur Post-Quanten-Kryptografie. Sie werden deshalb in diesem Buch nicht näher betrachtet. Obwohl Isogenie-basierte Methoden ebenfalls elliptische Kurven nutzen, zählt man sie nicht zu den ECC-Verfahren, denn sie funktionieren anders und können nach aktuellem Wissensstand nicht mit einem Quantencomputer gebrochen werden.

K. Schmeh, *Post-Quanten-Kryptografie*,
https://doi.org/10.1007/978-3-658-50705-3_13

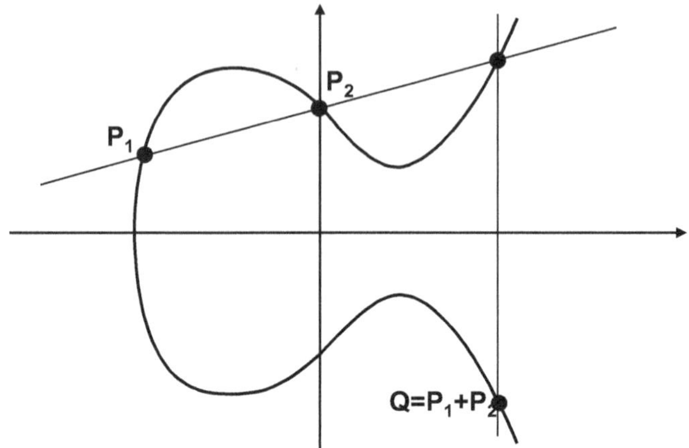

Abb. 13.1 Elliptische Kurven sind die Grundlage der Isogenie-basierten Krypto-Verfahren. Zwei beliebige Punkte (P_1 und P_2) auf einer elliptischen Kurve kann man in der gezeigten Form addieren

13.1 Elliptische Kurven

Eine elliptische Kurve ist definiert als eine Kurve, die folgende Gleichung erfüllt:

$$y^2 = x^3 + ax + b$$

Mit hinzugenommen wird zu dieser Definition ein Punkt, der im Unendlichen liegt und der als 0 bezeichnet wird (nicht zu verwechseln mit dem Nullpunkt des Koordinatensystems). Man kann elliptische Kurven auf reellen Zahlen definieren (Abb. 13.1 zeigt ein Beispiel), doch für die Kryptografie sind nur solche elliptischen Kurven von Bedeutung, die auf der Modulo-Rechnung mit einer Primzahl beruhen.

Wie in der Abbildung zu sehen, kann man auf einer elliptischen Kurve eine Punktaddition definieren. Sollen die Punkte P_1 und P_2 addiert werden, dann zeichnet man eine Gerade durch diese. Elliptische Kurven sind so beschaffen, dass dabei normalerweise ein dritter Schnittpunkt entsteht. Diesen spiegelt man an der x-Achse und erhält so das Additionsergebnis. Für den Fall, dass es keinen dritten Schnittpunkt gibt, gelten Ausnahmeregelungen.

Eine wichtige Kennzahl einer elliptischen Kurve ist die sogenannte j-Invariante *jinvariant*. Für jede elliptische Kurve *EllCur* kann man sie mit folgender Formel berechnen:

$$jinvariant(E) = \frac{6912a^3}{4a^3 + 27b^3}$$

Manche elliptischen Kurven bezeichnet man als **supersingulär**. Eine genaue Definition dieses Begriffs soll uns an dieser Stelle nicht interessieren.

13.2 Isogenien

Wichtig für uns sind nun sogenannte **Isogenien**. Als solche bezeichnet man eine Abbildung *Isogeny* einer elliptischen Kurve auf eine andere, die zwei Bedingungen erfüllt. Die erste davon fordert, dass die Punkte auf der neuen Kurve aus den Punkten der alten Kurve durch eine rationale Funktion entstehen. Eine rationale Funktion ist durch einen Bruch gegeben, in dem im Zähler und im Nenner jeweils ein Polynom steht. Hier ist ein Beispiel für eine Isogenie (*point* ist ein Punkt auf der elliptischen Kurve mit den Koordinaten (x,y)):

$$Isogeny(point) = Isogeny(x,y) = \left(\frac{3x^2 + 5y^2 - 2x + 4}{x^2 + 4y + 3} \right)$$

Die zweite Bedingung ist erfüllt, wenn bezüglich der in Abschn. 13.1 definierten Punktaddition für zwei beliebige Kurvenpunkte *point1* und *point2* gilt: *Isogeny(point1 + point2)* = *Isogeny(point1)* + *Isogeny(point2)*. Es ist also gefordert, dass bei der Abbildung von einer elliptischen Kurve auf die andere die Punktaddition erhalten bleibt. Zwei elliptische Kurven, die sich durch eine Isogenie ineinander überführen lassen, heißen isogen.

13.3 Isogenie-basierter Schlüsselaustausch

Auf eine elliptische Kurve *EllCur* können wir eine Isogenie auch mehrfach anwenden, beispielsweise fünfmal. Wir schreiben dafür:

$$Isogeny\Big(Isogeny\Big(Isogeny\Big(Isogeny\big(Isogeny(EllCur)\big)\Big)\Big)\Big) = Isogeny^5(EllCur)$$

Mit anderen Worten: Es gibt eine Exponentialfunktion für Isogenien. Dementsprechend existiert auch ein Logarithmus für Isogenien (x und y sind natürliche Zahlen):

$$Isogeny^x(EllCur) = y \Leftrightarrow log_{Isogeny(EllCur)}y = x$$

Die Exponentialfunktion für Isogenien ist eine Einwegfunktion. Mit einem geeigneten Computerprogramm ist es relativ einfach, sie zu berechnen, doch wenn wir es mit sehr großen elliptischen Kurven zu tun haben, ist die Umkehrung – also der Logarithmus für Isogenien – so aufwendig zu ermitteln, dass selbst der stärkste Computer um Größenordnungen überfordert ist.

Mit diesen Vorüberlegungen können wir versuchen, einen Diffie-Hellman-Schlüsselaustausch auf Basis von Isogenien auf elliptischen Kurven zu definieren. Dafür wäre es hilfreich, wenn folgende Gleichung gelten würde (x und y sind auch hier natürliche Zahlen):

$$Isogeny^x\left(Isogeny^y\left(EllCur\right)\right)=Isogeny^y\left(Isogeny^x\left(EllCur\right)\right)$$

Leider gilt diese Gleichung nicht notwendigerweise. Es gilt aber:

$$jinvariant\left(Isogeny^x\left(Isogeny^y\left(EllCur\right)\right)\right)=jinvariant\left(Isogeny^y\left(Isogeny^x\left(EllCur\right)\right)\right)$$

Das bedeutet: $Isogeny^x(Isogeny^y(EllCur))$ und $Isogeny^y(Isogeny^x(EllCur))$ haben stets die gleiche j-Invariante. Auf diese Weise können wir dann doch einen Isogenie-basierten Diffie-Hellman-Schlüsselaustausch definieren. Für diesen müssen Alice und Bob eine elliptische Kurve *EllCur* und eine Isogenie *Isogeny* festlegen. Beide Informationen sind nicht geheim. Alice hat als privaten Schlüssel eine natürliche Zahl x, Bob eine ebenfalls natürliche Zahl y. Alices öffentlicher Schlüssel ist $Isogeny^x(EllCur)$, Bobs öffentlicher Schlüssel ist $Isogeny^y(EllCur)$. Der Schlüsselaustausch hat nun folgenden Ablauf, der dem Diffie-Hellman-Verfahren entspricht:

1. Alice sendet ihren öffentlichen Schlüssel $Isogeny^x(EllCur)$ an Bob.
2. Bob sendet seinen öffentlichen Schlüssel $Isogeny^y(EllCur)$ an Alice.
3. Alice berechnet $(Isogeny^y(EllCur))^x$.
4. Bob berechnet $(Isogeny^x(EllCur))^y$.

Alice und Bob haben nun jeweils eine elliptische Kurve mit gleicher j-Invariante. Diese j-Invariante können Alice und Bob als Schlüssel nutzen. Ein Angreifer kann sie nicht berechnen, ohne die Exponentialfunktion für Isogenien umzukehren.

Das beschriebene Verfahren entspricht etwa dem Algorithmus SIKE, der am ersten NIST-Post-Quanten-Wettbewerb teilnahm (Craig Costello, 2022). SIKE schaffte es zwar nicht in die Top-Vier, die 2022 verkündet wurden, dafür nahm ihn das NIST in die Liste der vier zusätzlichen Verfahren auf, die weiter evaluiert wurden (Runde 4). Kurz darauf veröffentlichten Wouter Castryck und Thomas Decru überraschend einen erfolgreichen Angriff auf SIKE, gegen den die Entwickler des Verfahrens keine Gegenmaßnahme fanden (Wouter Castryck, 2022). SIKE war damit aus dem Rennen, und die bis dahin hoch angesehene Familie der Isogenie-basierten Verfahren erhielt einen Dämpfer. Momentan sieht es nicht danach aus, dass sich ein Isogenie-basierter Schlüsselaustausch durchsetzen wird.

Wir fassen zusammen. Für den Isogenie-basierten Schlüsselaustausch mit SIKE gilt (Tab. 13.1):

Tab. 13.1 Der SIKE-Schlüsselaustausch im Überblick

Name:	SIKE
Zweck:	Schlüsselaustausch
Einwegfunktion:	Isogenie-Exponentialfunktion
Umkehrung der Einwegfunktion:	Isogenie-Logarithmus
Privater Schlüssel:	x (positive ganze Zahl)
Öffentlicher Schlüssel:	*Isogeny*^{x} (*Isogeny* ist eine Isogenie)
Typische Länge des privaten Schlüssels:	4000 bit
Typische Länge des öffentlichen Schlüssels:	3000 bit
Typische Länge des Geheimtexts:	3000 bit

13.4 Isogenie-basierte Signaturen

Am zweiten NIST-Post-Quanten-Wettbewerb, zu dem nur Signaturverfahren zugelassen sind, nimmt ein Isogenie-basierter Algorithmus namens **SQIsign** teil (Jorge Chavez-Saab, 2023). SQIsign nutzt ein Isogenie-basiertes Authentifizierungsprotokoll, das mit der Fiat-Shamir-Transformation in ein Signaturverfahren umgewandelt wird (siehe Kap. 9).

Wichtig zum Verständnis von SQIsign ist, dass es auch Isogenien gibt, die eine supersinguläre elliptische Kurve auf sich selbst abbilden, ohne dass dabei notwendigerweise jeder Kurvenpunkt auf sich selbst abgebildet wird. Man bezeichnet eine solche Isogenie als Endomorphismus. Die Menge aller Endomorphismen, die eine elliptische Kurve besitzt, wird Endomorphismenring genannt.

Von Bedeutung ist nun folgende Tatsache: Es ist einfach, einen Endomorphismenring *EndRing* zu generieren und daraus elliptische Kurven zu extrahieren. Es ist jedoch schwierig, zu einer gegeben elliptischen Kurve *EllCur* den zugehörigen Endomorphismenring *EndRing*(*EllCur*) zu finden. Es liegt also eine Einwegfunktion vor. Eine damit verwandte Einwegfunktion ist folgende: Kennt man zwei elliptische Kurven *EllCur1* und *EllCur2* sowie den Endomorphismenring *EndRing*(*EllCur1*) und eine Isogenie *Isogeny* mit der Eigenschaft *Isogeny*(*EllCur1*) = *EllCur2*, dann kann man auf einfache Weise den Endomorphismenring *EndRing*(*EllCur2*) bestimmen. Die Umkehrung, also das Finden einer Isogenie *Isogeny* mit der Eigenschaft *Isogeny*(*EllCur1*) = *EllCur2*, ist dagegen sehr aufwendig.

Mit diesem Wissen können wir ein Authentifizierungsprotokoll festlegen, das ich wieder mit einem Bankkunden und einer Bank erkläre. Der Kunde hat als Geheiminformation einen Endomorphismenring *EndRing*. Außerdem hat er eine elliptische Kurve *EllCurA* aus diesem Endomorphismenring. Wie erwähnt, ist es einfach, ein solches Paar zu bilden, solange der Wert von *EllCurA* nicht vorgegeben ist. *EllCurA* hinterlegt der Kunde bei der

Bank. Ziel des Protokolls ist es, dass der Kunde seine Kenntnis von *EndRing* belegt, ohne etwas über diesen preiszugeben. Das Authentifizierungsprotokoll läuft wie folgt ab:

1. Der Kunde generiert einen weiteren Endomorphismenring *EndRing1* und eine darin enthaltene elliptische Kurve *EllCur1*. Er schickt *EllCur1* an die Bank.
2. Die Bank generiert eine zufällige Isogenie *IsogenyChall* sowie eine elliptische Kurve *EllCur2 = IsogenyChall(EllCur1)*. Sie sendet *IsogenyChall* und *EllCur2* als Challenge an den Kunden.
3. Der Kunde berechnet nun mit der beschriebenen Einwegfunktion aus *EllCur1* und *IsogenyChall* den Endomorphismenring *EndRing(EllCur2)*. Außerdem generiert er eine Isogenie *IsogenyResp*, die *EllCurA* auf *EllCur2* abbildet. *IsogenyResp* sendet er an die Bank.
4. Die Bank prüft, ob *IsogenyResp* tatsächlich *EllCurA* auf *EllCur2* abbildet. Im positiven Fall gilt die Authentifizierung als erfolgreich.

Der Kunde kann die Berechnung im dritten Schritt durchführen, weil er den Endomorphismenring von *EndRing(EllCurA)* kennt. Ein Angreifer kennt diese Information nicht und müsste daher eine Einwegfunktion umkehren, um den benötigten Endomorphismenring zu erhalten.

Um aus diesem Ablauf ein Signaturverfahren zu generieren, nutzen wir die Fiat-Shamir-Transformation. Alices privater Schlüssel ist *EndRing*, der öffentliche Schlüssel ist *EllCurA*. Alice generiert die Signatur, indem sie einen Protokollablauf zwischen Kunde und Bank nachspielt. Hierbei generiert sie *IsogenyChall* nicht zufällig, sondern mithilfe einer Hashfunktion aus der zu signierenden Nachricht und *EndRing*. Bob verifiziert die Signatur, indem er den Protokollablauf nachvollzieht und dabei prüft, ob die von Alice verwendeten Werte tatsächlich zu einer positiv verlaufenden Authentifizierung führen. Er kann die Signatur jedoch nicht fälschen, da er Alices privaten Schlüssel *EndRing* nicht kennt und lediglich die Informationen der Bank zur Verfügung hat.

SQIsign ist nicht vom in Abschn. 13.3 beschriebenen Angriff auf das Isogenie-basierte Schlüsselaustausch-Verfahren SIKE betroffen und gilt daher bisher als sicher. Die Vorteile von SQIsign liegen in den vergleichsweise kurzen Schlüsseln und Signaturen und einer relativ einfachen sowie schnellen Signatur-Verifikation. Wie alle Verfahren, die die Fiat-Shamir-Transformation nutzen, hat SQIsign jedoch eine recht aufwendige Signaturerstellung.

Hier ist die Zusammenfassung zu SQIsign (Tab. 13.2):

Tab. 13.2 Das SQISign-Signaturverfahren im Überblick

Name:	SQIsign
Zweck:	Digitales Signieren
Typ:	Fiat-Shamir-Typ
Einwegfunktion:	Extrahieren einer elliptischen Kurve aus einem Endomorphismenring
Umkehrung der Einwegfunktion:	Finden des zu einer elliptischen Kurve gehörenden Endomorphismenrings
Privater Schlüssel:	Endomorphismenring *EndRing*
Öffentlicher Schlüssel:	Elliptische Kurve *EllCurA*
Typische Länge des privaten Schlüssels:	9000 bit
Typische Länge des öffentlichen Schlüssels:	800 bit
Typische Länge der Signatur:	1500 bit

14 MPC-in-the-head-Signaturen

Normalerweise werden Post-Quanten-Verfahren anhand der mathematischen oder informationstechnischen Fragestellung klassifiziert, auf der die genutzte Einwegfunktion basiert. So haben Sie im Verlauf dieses Buchs beispielsweise Gitter-basierte, Code-basierte und multivariate Verfahren kennen gelernt. **MPC-in-the-head-Algorithmen,** um die es in diesem Kapitel geht, sind diesbezüglich jedoch eine Ausnahme. Für Verfahren dieser Art können völlig unterschiedliche Einwegfunktionen zum Einsatz kommen, die auf unterschiedlichen Problemstellungen beruhen. Für diesen Zweck geeignet sind beispielsweise Code-basierte und multivariate Einwegfunktionen, mit denen sich auch andere Post-Quanten-Verfahren konstruieren lassen. Man kann jedoch auch Einwegfunktionen nutzen, die in der Kryptografie sonst keine Rolle spielen. Darüber hinaus lassen sich auch kryptografische Hashfunktionen und symmetrische Verschlüsselungsverfahren als Einwegfunktionen für MPC-in-the-head-Konstruktionen verwenden. Dabei gilt: Wenn die verwendete Einwegfunktion mithilfe eines Quantencomputers umgekehrt werden kann, dann handelt es sich nicht um ein Post-Quanten-Verfahren. Im Folgenden werden wir jedoch nur solche MPC-in-the-head-Algorithmen betrachten, die als quantensicher gelten.

MPC-in-the-head-Algorithmen dienen ausschließlich der digitalen Signatur. Asymmetrische Verschlüsselungsverfahren aus dieser Familie gibt es dagegen nicht. Der Ausdruck „MPC-in-the-Head“ steht für „multiparty computation in the head“. Das MPC-in-the-Head-Prinzip wurde 2007 vorgestellt (Yuval Ishai, 2007). Algorithmen dieser Art wurden mit Beginn des zweiten NIST-Post-Quanten-Wettbewerbs populär, da an diesem zahlreiche Verfahren aus dieser Familie teilnehmen.

K. Schmeh, *Post-Quanten-Kryptografie*,
https://doi.org/10.1007/978-3-658-50705-3_14

14.1 Secure Multiparty Computation

Für MPC-in-the-head-Verfahren benötigen wir eine Einwegfunktion *Oneway* mit speziellen Eigenschaften. Der Eingabewert ist *in*, der Ausgabewert *out*. Es gilt also:

$$out = Oneway(in)$$

Wie bei einer Einwegfunktion üblich, muss es einfach sein, aus *in* mit der Funktion *Oneway* das Ergebnis *out* zu berechnen. Andererseits muss es sehr aufwendig sein, aus dem gegebenen Wert *out* einen passenden Wert *in* zu bestimmen, für den *Oneway*(*in*)=*out* gilt. Außer *in* gibt es in diesem Zusammenhang eine Folge von *n* Werten $in_1,\ldots,in_n$, die miteinander verknüpft *in* ergeben. Diese Verknüpfung kann beispielsweise die Addition sein. Ist das der Fall, dann gilt etwa für $n=4$:

$$out = Oneway(in) = Oneway(in_1 + in_2 + in_3 + in_4)$$

Zudem muss es möglich sein, dass mehrere (wir nehmen als Beispiel vier) voneinander unabhängige Parteien die Einwegfunktion *Oneway* gemeinsam berechnen können, wobei jede Partei nur einen der vier Teile des Eingabewerts kennt. Partei 1 kennt also nur in_1, Partei 2 kennt nur in_2 und so weiter. Hierbei darf keine Partei den Eingabewert einer anderen Partei erfahren oder die Möglichkeit haben, diesen zu berechnen. Am Ende der eigenen Berechnungen muss jede der vier Parteien einen Wert out_1, out_2, out_3 bzw. out_4 bereitstellen, sodass anschließend eine geeignete Verknüpfung dieser vier Werte das gewünschte Ergebnis *out* ergibt. Die vier Werte out_1, out_2, out_3 und out_4 sind im Gegensatz zu in_1, in_2, in_3 und in_4 nicht geheim. Es darf nicht möglich sein, aus einem out_i ein in_i zu berechnen.

Die gemeinsame Berechnung der Funktion *Oneway* durch mehrere Parteien, die jeweils einen geheimen Eingabewert verarbeiten, ist ein Beispiel für ein Prinzip, das „Secure Multiparty Computing“ oder (etwas weniger genau) „Multiparty Computing“ genannt wird. Im Allgemeinen geht es beim Secure Multiparty Computing darum, dass mehrere Parteien gemeinsam etwas berechnen, wobei jede Partei eine geheime Information einfließen lässt, die für die anderen nicht zugänglich ist. Ein typisches Beispiel ist eine Rechenoperation, bei der mehrere Personen ihr Gehalt einfließen lassen und bei der am Ende herauskommt, wie hoch das maximale Gehalt in dieser Personengruppe ist – ohne dass dabei erkennbar ist, welche Person am meisten verdient.

Eine Verallgemeinerung von Multiparty-Computing-Verfahren sind sogenannte „Multiparty Threshold Schemes“, bei denen auch die Möglichkeit in Betracht gezogen wird, dass einige Parteien nicht ehrlich sind und falsche Werte liefern. Die US-Standardisierungsbehörde NIST bereitet momentan ein Standardisierungsprojekt zu diesem Thema vor (Multi-Party Threshold Cryptography, 2024). In diesem Buch spielen jedoch nur Multiparty-Computing-Verfahren eine Rolle. Das bedeutet, dass ein falsches Ergebnis herauskommt, wenn eine der Parteien einen falschen Wert für in_i liefert.

Es gibt noch eine weitere Anforderung, die an die Funktion *Oneway* gestellt wird. Es muss möglich sein, dass jede Partei in ihre Berechnungen zur Generierung von out_i einen Parameter *challenge* einfließen lässt, der am Ende – also bei der Verknüpfung der out_i – wieder herausgerechnet wird. Es muss sich bei *challenge* nicht unbedingt um eine natürliche Zahl handeln, vielmehr kann beispielsweise auch eine Matrix verwendet werden.

Mit einer Einwegfunktion *Oneway*, die die beschriebenen Eigenschaften hat, können wir ein Zero-Knowledge-Protokoll definieren (siehe Abschn. 9.2). In diesem beweisen die vier Parteien gemeinsam gegenüber einer Prüfinstanz, dass sie jeweils ihren Anteil in_i kennen und dadurch zusammen das Ergebnis *out* (dieses ist der Prüfinstanz bekannt) berechnen können, ohne die Werte in_i gegenüber der Prüfinstanz preiszugeben. Da *Oneway* eine Einwegfunktion ist, kann ein Angreifer diese Werte in_i nicht aus *out* berechnen.

Neben den vier Parteien und der Prüfinstanz muss es in diesem Zusammenhang noch eine neutrale Drittinstanz geben, die für die Initialisierung zuständig ist. Diese Initialisierungsinstanz berechnet aus *in* die vier Werte in_1 bis in_4. Den Wert in_1 übergibt sie an die erste Partei, in_2 an die zweite und so weiter. Der Zero-Knowledge-Beweis läuft dann wie folgt ab:

1. Die vier Parteien senden der Prüfinstanz jeweils einen kryptografischen Hashwert ihrer Teile in_i zu. Die erste Partei sendet also $hash(in_1)$, die zweite $hash(in_2)$ und so weiter.
2. Die Prüfinstanz sendet eine zufällig generierte Zahl *challenge* an die vier Parteien. Diese Zahl dient als Challenge.
3. Die vier Parteien berechnen aus ihren Werten in_1 bis in_4 jeweils die Werte out_1 bis out_4, wobei *challenge* in die Berechnungen einfließt. Auch aus out_1 bis out_4 berechnen die vier Parteien jeweils einen Hashwert. Auch diese Hashwerte $hash(out_1)$, $hash(out_2)$, $hash(out_3)$ und $hash(out_4)$ werden an die Prüfinstanz geschickt.
4. Die Prüfinstanz wählt nun eine Partei per Zufall aus. Wir nehmen an, es handle sich um die zweite Partei. Die Prüfinstanz schickt diese Wahl an die vier Parteien.
5. Die Parteien 1, 3 und 4 schicken ihr Anteile in_1, in_3 und in_4 an die Prüfinstanz, und die zweite Partei schickt out_2 an die Prüfinstanz.
6. Die Prüfinstanz berechnet mit in_1 und *challenge* den Wert out_1, außerdem mit in_3 bzw in_4 die Werte out_3 und out_4. out_2 kennt die Prüfinstanz aus Schritt 5. Mithilfe der in Schritt 3 übermittelten Hashwerte kann die Prüfinstanz prüfen, ob out_1, …, out_4 tatsächlich diejenigen sind, die die Parteien verwendet haben. Anschließend berechnet sie aus diesen vier Werten *out,* wobei *challenge* wieder herausgerechnet wird. Verlaufen alle Prüfungen positiv und ist auch der berechnete Wert von *out* korrekt, dann gilt der Zero-Knowledge-Beweis als erbracht.

Dieser Ablauf ist jedoch – wie immer bei einem Zero-Knowledge-Verfahren – nicht notwendigerweise sicher. Da die zweite Partei ihren Anteil in_2 nicht schickt, gibt es keine Garantie, dass sie diesen Wert tatsächlich kennt. Die Wahrscheinlichkeit, dass die vier Parteien mit einem solchen Betrug durchkommen, liegt bei einem Viertel. Mit anderen

Worten: Die Prüfinstanz kann sich nur zu 75 % sicher sein, dass alle vier Parteien tatsächlich ihr in_i kennen. Um den Betrug zu erschweren, führt die Prüfinstanz diesen Ablauf mehrfach durch, wobei die Initialisierungsinstanz jeweils neue Werte in_i zur Verfügung stellt und die Prüfinstanz jeweils eine neue Challenge *challenge* verwendet. Die per Zufall ausgewählte Partei wird jeweils neu bestimmt. Bei zehn Durchläufen beträgt die Wahrscheinlichkeit, dass ein Betrug gelingt, nur noch $1/4^{10}$, also etwa eins zu einer Million.

14.2 MPC-in-the-head-Signaturen

Wir haben nun ein Zero-Knowledge-Verfahren wie wir es aus Abschn. 9.2 kennen. Aus diesem können wir – wie im besagten Kapitel beschrieben – mit der Fiat-Shamir-Transformation ein Signaturverfahren generieren (Yuval Ishai, 2007). Alices privater Schlüssel ist *in*, ihr öffentlicher Schlüssel ist *out*. Die zu signierende Nachricht bezeichnen wir als *message* (siehe Abb. 14.1).

Zum Signieren muss Alice den in Abschn. 14.2 beschriebenen Ablauf simulieren und dabei die Prüfinstanz durch eine kryptografische Hashfunktion ersetzen, in die unter anderem die zu signierende Nachricht einfließt. Auch die Initialisierungsinstanz, die die Werte in_i an die Parteien vergibt, wird von Alice simuliert. Der Ablauf sieht dann so aus:

1. Die (von Alice simulierten) vier Parteien senden der (von Alice simulierten) Prüfinstanz jeweils einen kryptografischen Hashwert ihrer Teile in_i zu. Die erste Partei sendet also $Hash(in_1)$, die zweite $Hash(in_2)$ und so weiter.

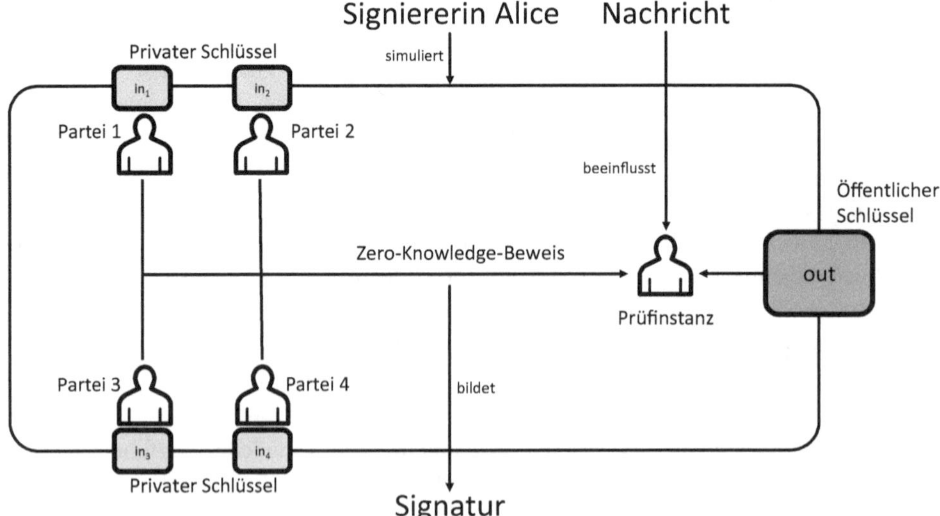

Abb. 14.1 Zur Generierung einer MPC-in-the-Head-Signatur simuliert der Signierer einen Zero-Knowledge-Beweis, der von mehreren Parteien erbracht wird

2. Die Prüfinstanz generiert eine Zahl *challenge* als Hashwert, in den die zu signierende Nachricht und die Hashwerte aus dem ersten Schritt einfließen. Es gilt also $challenge=Hash(message, Hash(in_1), Hash(in_2), Hash(in_3), Hash(in_4))$. Die Prüfinstanz sendet *challenge* an die vier Parteien. Diese Zahl dient als Challenge.
3. Die vier Parteien berechnen aus ihren Werten in_1 bis in_4 jeweils die Werte out_1 bis out_4, wobei *challenge* in die Berechnungen einfließt. Aus out_1 bis out_4 berechnen die vier Parteien ebenfalls jeweils einen Hashwert. Auch diese Hashwerte $Hash(out_1)$, $Hash(out_2)$, $Hash(out_3)$ und $Hash(out_4)$ werden an die Prüfinstanz geschickt.
4. Die Prüfinstanz wählt nun eine Partei aus. Die Auswahl erfolgt mithilfe des Hashwerts *hash(message, inall, outall)*, der aus der zu signierenden Nachricht sowie den weiter unten erklärten Werten *inall* und *outall* entsteht. Da vier Parteien zur Auswahl stehen, sind nur die ersten beiden Bits des Hashwerts für die Auswahl relevant, zum Beispiel in der Form 00→Partei 1, 01→Partei 2, 10→Partei 3, 11→Partei 4. Wir nehmen an, die Prüfinstanz wähle auf diese Weise die zweite Partei aus. Die Prüfinstanz schickt diese Wahl an die vier Parteien.
5. Die Parteien 1, 3 und 4 schicken ihre Anteile in_1, in_3 und in_4 an die Prüfinstanz, und die zweite Partei schickt out_2 an die Prüfinstanz.
6. Die Prüfinstanz berechnet mit in_1 und *challenge* den Wert out_1, außerdem mit in_3 und *challenge* bzw. in_4 und *challenge* die Werte out_3 und out_4. out_2 kennt die Prüfinstanz aus Schritt 5. Mithilfe der in Schritt 3 übermittelten Hashwerte kann die Prüfinstanz prüfen, ob $out_1, \ldots, out_4$ tatsächlich diejenigen sind, die die Parteien verwendet haben. Anschließend berechnet sie aus diesen vier Werten *out,* wobei *challenge* wieder herausgerechnet wird. Verlaufen alle Prüfungen positiv und ist auch der berechnete Wert von *out* korrekt, dann gilt der Zero-Knowledge-Beweis als erbracht.

Dieser Zero-Knowledge-Beweis ist wiederum nur mit 75 % Wahrscheinlichkeit zuverlässig, da Alice beim Simulieren einen falschen Wert für in_2 verwenden könnte. Daher wird der gesamte Ablauf mehrfach (zum Beispiel zehn Mal) wiederholt, wobei jedes Mal andere in_i zum Einsatz kommen. Die in Schritt 4 verwendete Variable *inall* besteht aus der Gesamtheit aller Hashwerte von in_1, in_2, in_3 und in_4 aus allen zehn Durchläufen. Die an gleicher Stelle genutzte Variable *outall* setzt sich entsprechend aus allen Hashwerten von out_1, out_2, out_3 und out_4 aus allen zehn Durchläufen zusammen. Der in Schritt 4 verwendete Hashwert ist damit in allen Durchläufen gleich.

Bei der zweiten Ausführung der sechs Schritte verwendet Alice im vierten Schritt nicht die beiden ersten Bits des Hashwerts, sondern das dritte und das vierte. Entsprechend kommen beim dritten Durchlauf das fünfte sowie das sechste Bit zum Einsatz und so weiter. In der Praxis muss Alice den Ablauf nicht unbedingt zehn Mal hintereinander ausführen, sie kann stattdessen zunächst alle Iterationen des ersten Schritts, dann alle Iterationen des zweiten Schritts und so weiter abarbeiten.

Als Signatur verwendet Alice schließlich alle Variablen in_i, die in Schritt 5 zurückgeschickt werden, sowie die Variablen $out_1, \ldots, out_4$, jeweils aus allen zehn Durchläufen. Will Bob die Signatur verifizieren, dann muss er die zehn von Alice simulierten Abläufe

Schritt für Schritt nachvollziehen und prüfen, ob alles korrekt ist. Die dazu notwendigen Variablen kennt er entweder aus der Signatur, oder sie sind ihm als öffentlicher Schlüssel oder als zu signierende Nachricht gegeben. Ist alles korrekt, dann ist die Verifikation positiv. Bob erfährt in Schritt 5 zwar jeweils drei Werte in_i, doch da ihm der vierte fehlt, kann er Alices privaten Schlüssel *in* nicht berechnen.

Wie man leicht nachvollziehen kann, haben MPC-in-the-head-Verfahren den Vorteil, dass der öffentliche und der private Schlüssel in der Regel sehr kurz sind. Dafür ist die Signatur oft ausgesprochen lang.

14.3 MPC-in-the-head mit symmetrischen Verfahren

Es gibt eine ganze Reihe von Einwegfunktionen, die die genannten Anforderungen erfüllen und die wir daher als *Oneway* verwenden können. In diesem Unterkapitel werden wir einige geeignete Einwegfunktionen betrachten, die ein symmetrisches Verschlüsselungsverfahren oder eine kryptografische Hashfunktion nutzen (Melissa Chase, 2017). Im nächsten Unterkapitel geht es dann um für diesen Zweck verwendbare Einwegfunktionen, die auf komplexitätstheoretischen Problemen basieren.

Klar ist zunächst, dass eine kryptografische Hashfunktion eine Einwegfunktion ist – schließlich ist sie als solche definiert. Ein symmetrisches Verschlüsselungsverfahren kann man ebenfalls zur Einwegfunktion machen. In diesem Zusammenhang tut man dies in der Regel, indem man den Schlüssel und den Klartext zusammen als Eingabewert und den Geheimtext als Ausgabewert verwendet. In diesem Unterkapitel ist mit *Oneway* stets eine kryptografische Hashfunktion oder ein symmetrisches Verschlüsselungsverfahren in der beschriebenen Form gemeint, wobei wiederum $out = Oneway(in)$ gilt.

Die Variable *in* wird jeweils durch eine Exklusiv-oder-Verknüpfung in mehrere (in unserem Fall vier) Bestandteile zerlegt. Es gilt also ($\oplus$ steht für die Exklusiv-oder-Verknüpfung):

$$in = in_1 \oplus in_2 \oplus in_3 \oplus in_4$$

Die Frage ist nun, wie die vier Parteien zusammen aus in_1, in_2, in_3 und in_4 unter den beschriebenen Voraussetzungen – also so, dass jede Partei nur ihr eigenes in_i kennt – das Ergebnis *out* berechnen können. Am einfachsten wäre dies, wenn man dazu folgende Formel verwenden könnte:

$$\begin{aligned} out &= Oneway(in_1) \oplus Oneway(in_2) \oplus Oneway(in_3) \oplus Oneway(in_4) \\ &= out_1 \oplus out_2 \oplus out_3 \oplus out_4 \end{aligned}$$

Für das Secure Multiparty Computing hieße dies: Die erste Partei berechnet $Oneway(in_1)$, die zweite $Oneway(in_2)$ und so weiter. Anschließend muss man nur noch $Oneway(in_1) \oplus Oneway(in_2) \oplus Oneway(in_3) \oplus Oneway(in_4)$ berechnen. Dieses Prinzip funktioniert jedoch nur dann, wenn die Einwegfunktion *Oneway* gegenüber der Exklusiv-oder-Verknüpfung invariant ist. In diesem Zusammenhang bedeutet invariant gegenüber der Exklusiv-oder-Verknüpfung das gleiche wie linear.

Ideal für unsere Zwecke wäre daher ein lineares symmetrisches Verschlüsselungsverfahren oder eine lineare kryptografische Hashfunktion. Doch gibt es das überhaupt? Die Antwort lautet nein, denn eine lineare Funktion ist einfach umkehrbar und damit per Definition keine Einwegfunktion. Gibt es trotzdem eine kryptografische Hashfunktion oder ein symmetrisches Verschlüsselungsverfahren, das Secure-Multiparty-Computing-tauglich ist? Um diese Frage zu beantworten, müssen wir uns damit beschäftigen, wie kryptografische Hashfunktionen oder ein symmetrisches Verschlüsselungsverfahren üblicherweise funktionieren. In vielen Fällen ist ein solcher Algorithmus aus den vier folgenden Bausteinen zusammengesetzt, die jeweils dutzendfach zum Einsatz kommen:

- Exklusiv-oder-Verknüpfung: Diese Operation ist der wichtigste Bestandteil nahezu jeder kryptografischen Hashfunktion und nahezu jedes symmetrischen Verschlüsselungsverfahrens. Manchmal wird eine Variable mit einer Konstanten, manchmal werden zwei Variablen miteinander exklusiv-oder-verknüpft. Auch der Schlüssel eines symmetrischen Verschlüsselungsverfahrens wird meist auf diese Weise in den Verschlüsselungsablauf eingebracht. Die Exklusiv-oder-Verknüpfung ist eine lineare Funktion.
- Umordnung: Diese auch als Transposition bezeichnete Operation sieht vor, dass die Reihenfolge der einzelnen Bits in einer Bitfolge geändert wird. Die Umordnung ist eine lineare Funktion.
- Multiplikation mit einer Konstanten: Ein Spezialfall dieser Operation ist die Und-Verknüpfung ($\otimes$) mit einer Konstanten, die bitweise durchgeführt wird. Die Multiplikation mit einer Konstanten ist eine lineare Funktion.
- S-Box: Eine S-Box) ist eine Ersetzungstabelle. Das „S“ in S-Box steht für Substitution (Ersetzung). Eine S-Box ist stets so aufgebaut, dass sie eine nichtlineare Funktion realisiert. Meist ist sie der einzige nichtlineare Bestandteil eines symmetrischen Verschlüsselungsverfahrens oder einer kryptografischen Hashfunktion und hat den Zweck Nichtlinearität in ein ansonsten lineares Verfahren einzubringen.

Die drei erstgenannten Bausteine sind also linear und daher gut für das Secure Multiparty Computing geeignet. Doch wie verhält es sich mit den S-Boxen? Es gibt zwar Möglichkeiten, beispielsweise die S-Box des AES-Verfahrens nach dem Secure-Multiparty-Computing-Prinzip von mehreren Parteien berechnen zu lassen, doch das wäre sehr aufwendig und würde eine umfangreiche Kommunikation zwischen den Parteien erfordern. Deutlich besser ist es daher, S-Boxen zu nutzen, die speziell für das Secure Multiparty Computing entwickelt wurden.

Umgesetzt wurde dies beispielsweise in dem symmetrischen Verschlüsselungsverfahren LowMC (Martin Albrecht, 2015). Dieses sieht, wie nahezu jedes andere Verfahren dieser Art, zahlreiche Exklusiv-oder-Verknüpfungen, Umordnungen und Multiplikationen mit Konstanten vor. Zusätzlich gibt es die obligatorische S-Box. Diese ist bei LowMC besonders Secure-Multiparty-Computing-freundlich realisiert. Sie nimmt drei Bits (*inbit1*, *inbit2*, *inbit3*) entgegen und gibt ebenso viele Bits (*outbit1*, *outbit2*, *outbit3*) aus. Hierbei werden folgende Formeln verwendet:

$$outbit1 = inbit1 \oplus inbit2 \oplus inbit2$$
$$outbit2 = inbit1 \oplus inbit2 \oplus inbit1 \oplus inbit3$$
$$outbit3 = inbit1 \oplus inbit2 \oplus inbit3 \oplus inbit1 \oplus inbit2$$

Die S-Box wird bei der Abarbeitung des Verfahrens mehrere Dutzend Male aufgerufen. Man kann sie mithilfe einer Ersetzungstabelle implementieren, wie es bei einer S-Box üblich ist, aber das wäre in diesem Zusammenhang nicht sinnvoll. Stattdessen sollten jeweils die genannten Formeln zur Berechnung verwendet werden. Die Nichtlinearität der S-Box wird durch die Und-Verknüpfung sichergestellt. Diese ist hier nicht linear, da hier zwei Variablen miteinander verknüpft werden. Würde es sich um die Verknüpfung mit einer Konstanten handeln, läge (wie erwähnt) eine lineare Funktion vor.

Die Und-Verknüpfung zweier Variablen ist Secure-Multiparty-Computing-tauglich, sofern sich die beteiligten Parteien gegenseitig über Überträge informieren, die bei der Berechnung auftreten, und diese Überträge in geeigneter Form in die Berechnungen einfließen lassen. Insgesamt ist LowMC somit für die Nutzung als Funktion *Oneway* geeignet. Die Variable *in* wird hierbei in $in_1 \oplus in_2 \oplus in_3 \oplus in_4$ aufgeteilt. Jede Partei führt das Verfahren mit ihrer Variable in_i aus und informiert die anderen Parteien über die entstehenden Überträge. Das Ergebnis *out* wird schließlich in der Form $Out(in_1) \oplus Out(in_2) \oplus Out(in_3) \oplus Out(in_4)$ ermittelt.

Ein MPC-in-the-head-Signatur-Verfahren, das LowMC nutzt und dem beschriebenen Secure-Multiparty-Computing-Prinzip folgt, ist Picnic (Melissa Chase, 2020). Picnic nahm als einziger Algorithmus dieser Art am ersten NIST-Post-Quanten-Wettbewerb teil, kam jedoch nicht in die engere Wahl. Ein weiteres MPC-in-the-head-Signatur-Verfahren ist AIMer (Seongkwang Kim, 2022). Dieses nutzt eine speziell für diesen Zweck entwickelte Einwegfunktion namens AIM, die ausschließlich aus linearen Funktionen und einer Secure-Multiparty-Computing-freundlichen S-Box zusammengesetzt ist. AIMer nahm am zweiten NIST-Post-Quanten-Wettbewerb teil, schied jedoch in der ersten Runde aus.

Zu nennen ist schließlich noch FAEST (Carsten Baum, 2023). Dieses Signaturverfahren zählt nicht zu den MPC-in-the-head-Verfahren, sondern basiert auf dem damit verwandten VOLE-in-the-Head-Prinzip, das ebenfalls einen Zero-Knowledge-Beweis vorsieht, der per Fiat-Shamir-Transformation in ein Signaturverfahren umgewandelt wird. VOLE steht für Vector Oblivious Linear Evaluation. Bei VOLE sind etwas andere Kooperationseigenschaften als beim MPC gefragt, weshalb es hier einfacher möglich ist, ein beliebiges symmetrisches Verschlüsselungsverfahren zu nutzen. FAEST nutzt den AES, also das bedeutendste symmetrische Verfahren überhaupt. Der Name FAEST setzt sich aus AES und „fast" („schnell") zusammen. Der Algorithmus erreichte im zweiten NIST-Post-Quanten-Wettbewerb die zweite Runde.

14.4 MPC-in-the-head mit Matrixrängen

Für ein MPC-in-the-Head-Verfahren lassen sich nicht nur symmetrische Verschlüsselungsverfahren und kryptografische Hashfunktionen nutzen, sondern auch Einwegfunktionen, die auf komplexitätstheoretischen Fragestellungen beruhen. Als Beispiel betrachten wir im Folgenden eine Einwegfunktion, die auf dem sogenannten MinRank-Problem basiert. Hierbei spielen Matrizen wie die folgende eine Rolle:

$$\begin{pmatrix} 3 & 4 & -9 & 8 \\ 2 & -4 & 1 & -2 \\ 5 & 0 & -8 & 6 \\ 10 & 0 & -16 & 12 \end{pmatrix}$$

Eine Matrix kann man umformen, indem man eine Zeile mit einer Zahl multipliziert oder eine Zeile zur anderen zählt. Das folgende Beispiel zeigt, wie die obige Matrix auf diese Weise mehrfach umgeformt wird:

$\begin{pmatrix} 3 & 4 & -9 & 8 \\ 2 & -4 & 1 & -2 \\ 5 & 0 & -8 & 6 \\ 10 & 0 & -16 & 12 \end{pmatrix}$	Zähle Zeile 1 zu Zeile 2 Multipliziere Zeile 4 mit 1/2	$\begin{pmatrix} 3 & 4 & -9 & 8 \\ 5 & 0 & -8 & 6 \\ 5 & 0 & -8 & 6 \\ 5 & 0 & -8 & 6 \end{pmatrix}$	Multipliziere Zeile 2 mit -1 und zähle das Ergebnis zu Zeile 3 und Zeile 4	$\begin{pmatrix} 3 & 4 & -9 & 8 \\ 5 & 0 & -8 & 6 \\ 0 & 0 & 0 & 0 \\ 0 & 0 & 0 & 0 \end{pmatrix}$

Wie man sieht, lässt sich so eine Matrix generieren, in der zwei Zeilen nur aus Nullen bestehen. Eine Matrix, bei der drei Zeilen nur aus Nullen bestehen, ist dagegen mit derartigen Umformungen nicht erreichbar. Man sagt, eine solche Matrix habe den Rang 2. In ähnlicher Form kann eine Matrix dieser Größe auch Rang 0, 1, 3 oder 4 haben. Bei einer größeren Matrix sind entsprechend auch höhere Ränge möglich.

Betrachten wir nun fünf Matrizen, die wir als A, B, C, D und E bezeichnen:

$$A = \begin{pmatrix} -1 & 0 & 3 & 1 \\ 3 & -1 & 0 & 1 \\ -2 & 2 & -1 & 4 \\ 5 & 0 & 5 & 2 \end{pmatrix} B = \begin{pmatrix} 2 & -2 & 4 & 2 \\ 3 & 1 & 0 & 4 \\ 0 & 1 & 4 & 6 \\ 9 & 5 & 2 & -2 \end{pmatrix} C = \begin{pmatrix} -2 & 2 & 2 & -1 \\ 0 & -1 & 5 & -1 \\ 2 & 3 & 1 & 1 \\ 4 & 0 & 1 & 5 \end{pmatrix}$$

$$D = \begin{pmatrix} 3 & -2 & -1 & 9 \\ 9 & 1 & 0 & -3 \\ -2 & 1 & -5 & 3 \\ 3 & 0 & 1 & 0 \end{pmatrix} E = \begin{pmatrix} -2 & 2 & 2 & -6 \\ -6 & 0 & 4 & 2 \\ 4 & 1 & 6 & -1 \\ 2 & 2 & -2 & 2 \end{pmatrix}$$

Wenn wir diese fünf Matrizen wie folgt mit den Zahlen *sca1*=3, *sca2*=-2, *sca3*=-4, *sca4*=3 und *sca5*=5 (man nennt diese Zahlen auch Skalare) multiplizieren und die Resultate zusammenzählen, ergibt sich eine weitere Matrix, die wir als *F* bezeichnen:

$$F = 3\cdot\begin{pmatrix} -1 & 0 & 3 & 1 \\ 3 & -1 & 0 & 1 \\ -2 & 2 & -1 & 4 \\ 5 & 0 & 5 & 2 \end{pmatrix} - 2\begin{pmatrix} 2 & -2 & 4 & 2 \\ 3 & 1 & 0 & 4 \\ 0 & 1 & 4 & 6 \\ 9 & 5 & 2 & -2 \end{pmatrix} - 4\cdot\begin{pmatrix} -2 & 2 & 2 & -1 \\ 0 & -1 & 5 & -1 \\ 2 & 3 & 1 & 1 \\ 4 & 0 & 1 & 5 \end{pmatrix}$$

$$+3\cdot\begin{pmatrix} 3 & -2 & -1 & 9 \\ 9 & 1 & 0 & -3 \\ -2 & 1 & -5 & 3 \\ 3 & 0 & 1 & 0 \end{pmatrix} + 5\cdot\begin{pmatrix} -2 & 2 & 2 & -6 \\ -6 & 0 & 4 & 2 \\ 4 & 1 & 6 & -1 \\ 2 & 2 & -2 & 2 \end{pmatrix} = \begin{pmatrix} 0 & 0 & 0 & 0 \\ 0 & 2 & 0 & 0 \\ 0 & 0 & 0 & 0 \\ 0 & 0 & 0 & 0 \end{pmatrix}$$

Wie man sieht, hat *F* den Rang 1. Es ist nicht allzu schwierig, Matrizen und Skalare festzulegen, die auf die gezeigte Weise multipliziert und addiert eine Matrix mit Rang 1 ergeben. Im gezeigten Beispiel kann man etwa zunächst *A*, *B*, *C* und *D* sowie sca*1*, *sca2*, *sca3*, *sca4* und *sca5* beliebig wählen und außerdem eine beliebige Matrix *F* mit Rang 1 festlegen. Anschließend kann man *E* so aussuchen, dass die Gleichung stimmt.

Deutlich schwieriger ist es, bei gegebenen Matrizen *A*, *B*, *C*, *D* und *E* fünf Skalare *sca1*, *sca2*, *sca3*, *sca4* und *sca5* so zu finden, dass das Ergebnis *F* maximal den Rang 1 hat. Man bezeichnet diese Fragestellung als **MinRank-Problem** (vom englischen „minimal rank", für „minimaler Rang"). Sind mehr und größere Matrizen im Spiel als im obigen Beispiel, dann wird das MinRank-Problem so aufwendig, dass es selbst der stärkste Computer nicht lösen kann. Das Generieren einer solchen Matrixgleichung ist also eine Einwegfunktion. Diese Einwegfunktion ist für die Nutzung als *Oneway* in einem MPC-in-the-head-Signaturverfahren geeignet.

Im nächsten Schritt nehmen wir an, dass die neutrale Drittinstanz die fünf Matrizen *A*, *B*, *C*, *D* und *E* den vier am Secure Multiparty Computing beteiligten Parteien bekannt macht. Den Skalar *sca1* zerlegt die Drittinstanz in die Summanden $sca1_1$, $sca1_2$, $sca1_3$, und $sca1_4$, sodass gilt: $scal = sca1_1 + sca1_2 + sca1_3 + sca1_4$. In ähnlicher Form generiert sie die Summanden $sca2_1$ bis $sca2_4$, die sich zu *sca2* summieren, und tut das gleiche für *sca3*, *sca4* und *sca5*. Die erste Partei erhält nun $sca1_1$, $sca2_1$, $sca3_1$, $sca4_1$ und $sca5_1$, die zweite erhält $sca1_2$, $sca2_2$, $sca3_2$, $sca4_2$ und $sca5_2$ und so weiter. Die Skalare $sca1_1$, $sca2_1$, $sca3_1$, $sca4_1$ und $sca5_1$ entsprechen zusammen der Variable in_1, die wir bei der allgemeinen Beschreibung eines MPC-in-the-head-Verfahrens eingeführt haben. $sca1_2$, $sca2_2$, $sca3_2$, $sca4_2$ und $sca5_2$ entsprechen in_2 und so weiter.

An dieser Stelle benötigen wir noch eine Funktion namens *RankCheck*. Diese nutzt folgenden mathematischen Satz: Wenn man zwei Matrizen *Left* (*n* Zeilen, *r* Spalten) und *Right* (*r* Zeilen und *n* Spalten) multipliziert, dann hat das Ergebnis *Matrix* = *Left*·*Right* maximal den Rang *r*. Wir betrachten ein einfaches Beispiel mit *n*=4 und *r*=2:

$$\begin{pmatrix} 1 & 2 \\ 3 & 4 \\ 5 & 6 \\ 7 & 8 \end{pmatrix} \cdot \begin{pmatrix} 9 & 10 & 11 & 12 \\ 13 & 14 & 15 & 16 \end{pmatrix} = \begin{pmatrix} 35 & 38 & 41 & 44 \\ 79 & 86 & 93 & 100 \\ 123 & 134 & 145 & 156 \\ 167 & 182 & 197 & 212 \end{pmatrix}$$

Die resultierende Matrix hat den Rang 2. Es ist nicht möglich, durch die Multiplikation zweier Matrizen der hier verwendeten Größen eine Matrix mit dem Rang 3 oder 4 zu produzieren. Dieser Satz gilt auch umgekehrt: Wenn eine Matrix Rang r hat, dann existieren zwei Matrizen *Left* (mit r Spalten) und *Right* (mit r Zeilen), die miteinander multipliziert diese Matrix ergeben. Es ist jedoch beispielsweise nicht möglich, zwei Matrizen *Left*' (mit r-1 Spalten) und *Right*' (mit r-1 Zeilen) zu finden, die miteinander multipliziert eine Matrix mit Rang r ergeben.

Die vier Parteien können die Umkehrung des Satzes nutzen, um sich gegenseitig zu belegen, dass die Matrix F, die sie nicht kennen, maximal den Rang 2 hat. Hierzu müssen sie die Matrix F gemeinsam in zwei Matrizen zerlegen, die zwei Spalten bzw. zwei Zeilen haben. Dies ist möglich, ohne dass die Angestellten F kennen. Auch die Überprüfung, ob sich durch die Multiplikation der beiden Matrizen F ergibt, ist durchführbar, ohne dass die Angestellten diese Matrix zu Gesicht bekommen. In diese Überprüfung geht eine zufällig generierte Matrix ein, die bei jeder Prüfung neu generiert wird. Wir nennen diese Matrix *challenge*. Sie entspricht der Variable *challenge*, von der bei der allgemeinen Beschreibung eines MPC-in-the-head-Verfahrens die Rede war.

Für das Secure Multiparty Computing übernehmen die Variablen $sca1_1$, $sca2_1$, $sca3_1$, $sca4_1$ und $sca5_1$ gemeinsam die Rolle von in_1. $sca1_2$, $sca2_2$, $sca3_2$, $sca4_2$ und $sca5_2$ übernehmen die Rolle von in_2 und so weiter. Die Variable *in* wird gemeinsam von *sca*1, *sca2*, *sca3*, *sca4* und *sca5* gebildet. Die Variable *out* ist der Rang der Matrix F.

Wir haben also nun eine Einwegfunktion *Oneway* inklusive Eingabewert *in* und Ausgabewert *out* festgelegt, womit wir folgendes Zero-Knowledge-Protokoll definieren können:

1. Die vier Parteien senden der Prüfinstanz jeweils einen kryptografischen Hashwert ihrer Skalar-Anteile zu. Bei der ersten Partei ist dies ein Hashwert von $sca1_1$, $sca2_1$, $sca3_1$, $sca4_1$ und $sca5_1$, beim zweiten von $sca1_2$, $sca2_2$, $sca3_2$, $sca4_2$ und $sca5_2$ und so weiter.
2. Die Prüfinstanz sendet eine zufällig generierte Matrix *challenge* an die Parteien. Diese Matrix dient als Challenge.
3. Jede Partei berechnet nun ihren Anteil von *RankCheck*, wobei *challenge* einfließt. Jede Partei erstellt außerdem einen kryptografischen Hashwert, in den das jeweilige Resultat von *RankCheck* einfließt. Die Hashwerte werden an die Prüfinstanz geschickt.
4. Die Prüfinstanz wählt nun eine Partei per Zufall aus. Wir nehmen an, es handle sich um die Partei Nummer 2. Die Prüfinstanz schickt diese Nummer an die Parteien.
5. Außer der Partei Nummer 2 senden alle Parteien ihre Skalar-Anteile an die Prüfinstanz. Bei der ersten Partei sind dies $sca1_1$, $sca2_1$, $sca3_1$, $sca4_1$ und $sca5_1$, beim dritten $sca1_3$,

sca2$_3$, *sca3*$_3$, *sca4*$_3$ und *sca5*$_3$ und so weiter. Partei Nummer 2 schickt ihre Skalar-Anteile nicht, dafür aber ihr Ergebnis von *CheckRank*.

6. Die Prüfinstanz prüft, ob die Skalar-Anteile der ersten, dritten und vierten Partei zu den im Schritt 1 übermittelten Hashwerten passen. Sie prüft außerdem, ob das *CheckRank*-Ergebnis der Partei Nummer 2 zu dem in Schritt 3 übermittelten Hashwert passt. Ist alles korrekt, dann akzeptiert die Prüfinstanz die Antworten.

Wie alle Zero-Knowledge-Protokolle ist auch dieses nicht garantiert sicher. Da die zweite Partei ihre Skalar-Anteile nicht übermittelt, gibt es keine Garantie, dass sie diese tatsächlich kennt. Die Wahrscheinlichkeit, dass sie damit durchkommt, liegt bei einem Viertel. Die Prüfinstanz kann sich also zu 75 % sicher sein, dass die vier Parteien gemeinsam tatsächlich die Lösung des MinRank-Problems zur vorgegebenen Matrix kennen. Um den Betrug zu erschweren, führt die Prüfinstanz diesen Ablauf mehrfach durch, wobei sie jeweils eine neue Matrix *challenge* verwendet.

Aus dem gezeigten Zero-Knowledge-Beweis kann man auf die beschriebene Weise mithilfe einer Fiat-Shamir-Transformation ein Signaturverfahren generieren. Signiererin Alice muss hierbei alle vier Parteien sowie die Prüfinstanz simulieren. Ihr privater Schlüssel besteht aus den Skalaren *sca1*, *sca2*, *sca3*, *sca4* und *sca5*, während die Matrizen *A*, *B*, *C*, *D* und *E* sowie der Rang von *F* gemeinsam den öffentlichen Schlüssel bilden. Wie man sich leicht klar macht, kann man die Skalare mit einer beliebigen Zahl multiplizieren und erhält dadurch eine weitere gültige Lösung. In der Praxis wird *sca1* daher von vornherein auf den Wert 1 gesetzt und nicht als Teil der Geheiminformation betrachtet.

Die Prüfinstanz simuliert Alice, indem sie eine kryptografische Hashfunktion auf die zu signierende Nachricht sowie auf die von den Parteien übermittelten Hashwerte anwendet. Die in Schritt 2 und 4 benötigten Zufallsgrößen werden aus diesen Werten abgeleitet. Der Datenaustausch innerhalb des Zero-Knowledge-Beweises bildet Alices Signatur. Empfänger Bob kann diese verifizieren, indem er Alices Berechnungen nachvollzieht und prüft, ob alles korrekt ist. Da es sich um einen Zero-Knowledge-Beweis handelt, erfährt Bob nicht alle Skalare und damit auch den privaten Schlüssel nicht.

Wie in der Kryptografie weit verbreitet, werden die in diesem Kapitel genannten Berechnungen alle in einem endlichen Körper durchgeführt, beispielsweise dem der Größe 16. Die verwendeten Matrizen müssen – anders als im Beispiel – nicht quadratisch sein. Darüber hinaus werden Hashketten zur Generierung der Matrizen und Skalare eingesetzt, was Speicherplatz und Bandbreite spart.

Natürlich sind die in der Praxis verwendeten Zahlen größer als im Beispiel. So werden beispielsweise Matrizen der Größe 20×20 verwendet, wobei es 100 Skalare und 16 Parteien geben kann. Die Zero-Knowledge-Prüfung wird typischerweise 30-mal wiederholt, wodurch die Wahrscheinlichkeit eines erfolgreichen Betrugs äußerst gering wird. Je nach gewünschter Sicherheit, Performanz, Signaturlänge und Schlüssellänge können diese Zahlen variieren.

Das hier beschriebene Verfahren entspricht etwa dem Signaturalgorithmus **MiRitH** (Gora Adj, 2023). Der Name steht für „MinRank in the Head". Das Signaturverfahren

Tab. 14.1 Das Signaturverfahren Mirath im Überblick

Name	Mirath
Zweck:	Digitales Signieren
Typ:	Fiat-Shamir-Typ
Einwegfunktion:	Generieren einer Gleichung, bei der Skalare mit Matrizen multipliziert sowie anschließend addiert werden und als Ergebnis eine Matrix mit niedrigem Rang entsteht
Umkehrung der Einwegfunktion:	Finden von Skalaren, die bei der Multiplikation mit Matrizen und anschließender Addition eine Matrix mit niedrigem Rang generieren
Privater Schlüssel:	Skalare
Öffentlicher Schlüssel:	Matrizen sowie Rang der Matrix, die durch die Multiplikation dieser mit den Skalaren und anschließender Addition entsteht
Typische Länge des privaten Schlüssels:	400 bit
Typische Länge des öffentlichen Schlüssels:	800 bit
Typische Länge der Signatur:	50.000 bit

MIRA funktioniert ähnlich, verwendet jedoch eine andere Funktion *CheckRank (Nicolas Aragon, 2023)*. Sowohl MiRitH als auch MIRA nahmen am zweiten NIST-Post-Quanten-Wettbewerb teil. Da sie sich sehr ähneln, wurden die beiden Verfahren für die zweite Runde zusammengelegt. Das Ergebnis heißt **Mirath** und lässt sich wie folgt zusammenfassen (Gora Adj, 2025) (Tab. 14.1):

14.5 Weitere MPC-in-the-head-Verfahren

MQOM ist ein weiteres MPC-in-the-head-Verfahren, das beim zweiten NIST-Post-Quanten-Wettbewerb die zweite Runde erreichte (Thibauld Feneuil, 2023). MQOM steht für „Multivariate Quadratic on my Mind". Das Signaturverfahren basiert auf der Schwierigkeit, ein Gleichungssystem mit multivariaten Polynomen zu lösen. MQOM kann man daher auch zu den multivariaten Verfahren zählen, es wurde vom NIST jedoch unter den MPC-in-the-Head-Verfahren einsortiert.

Auch **RYDE** ist ein digitales Signaturverfahren, das das MPC-in-the-head-Prinzip nutzt und beim zweiten NIST-Post-Quanten-Wettbewerb die erste Runde überstand (Nicolas Aragon, 2023). Es basiert auf der Problemstellung, den Fehler in einem Codewort zu finden. RYDE zählt damit auch zu den Code-basierten Verfahren, wurde vom NIST jedoch bei den MPC-in-the-head-Verfahren einsortiert. Mit **SDitH** (Syndrome-Decoding-in-the-Head) gibt es einen weiteren NIST-Wettbewerb-Teilnehmer, der sowohl zu den MPC-in-the-head- als auch zu den Code-basierten Verfahren gehört (Carlos Aguilar Melchor, 2023). Auch SDitH wurde vom NIST in die erstere Gruppe eingeordnet. Es kam in Runde

2. Mit **PERK** gibt es schließlich noch ein MPC-in-the-head-Signaturverfahren, das auf dem ansonsten in der Post-Quanten-Kryptografie nicht vertretenen Permuted Kernel Problem basiert und das im zweiten NIST-Post-Quanten-Wettbewerb ebenfalls in die zweite Runde einzog (Slim Bettaieb, 2023).

15 Hash-basierte Signaturen

Hash-basierte Signaturverfahren unterscheiden sich in mehreren Punkten von allen anderen Post-Quanten-Verfahren, die wir bisher betrachtet haben. Sie basieren nicht auf mathematischen Problemen wie dem Faktorisieren eines Primzahlprodukts oder dem Korrigieren falscher Codewörter. Stattdessen nutzen sie als Einwegfunktion eine kryptografische Hashfunktion. Eine Falltürfunktion gibt es in diesem Zusammenhang nicht. Zur Familie der Hash-basierten Algorithmen gehören ausschließlich Signaturverfahren, während asymmetrische Verschlüsselungs- oder Schlüsselaustausch-Verfahren auf diese Weise nicht realisierbar sind.

Eine weitere Besonderheit der Hash-basierten Signaturverfahren besteht darin, dass die meisten davon mit Schlüsselpaaren arbeiten, die nur einmal verwendet werden dürfen. Bei einem Verstoß gegen dieses Prinzip wird das jeweilige Verfahren unsicher. Alice muss daher beim Signieren eine Liste der verbrauchten Schlüssel führen (schwarze Liste), oder es müssen so viele Schlüsselpaare existieren, dass bei zufälliger Auswahl die Wahrscheinlichkeit für eine doppelte Verwendung sehr gering ist. Man spricht in diesem Zusammenhang auch von OTS-Verfahren, wobei OTS für One-Time-Signature steht.

Hash-basierte Signaturverfahren sind in ihrer einfachsten Form recht simpel. Es gibt kein asymmetrisches Verfahren, das man leichter erklären könnte. Allerdings muss man für die Praxis einige Verkomplizierungen einführen. Wir fangen im Folgenden mit der einfachsten Variante der Hash-basierten Signaturverfahren an und betrachten dann nach und nach die wichtigsten Erweiterungen dieses Konzepts. Eine verständliche Einführung findet sich auch in (Zhang, 2022).

K. Schmeh, *Post-Quanten-Kryptografie*,
https://doi.org/10.1007/978-3-658-50705-3_15

15.1 Lamport-Signaturen

Um Hash-basierte Signaturen zu erklären, nehmen wir an, Alice gehe auf eine Reise, in deren Verlauf sie ein Ferienhaus besichtigen und eventuell kaufen will, das Bob gehört. Nachdem sie das Haus gesehen hat, will sie Bob eine Nachricht schicken, die entweder „ja, ich kaufe" oder „nein, ich kaufe nicht" zum Inhalt hat. Erstere Variante entspreche der Zahl 1, letztere der Zahl 0. Es geht also um die Übermittlung eines Bits. Auf die Korrektheit dieses Bits müssen sich die beiden Parteien verlassen können. Alice darf insbesondere nicht die Möglichkeit haben, ein „ja, ich kaufe" nachher abzustreiten. Bob darf ein „nein, ich kaufe nicht" nicht in ein „ja, ich kaufe" umwandeln können und umgekehrt. Die beiden benötigen daher ein Signaturverfahren.

Alice und Bob können nun wie folgt vorgehen. Alice generiert zwei zufällige 256-Bit-Werte *zero* und *one,* die auch als Null-Geheimnis und Eins-Geheimnis bezeichnet werden. Mit einer kryptografischen Hashfunktion *Hash* berechnet sie daraus die Werte *zerohash=Hash(zero)* und *onehash=Hash(one)*, die man auch Null-Hash und Eins-Hash nennt. Den Null-Hash und den Eins-Hash übergibt sie vor ihrer Abreise an Bob.

Wenn Alice sich bezüglich des Hauskaufs entschieden hat, sendet sie im negativen Fall das Null-Geheimnis *zero* und im positiven Fall das Eins-Geheimnis *one* an Bob. Nehmen wir an, Alice habe das Null-Geheimnis *zero* geschickt. Bob kann nun prüfen, ob *zerohash=Hash(zero)* gilt. Ist das der Fall, dann kann er sicher sein, dass Alice das Haus nicht haben will und dass diese ihre Entscheidung später nicht abstreiten kann. Ein externer Angreifer hat keine Chance, aus der Absage eine Zusage zu machen, da er das Eins-Geheimnis nicht kennt. Wenn Alice dagegen das Eins-Geheimnis *one* schickt, prüft Bob, ob *onehash=Hash(one)* gilt. Falls ja, kann er sicher sein, dass Alice das Haus haben will, und auch hier kann Alice ihre Entscheidung später nicht abstreiten. Auch ein externer Angreifer kann ohne das Null-Geheimnis nichts ausrichten.

Der beschriebene Ablauf entspricht der Erstellung und der Verifizierung einer Hash-basierten Signatur. Alices öffentlicher Schlüssel besteht aus den Hashwerten *zerohash=Hash(zero)* und *onehash=Hash(one)*, der private aus den Geheimnissen *zero* und *one*. Eine Besonderheit ist, dass Alice zum Signieren die Hälfte ihres privaten Schlüssels – entweder *zero* oder *one* – als Signatur verwenden und damit preisgeben muss. Dadurch ist auch klar, warum sie ein Paar aus privatem und öffentlichem Schlüssel nur einmal verwenden darf. Andernfalls bestünde die Gefahr, dass sie beide Geheimnisse veröffentlichen muss, wodurch die Signatur wertlos wird.

Allerdings kann Alice mit dem beschriebenen Ablauf nur ein einziges Bit signieren. Ein brauchbares Signaturverfahren sollte jedoch deutlich mehr schaffen – beispielsweise 256 bit, die typische Länge eines Hashwerts. Um das zu erreichen, muss Alice als privaten Schlüssel jeweils 256 Null- und Eins-Geheimnisse generieren, die dann mit den Variablen $zero_0$, $zero_1$, …, $zero_{255}$ und one_0, one_1, …, one_{255} bezeichnet werden und Alices privaten Schlüssel bilden. Der öffentliche Schlüssel besteht aus den zugehörigen Hashes und lautet entsprechend $Hash(zero_0)$, $Hash(zero_1)$, …, $Hash(zero_{255})$ und $Hash(one_0)$, $Hash(one_1)$, …, $Hash(one_{255})$.

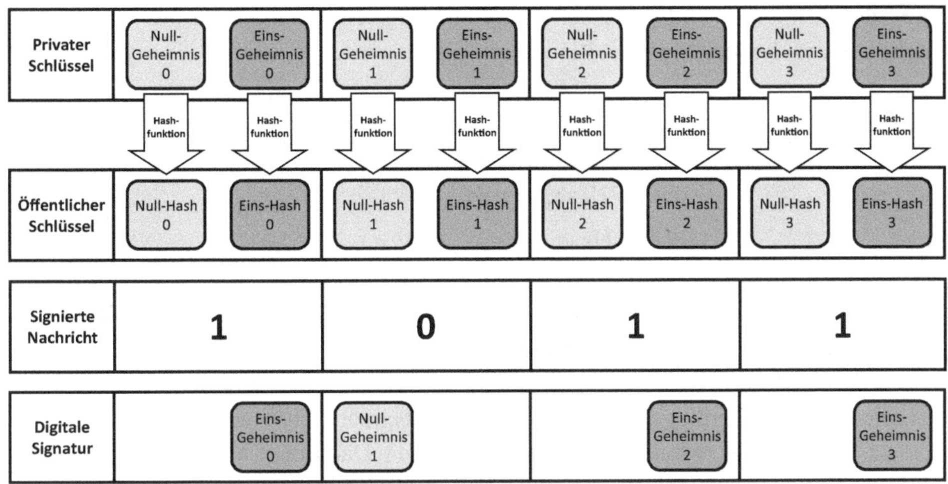

Abb. 15.1 Die Zahl 1011 wird hier mit dem Hash-basierten Lamport-Signaturverfahren signiert. Der private Schlüssel besteht aus acht 256-Bit-Werten (Geheimnissen), von denen die Hälfte die Signatur bilden

Das Signieren besteht nun darin, dass Alice für jedes Bit der zu signierenden Nachricht das Null-Geheimnis oder das Eins-Geheimnis veröffentlicht (siehe Abb. 15.1 für eine signierte Vier-Bit-Zahl). Man bezeichnet diese Vorgehensweise als **Lamport-Signaturverfahren.** Das Schlüsselpaar, das aus jeweils 512 Geheimnissen und Hashes besteht, darf Alice wiederum nur einmal verwenden. Sie kann also insgesamt nur 256 bit damit signieren. Sind weitere Signaturen geplant, dann muss Alice entsprechend vorher weitere Geheimnisse und Hashes generieren. Außerdem muss sie eine schwarze Liste der verbrauchten Schlüssel führen.

Die Länge eines privaten Schlüssels liegt beim Lamport-Signaturverfahren bei $256 \cdot 512 = 131.072$ bit. Der öffentliche Schlüssel hat die gleiche Länge. Dies ist sehr lang, wenn man bedenkt, dass RSA mit 2048 bit auskommt, zumal Alice einen Lamport-Schlüssel nur einmal verwenden darf.

15.2 Lamport-Signaturen mit Hashketten

Durch die extrem langen Schlüssel sind Lamport-Signaturen nicht besonders praktikabel. Es gibt jedoch zahlreiche Möglichkeiten, das Verfahren so zu ändern, dass kürzere Schlüssel entstehen. Der einfachste Trick besteht darin, die Null- und Eins-Geheimnisse mithilfe einer schlüsselabhängigen Hashfunktion zu generieren, indem man Hashketten bildet (siehe Abschn. 2.4). Wir gehen wieder davon aus, dass es 256 Null-Geheimnisse ($zero_0$, $zero_1$, …, $zero_{255}$) und ebenso viele Eins-Geheimnisse

(one_0, one_1, …, one_{255}) gibt. Die schlüsselabhängige Hashfunktion bezeichnen wir als $Hash_{key}$, wobei *key* der Schlüssel ist. Dann gilt:

$$\begin{aligned} \text{zero}_0 &= <\text{Zufallszahl}> \\ \text{zero}_i &= \text{Hash}_{\text{key}}\left(\text{zero}_{i-1}\right) \text{für}\, i = 1,\ldots,255 \\ \text{one}_0 &= \text{Hash}_{\text{key}}\left(\text{zero}_{255}\right) \\ \text{one}_i &= \text{Hash}_{\text{key}}\left(\text{one}_{i-1}\right) \text{für}\, i = 1,\ldots,255 \end{aligned}$$

Auf diese Weise muss Alice als privaten Schlüssel nur die Zahl $zero_0$ (256 bit) und den geheimen Schlüssel *key* (zum Beispiel 128 bit) speichern. Den Rest generiert sie immer dann, wenn sie ihn braucht. Dies ergibt eine Länge des privaten Schlüssels von nur 384 bit, was sehr kurz ist. Allerdings muss Alice stets eine beträchtliche Zahl von Hashwerten berechnen, bevor sie den privaten Schlüssel nutzen kann. Dadurch kann das Generieren einer Signatur sehr langsam werden.

In den Standards zu Hash-basierten Signaturen ist meist nicht festgelegt, ob und wie Alice Hashketten für ihren privaten Schlüssel nutzt. Dies liegt daran, dass dieser Teil des Verfahrens keinen Einfluss auf die Interoperabilität hat. Für Verifizierer Bob spielt es keine Rolle, ob Alice ihre Null- und Eins-Geheimnisse einzeln oder per Hashkette generiert hat. Alice kann daher auch einen Mittelweg wählen, indem sie beispielsweise $zero_0$ und one_0 per Zufallsgenerator festlegt und dann zwei Hashketten bildet.

15.3 Merkle-Signaturen

Eine Hashkette sorgt zwar dafür, dass Alices privater Schlüssel deutlich kürzer wird, doch der öffentliche Schlüssel und die Signatur sind nach wie vor sehr lang. Es gibt jedoch die Möglichkeit, durch Hashbäume (siehe Abschn. 2.5) wenigstens teilweise Abhilfe zu schaffen. Dadurch entsteht das **Merkle-Signaturverfahren**, das ich im Folgenden erkläre. Wir nehmen an, Alice solle in der Lage sein, acht Signaturen zu leisten, wobei jeweils 256 bit signiert werden.

Zunächst generiert Alice per Zufall die Null-Geheimnisse $zero_0$ bis $zero_{255}$ und die Eins-Geheimnisse one_0 bis one_{255} wie beim Lamport-Signaturverfahren, wobei sie Hashketten verwenden kann. Dann berechnet sie mit einer kryptografischen Hashfunktion die Null-Hashes $Hash(zero_0)$ bis $Hash(zero_{255})$ und die Eins-Hashes $Hash(one_0)$ bis $Hash(one_{255})$. Diese insgesamt 512 Hashes ordnet sie dem Datensatz „Blatt 0" zu (siehe Abb. 15.2). Den Generierungsvorgang wiederholt Alice sieben Mal, jeweils mit neuen Null- und Eins-Geheimnissen, und ordnet die jeweiligen Null- und Eins-Hashes entsprechend Blatt 1 bis Blatt 7 zu. Jedes Blatt enthält damit 256 Null- und 256 Eins-Hashes.

Nun generiert Alice zu jedem Blatt einen weiteren Hashwert (in der Abbildung als Hash 0 bis Hash 7 bezeichnet). Aus jeweils zwei dieser Hashwerte bildet sie einen neuen, wodurch schließlich der in der Abbildung zu sehende Hashbaum entsteht. Hash 0–7, die Wurzel dieses Hashbaums, ist Alices öffentlicher Schlüssel. Mit einer Länge von 256 bit ist dieser ausgesprochen kurz.

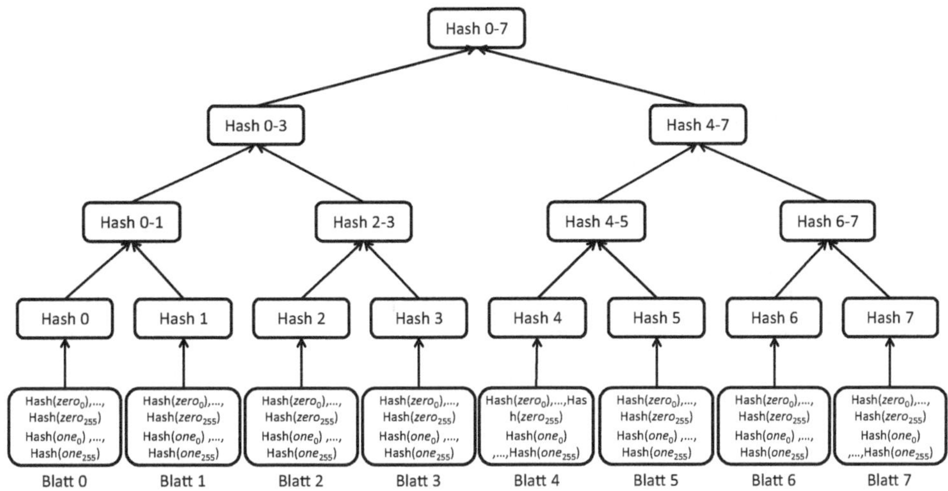

Abb. 15.2 Merkle-Signaturen arbeiten mit einem Hashbaum. In diesem Beispiel lassen sich mit einem solchen acht 256-Bit-Nachrichten signieren

Mit jedem der acht Blätter und den darin enthaltenen Null- und Eins-Hashwerten kann Alice nun eine 256-Bit-Nachricht signieren. Sie darf jedes Blatt aber nur einmal zum Signieren verwenden, sonst wird das Verfahren unsicher. Nehmen wir an, Alice habe Blatt 0 und 1 bereits verbraucht und wolle nun mit Blatt 2 signieren. Die Signatur besteht in diesem Fall aus folgenden Bestandteilen:

- Die 256 zur Nachricht passenden Null- und Eins-Geheimnisse, die in Blatt 2 enthalten sind. Wenn die Nachricht beispielsweise mit 01001011 beginnt, dann lauten die ersten acht Werte $zero_0$, one_1, $zero_2$, $zero_3$, one_4, $zero_5$, one_6, one_7.
- Blatt 2
- Hash 3
- Hash 0–1
- Hash 4–7

Zum Verifizieren der Signatur prüft Bob zunächst die Korrektheit der Informationen aus dem Baum:

- Aus Blatt 2 (Teil der Signatur) berechnet er Hash 2.
- Aus Hash 2 und Hash 3 (Teil der Signatur) berechnet er Hash 2-3.
- Aus Hash 2-3 und Hash 0-1 (Teil der Signatur) berechnet Hash 0-3.
- Aus Hash 0-3 und Hash 4-7 (Teil der Signatur) berechnet er Hash 0-7.

Der berechnete Wert von Hash 0–7 muss mit dem öffentlichen Schlüssel von Alice übereinstimmen, sonst ist die Signatur ungültig. Im positiven Fall nimmt Bob den Inhalt von Blatt 2, um die 256 Null- bzw. Eins-Geheimnisse (Teil der Signatur) zu überprüfen, wie bei einer Lamport-Signatur. Ist auch diese Prüfung positiv, dann ist die Verifikation erfolgreich.

Der Unterschied zwischen dem Lamport- und dem Merkle-Signaturverfahren besteht also darin, dass die Null- und Eins-Hashes bei ersterem zum öffentlichen Schlüssel gehören, während sie bei letzterem zu einem Teil der Signatur werden. Dadurch wird eine Merkle-Signatur recht lang. Im vorliegenden Beispiel beträgt sie knapp 200.000 bit, was im Vergleich zu einer RSA-Signatur (2048 bit) ziemlich umfangreich ist. Sie wird sogar noch deutlich länger, wenn Alice mehr als nur acht Nachrichten signieren will. In diesem Fall muss sie statt acht beispielsweise 16 oder 32 Blätter in den Hashbaum aufnehmen. Wenn der Hashbaum vorberechnet ist, ist der Signiervorgang allerdings sehr schnell, da Alice kaum rechnen, sondern nur die entsprechenden Werte heraussuchen muss. Auch der Verifikationsvorgang ist nicht besonders aufwendig.

15.4 Winternitz-Signaturen

Sowohl Lamport- als auch Merkle-Signaturen benötigen für jedes signierte Bit zwei 256-Bit-Geheimnisse sowie jeweils den Hashwert davon. Wenn Alice also eine 256-Bit-Nachricht signieren will, muss sie mit 1024 256-Bit-Werten herumhantieren. Die Frage ist lediglich, ob sie die Hälfte davon im öffentlichen Schlüssel (Lamport) oder in der Signatur (Merkle) unterbringt. Die im Folgenden betrachteten **Winternitz-Signaturen** (auch als Winternitz One-Time Signatures bzw. WOTS bezeichnet) kommen mit deutlich weniger Paaren aus Zufalls- und Hashwerten aus, benötigen dafür aber mehr Aufrufe der Hashfunktion (Chris Dods, 2005). Der öffentliche Schlüssel wird dadurch kürzer, die Schlüsselgenerierung, die Signatur-Erstellung und die Verifizierung dagegen deutlich langsamer.

Wir gehen wieder von einer 256-Bit-Nachricht aus, die Alice signieren will. Anders als bei den bisher betrachteten Hash-basierten Verfahren muss Alice beim Erstellen einer Winternitz-Signatur nicht jedes Bit einzeln signieren. Stattdessen fasst sie jeweils mehrere Bits zu einem Block zusammen und signiert dann blockweise. In unserem Beispiel verwenden wir für diesen Zweck Vier-Bit-Blöcke, auf Alternativen gehe ich weiter unten ein. Wie man leicht nachrechnet, lässt sich eine 256-Bit-Nachricht in 64 Vier-Bit-Blöcke aufteilen, die wir $block_0,\ldots,block_{63}$ nennen. Wir interpretieren den Inhalt jedes Blocks als eine ganze Zahl zwischen 0 und 15.

Anders als bei Lamport- und Merkle-Signaturen, kann Alice die Nachricht in diesem Fall nicht unverändert signieren. Stattdessen muss sie eine Prüfsumme bilden und an die Nachricht hängen. Diese Prüfsumme wird jedoch nicht mit einer kryptografischen Hashfunktion gebildet, sondern durch eine einfache Subtraktion. In unserem Beispiel benötigt Alice drei zusätzliche Vier-Bit-Blöcke, um diese Prüfsumme zu speichern. Die vollständige Nachricht ist daher durch $block_0,\ldots,block_{66}$ gegeben, wobei die Prüfsumme in die Blöcke $block_{64}$, $block_{65}$ und $block_{66}$ abgelegt wird. Die Prüfsumme bildet Alice, indem sie von der Zahl 960 die Inhalte aller Nachrichtenblöcke abzieht:

$$Prüfsumme = 960 - block_0 - block_1 - block_2 - \ldots - block_{63}$$

Wie man leicht nachrechnet, ist die Prüfsumme 0, wenn alle Blöcke den Maximalwert 15 haben. Haben alle Blöcke den Minimalwert 0, dann erhält die Prüfsumme den Wert 960. Die Prüfsumme liegt also immer zwischen 0 und 960. Die drei Blöcke $block_{64}$, $block_{64}$ und $block_{66}$ können zusammen 16·16·16 = 4096 unterschiedliche Werte annehmen, was ausreicht, um die Prüfsumme zu speichern.

Um ein Schlüsselpaar zu erhalten, generiert Alice zunächst 67 256-Bit-Zufallswerte $secret_0$, $secret_1$,…, $secret_{66}$, also für jeden zu signierenden Nachrichtenblock (inklusive Prüfsumme) einen. Sie kann hierfür wiederum Hashketten nutzen, um Speicherplatz zu sparen. Diese 67 Werte $secret_0$, $secret_1$,…, $secret_{66}$ bilden Alices privaten Schlüssel. Man beachte, dass es in diesem Fall keine Null- und Eins-Geheimnisse, sondern nur die Geheimnisse $secret_i$ gibt.

Als nächstes wendet Alice auf jedes Geheimnis $secret_i$ (i=0,…,66) eine kryptografische Hashfunktion *Hash* an – allerdings mit einem wesentlichen Unterschied zu den bisher betrachteten Hash-basierten Verfahren: Sie wendet die Hashfunktion nicht etwa einmal pro Block an, sondern 16 Mal hintereinander. Das Ergebnis ist jeweils $target_i$:

$$\begin{aligned}\mathrm{target}_i &= \mathrm{Hash}^{16}(\mathrm{secret}_i) = \mathrm{Hash}(Hash(Hash(Hash(Hash(Hash(Hash(Hash(Hash\\&(Hash(\mathrm{Hash}(\mathrm{Hash}(\mathrm{Hash}(\mathrm{Hash}(\mathrm{Hash}(\mathrm{Hash}(\mathrm{secret}_i))))))))))))))))\,i = 0,\ldots,63\end{aligned}$$

Die Zahl 16 ergibt sich daraus, dass ein Vier-Bit-Block 16 verschiedene Werte (von 0 bis 15) annehmen kann. Ein Hashwert der 64 Werte $target_0$ bis $target_{63}$ bildet Alices öffentlichen Schlüssel.

Zum Signieren der Nachricht $block_0$,…,$block_{66}$ nimmt Alice zunächst die Variable $block_0$. Nehmen wir an, diese habe den Wert 5. Alice zieht diesen Wert von der Zahl 15 ab und erhält dadurch 10. Sie wendet daher 10-mal die Hashfunktion auf secret_0 an und erhält dadurch sig_0:

$$\begin{aligned}sig_0 &= Hash^{10}\left(secret_0\right)\\&= Hash\ (Hash\ (Hash\ (Hash\ (Hash\ (Hash\ (Hash\ (Hash\ (Hash\ (Hash(secret_i))))))))))\end{aligned}$$

Als nächstes nimmt sich Alice die Variable $block_1$ vor. Nehmen wir an, diese habe den Wert 9. Sie zieht diese Zahl wieder von 15 ab und erhält 6. Sie wendet deshalb 6-mal die Hashfunktion an, um sig_1 zu erhalten:

$$sig_1 = H^6(secret_1) = Hash\ (Hash\ (Hash\ (Hash\ (Hash\ (Hash(secret_1))))))$$

Als nächstes kommt $block_2$ an die Reihe. Nehmen wir an, diese Variable habe den Wert 12. Von 15 abgezogen ergibt sich 3. Alice wendet 3-mal die Hashfunktion an, um sig_2 zu erhalten:

$$sig_2 = Hash^3(secret_2) = Hash(Hash(Hash\ (secret_2)))$$

Auf diese Weise macht Alice weiter bis sig_{66}. Die Werte sig_0 bis sig_{66} bilden die Signatur. Auch bei einer Winternitz-Signatur darf Alice jedes Schlüsselpaar nur einmal verwenden.

Zum Verifizieren muss Bob 67 Signaturgleichungen überprüfen. Er nimmt zunächst $message_0$. Da diese Variable in unserem Beispiel den Wert 5 hat, wendet er die Hashfunktion 5-mal auf sig_0 an und erhält so $target'_0$:

$$target'_0 = Hash^5(sig_0) = Hash(Hash(Hash(Hash(Hash(sig_0)))))$$

Bob nimmt sich nun $block_0$ vor. Da diese Variable den Wert 9 hat, wendet er die Hashfunktion 9-mal auf sig_1 an und erhält $target'_1$:

$$\begin{aligned} target'_1 &= Hash^9(sig_1) \\ &= Hash(Hash(Hash(Hash(Hash(Hash(Hash(Hash(Hash(sig_1))))))))) \end{aligned}$$

Für die Werte $block_2$ bis $block_{66}$ geht Bob analog vor. Am Ende berechnet er den Hashwert aus $target'_0,\ldots,target'_{66}$. Wenn dieser mit Alices öffentlichen Schlüssel (also dem Hashwert von $target_0$ bis $target_{66}$) übereinstimmt, ist die Verifikation erfolgreich.

Die Länge der Nachrichtenblöcke bezeichnet man auch als Winternitz-Parameter, abgekürzt w. In unserem Beispiel ist w=4, da wir mit Vier-Bit-Blöcken arbeiten. Andere Zweierpotenzen sind möglich. Denkbar wäre etwa w=8, was zur Folge hätte, dass es (ohne Prüfsumme) 32 Nachrichtenblöcke gibt und dass die Hashfunktion jeweils 256 Mal aufgerufen werden muss. Bei w=16 wären bereits jeweils 65536 Hashfunktionsaufrufe notwendig, dafür gäbe es (ohne Prüfsumme) nur 16 Nachrichtenblöcke. w=2 wäre ebenfalls möglich, für w=1 funktioniert das Verfahren dagegen nicht.

Das Winternitz-Signaturverfahren kann man zum sogenannten WOTS+-Signaturverfahren erweitern. Bei diesem geht in die Hashwert-Bildung jeweils noch ein Zufallswert als Bitmaske ein (siehe Abschn. 2.2), der als Teil des öffentlichen Schlüssels bereitgestellt wird. Dies hat den Vorteil, dass die verwendete kryptografische Hashfunktion lediglich urbildresistent, nicht aber kollisionsresistent sein muss.

15.5 Leighton-Micali- und XMSS-Signaturen

Auch Winternitz-Signaturen kann man mit einem Hashbaum einsetzen, um die Signaturen zu verkürzen. Es gibt zwei Forschergruppen, die diesen Ansatz auf ähnliche Weise in die Praxis umgesetzt und jeweils einen Internet-Standard (RFC) dazu entwickelt haben. Diese RFCs zählen zu den ältesten Standards für Post-Quanten-Verfahren überhaupt. Leider sind die beiden darin beschriebenen Algorithmen trotz eines ähnlichen Ansatzes nicht kompatibel. Das eine der beiden Verfahren heißt **XMSS** (eXtended Merkle Signature Scheme) und wird im 2018 erschienenen RFC 8391 beschrieben (Andreas Hülsing, 2018) Das zweite Verfahren ist **Leighton-Micali**. Es stammt aus dem Jahr 2019 und ist in RFC 8554 standardisiert (David McGrew, 2019)

XMSS und Leighton-Micali sehen einen Hashbaum vor. Wir gehen vereinfachend wieder davon aus, dass dieser acht Blätter hat (siehe Abb. 15.3). Für jedes Blatt generiert Alice

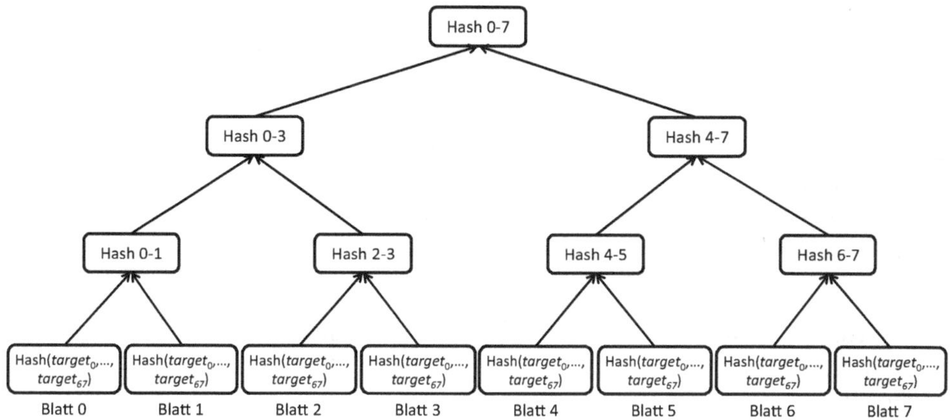

Abb. 15.3 Die Hash-basierten Signaturverfahren XMSS und Leighton-Micali kombinieren die Funktionsweise der Winternitz-Signaturen mit einem Hashbaum

die Zufallswerte $secret_i$ (in unserem Beispiel sind dies $secret_0$, $secret_1$,..., $secret_{66}$), die mithilfe von Hashketten generiert werden können und zusammen den privaten Schlüssel bilden, sowie die Hashwerte $target_i$ (in unserem Beispiel sind dies $target_0$, $target_1$,..., $target_{66}$), wie bei der Schlüsselgenerierung für Winternitz-Signaturen. Natürlich müssen die Zufallswerte für jedes Blatt unterschiedlich sein. Im Blatt selbst wird lediglich der Hashwert über alle $target_i$ gespeichert, also der öffentliche Winternitz-Schlüssel. Anschließend baut Alice einen Hashbaum auf, wie in der Abbildung zu sehen. Die Wurzel des Baums ist ihr öffentlicher Schlüssel.

Zum Signieren einer Nachricht *message* generiert Alice eine Winternitz-Signatur bestehend aus sig_0 bis sig_{66}, wobei sie die zu einem der Blätter gehörenden Werte $secret_i$ nutzt. Jedes Blatt darf sie nur einmal verwenden. In unserem Beispiel kann sie also insgesamt acht Signaturen anfertigen, die sich jeweils auf eine 256-Bit-Nachricht beziehen. Die verbrauchten Blätter muss Alice auf ihrer schwarzen Liste notieren. Wenn wir annehmen, dass sie die Blätter 0 bis 4 verbraucht hat und nun Blatt 5 an der Reihe ist, gehören zur Signatur folgende Informationen:

- Die zu Blatt 5 gehörenden Werte sig_0 bis sig_{66}
- Blatt 5
- Blatt 4
- Hash 6-7
- Hash 0-3

Bob verifiziert die Signatur nun in zwei Schritten. Im ersten Schritt prüft er die Winternitz-Signatur:

- Aus sig_0 bis sig_{66} (Teil der Signatur) berechnet er $target'_0$ bis $target'_{66}$.
- Aus $target'_0$ bis $target'_{66}$ berechnet er einen Hashwert.

Tab. 15.1 Die Signaturverfahren XMSS und Leighton-Micali im Überblick

Name	XMSS, Leighton-Micali
Zweck:	Digitales Signieren
Typ:	OTS-Typ
Einwegfunktion:	Kryptografische Hashfunktion
Umkehrung der Einwegfunktion:	Finden eines passenden Urbilds zu gegebenem Hashwert einer kryptografischen Hashfunktion
Privater Schlüssel:	Zufallswerte, die als Urbilder für die potenziell mehrfache Anwendung einer kryptografischen Hashfunktion genutzt werden
Öffentlicher Schlüssel:	Hashwert (Wurzel des Hashbaums)
Typische Länge des privaten Schlüssels:	20.000 bit
Typische Länge des öffentlichen Schlüssels:	500 bit
Typische Länge der Signatur:	30.000 bit

Der berechnete Hashwert muss mit dem in Blatt 5 (Teil der Signatur) gespeicherten Hashwert übereinstimmen. Im zweiten Schritt prüft Bob die Korrektheit des Baums:

- Aus Blatt 5 (Teil der Signatur) und Blatt 4 (Teil der Signatur) berechnet er Hash 4–5.
- Aus Hash 4–5 und Hash 6–7 (Teil der Signatur) berechnet er Hash 4–7.
- Aus Hash 4–7 und Hash 0–3 (Teil der Signatur) berechnet er Hash 0–7

Der berechnete Wert von Hash 0–7 muss mit dem öffentlichen Schlüssel von Alice übereinstimmen. Ergeben sich in beiden Schritten die geforderten Übereinstimmungen, dann ist die Verifikation erfolgreich. Die beschriebenen Abläufe entsprechen sowohl dem XMSS- als auch dem Leighton-Micali-Signaturverfahren. Dennoch sind die beiden Algorithmen nicht kompatibel. Die Unterschiede liegen hauptsächlich in einigen Sicherheitseigenschaften und sollen uns an dieser Stelle nicht interessieren. Man kann diese beiden Verfahren wie folgt zusammenfassen (die Längen der Schlüssel und der Signatur können abhängig von den gewählten Parametern stark variieren und sind daher nur als grobe Richtwerte zu verstehen) (Tab. 15.1):

15.6 HORS-Signaturen

Die bisher betrachteten Hash-basierten Signaturverfahren haben die Eigenschaft, dass Signiererin Alice einen Zufallswert und den daraus generierten Hashwert (oder die daraus generierten Hashwerte) nur einmal verwenden darf. Bei **HORS-Signaturen** (Hash to Obtain Random Subset) ist die Sache jedoch anders (Eric Zhang, 2022). Hier kann Alice ein entsprechendes Paar mehrfach verwenden – die Anzahl ist aber dennoch begrenzt. Man spricht in diesem Fall von einem FTS-Verfahren, wobei FTS für Few-Time-Signature steht. In Abgrenzung dazu bezeichnet man ein Verfahren, bei dem ein Zufallswert-Hashwert-Paar nur einmal verwendet werden darf als One-Time-Signature (OTS).

Wir gehen wiederum davon aus, dass Alice eine 256-Bit-Nachricht signieren will. Diese teilt sie in 64 Vier-Bit-Blöcke auf, die wir $message_0,\dots,message_{63}$ nennen. Jeder Vier-Bit-Block kann 16 unterschiedliche Werte (von 0 bis 15) annehmen. Alices privater Schlüssel besteht aus den 16 Geheimnissen $secret_0$ bis $secret_{15}$, bei denen es sich jeweils um 256-Bit-Werte handelt. Ihr öffentlicher Schlüssel besteht aus den 16 Hashwerten $hash_0=Hash(secret_0)$ bis $hash_{15}=Hash(secret_{15})$, die ebenfalls jeweils 256 bit umfassen.

Nehmen wir nun an, die zu signierende Nachricht beginne mit den fünf Werten $message_0=2$, $message_1=12$, $message_2=7$, $message_3=12$ und $message_4=11$. Dann beginnt die Signatur mit den fünf Hashwerten $sig_0=secret_2$, $sig_1=secret_{12}$, $sig_2=secret_7$, $sig_3=secret_{12}$ und $sig_4=secret_{11}$. Allgemein gesprochen gilt:

$$sig_0 = secret_{m_0}, sig_1 = secret_{m_1}, \dots, sig_{63} = secret_{m_{63}}$$

Zum Verifizieren prüft Bob, ob sich bei Anwendung der kryptografischen Hashfunktion auf die Signatur-Werte sig_0, $sig_1,\dots$, sig_{63} die entsprechenden Hashwerte ergeben. In unserem Beispiel also $hash_2$, $hash_{12}$, $hash_7$, $hash_{12}$, $hash_{11}$ und so weiter. Sind die resultierenden Hashwerte korrekt, dann ist die Signatur echt.

Eine HORS-Signatur ist recht einfach zu erstellen und zu verifizieren. Ein Nachteil ist jedoch offensichtlich: Ein Angreifer kann die Reihenfolge der Nachrichtenblöcke verändern. Sofern er bei der Signatur das gleiche tut, bleibt die Signatur gültig. In unserem Beispiel könnte ein Angreifer etwa für die Nachricht bestehend aus den fünf Werten $message_0=7$, $message_1=12$, $message_2=2$, $message_3=11$ und $message_4=12$ eine Signatur generieren, indem er Alices Signatur in Hashwerten $sig_0=hash_7$, $sig_1=hash_{12}$, $sig_2=hash_2$, $sig_3=hash_{11}$ und $sig_4=hash_{12}$ umordnet. Auf diese Weise kann ein Angreifer beispielsweise aus der Nachricht „Kaufe 250 Aktien" die Nachricht „Kaufe 520 Aktien" machen, ohne dass die Signatur ihre Gültigkeit verliert.

Allerdings kann Alice einen solchen Angriff leicht verhindern, indem sie keine Originalnachricht, sondern einen kryptografischen Hashwert davon signiert. Sofern die verwendete kryptografische Hashfunktion sicher ist, führt eine Änderung der Reihenfolge der Buchstaben in einer Nachricht zu einem völlig neuen Hashwert, was eine entsprechende Manipulation unmöglich macht. Da in der Praxis ohnehin fast immer Hashwerte signiert werden, ist diese mögliche Schwachstelle unkritisch. Man kann jedoch sagen: Bei einer HORS-Signatur ist das Berechnen eines Hashwerts aus der zu signierenden Nachricht ein notwendiger Bestandteil des Verfahrens, während die meisten anderen Signaturalgorithmen auch ohne diesen Schritt ausgeführt werden können.

Alice kann bei HORS-Signaturen ein Schlüsselpaar bestehend aus $secret_i$- und $hash_i$-Werten wiederverwenden. Allerdings gilt: Je öfter sie dasselbe Paar verwendet, desto mehr $secret_i$-Werte werden bekannt und desto größer ist die Gefahr, dass ein Angreifer alle benötigten $secret_i$-Werte kennt, um die Signatur einer Nachricht zu fälschen.

15.7 HORST-Signaturen

Auch HORS-Signaturen lassen sich mit einem Hashbaum einsetzen (siehe Abb. 15.4). Dies bezeichnet man als HORS with Trees oder **HORST**. Wenn wir wieder von einer Nachricht ausgehen, die in Vier-Bit-Blöcke aufgeteilt ist, generiert Alice wie bei HORS-Signaturen zunächst einmal die Geheimnisse $secret_0$ bis $secret_{15}$ und nutzt diese als privaten Schlüssel. Daraus bildet sie mit einer Hashfunktion die Hashwerte $hash_0=Hash(secret_0)$ bis $hash_{15}=Hash(secret_{15})$. Diese 16 Hashwerte bilden die Blätter eines Hashbaums, der in diesem Fall HORST-Baum genannt wird. Diesen baut Alice anschließend auf, indem sie jeweils zwei Werte zusammen hasht, wobei das Ergebnis die nächsthöhere Stufe bildet. Der Hashwert Hash 0-15, also die Wurzel des Baums, ist Alices öffentlicher Schlüssel. Dieser ist nur 256 bit lang, was für den öffentlichen Schlüssel eines asymmetrischen Verfahrens sehr kurz ist.

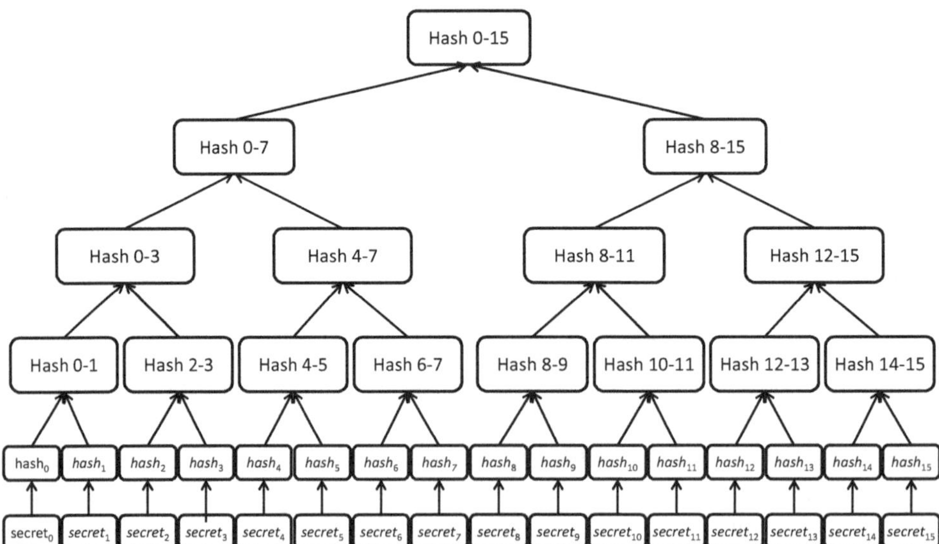

Abb. 15.4 Eine HORST-Signatur funktioniert ähnlich wie eine HORS-Signatur. Der öffentliche Schlüssel besteht hier jedoch aus einem Hashwert (in diesem Fall Hash 0–15), während die benötigten $hash_i$-Werte in die Signatur aufgenommen werden

Wir bezeichnen die Nachricht wieder als $message_0,\ldots,message_{63}$, wobei jedes $message_i$ einen Wert zwischen 0 und 15 annehmen kann. Dann lautet ein Teil der Signatur wie beim HORS-Signaturverfahren:

$$\mathrm{sig}_0 = \mathrm{secret}_{m_0}, \mathrm{sig}_1 = \mathrm{secret}_{m_1}, \ldots, \mathrm{sig}_{63} = \mathrm{secret}_{m_{63}}$$

Wenn die zu signierende Nachricht wieder mit den fünf Werten 2, 12, 7, 12 und 11 beginnt, dann bilden die fünf Hashwerte $sig_0=secret_2$, $sig_1=secret_{12}$, $sig_2=secret_7$, $sig_3=secret_{12}$ und $sig_4=secret_{11}$ einen weiteren Teil der Signatur (wie beim HORS-Verfahren). Darauf folgen die Werte sig_5 bis sig_{63}. Zusätzlich muss Alice in der Signatur zu jedem sig_i den Pfad zur Wurzel mitliefern. Hat beispielsweise sig_{27} den Wert 13, dann liefert sie neben $secret_{13}$ den Pfad bestehend aus $hash_{12}$, Hash 14-15, Hash 8-11 und Hash 0-7. Mit diesen Werten kann Bob beim Verifizieren den Hash 0-15 berechnen und diesen mit Alices öffentlichem Schlüssel vergleichen. Im positiven Fall ist s_{27} korrekt. Für die anderen 63 Nachrichtenblöcke gilt der gleiche Ablauf.

Da sich die Pfade von den Blättern zur Wurzel manchmal überschneiden, kann Alice teilweise verkürzte Pfade in die Signatur aufnehmen, was dann auch die Signatur verkürzt. Außerdem können HORST-Signaturen mit Bitmasken eingesetzt werden (siehe Abschn. 2.2), was bedeutet, dass Alice in jeden Aufruf einer Hashfunktion beim Aufbauen des Baums einen nichtgeheimen Zufallswert (Bitmaske) einfließen lässt. Bei jedem Aufruf wird eine andere Bitmaske verwendet. Die Bitmasken werden zu einem Teil der digitalen Signatur und fließen in den Hashwert ein, der den öffentlichen Schlüssel bildet. Bitmasken erhöhen die Sicherheit, da die verwendete Hashfunktion nur urbildresistent, nicht aber kollisionsresistent sein muss.

15.8 FORS-Signaturen

HORST-Signaturen kann man zu **FORS-Signaturen** erweitern. FORS steht für „forest of random subsets". Für eine Signatur dieser Art nutzt man mehrere HORST-Bäume, die mit einem Hashwert der jeweiligen Wurzel zu einem Baum vereinigt werden (siehe Abb. 15.5). Die neue Wurzel (in der Abbildung ist dies Hash-B1-B3) ist Alices öffentlicher Schlüssel. Die Nachricht wird auch hier in Blöcke aufgeteilt, die in unserem Fall aus vier Bits bestehen. Den ersten Block signiert Alice mit dem ersten Baum, den zweiten Block mit dem zweiten Baum und den dritten Block mit dem dritten Baum. Danach fängt sie wieder mit dem ersten Baum an. FORS-Signaturen sind länger als HORST-Signaturen, jedoch schneller zu verifizieren.

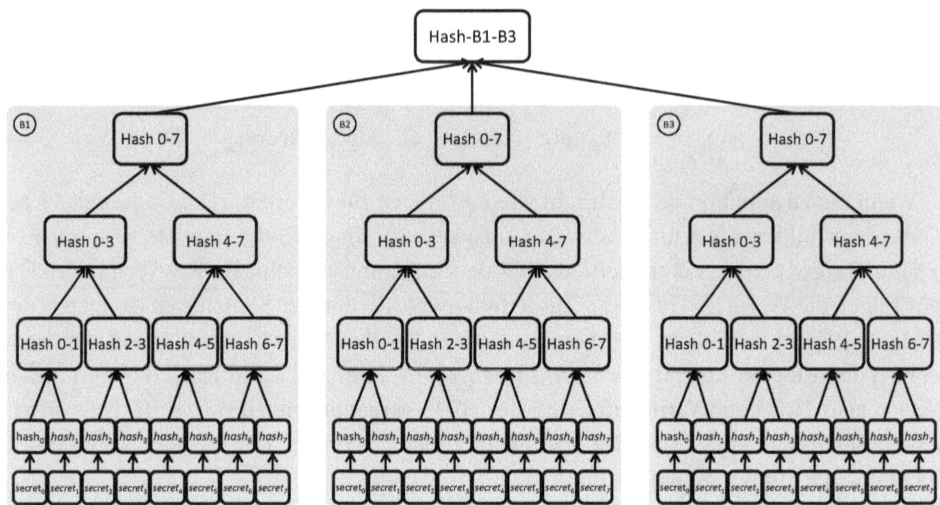

Abb. 15.5 Eine FORS-Signatur verwendet mehrere (in diesem Fall drei) kleine HORST-Bäume

15.9 Zustandslose Hash-basierte Signaturverfahren: SPHINCS und SPHINCS+

Bisher haben wir nur solche Hash-basierte Signaturverfahren betrachtet, bei denen Alice eine schwarze Liste der verbrauchten Schlüssel führen muss. Man spricht in diesem Zusammenhang auch von zustandsabhängigen Signaturen. Das Gegenteil von zustandsabhängig ist zustandslos. Zu den zustandslosen Signaturverfahren gehören alle, die ich vor dem aktuellen Kapitel vorgestellt habe, insbesondere RSA, CRYSTALS-Dilithium, multivariate Signaturalgorithmen und MPC-in-the-Head-Verfahren.

Zustandsabhängige Signaturverfahren haben zwei offensichtliche Nachteile. Zum einen ist die Zahl der mit einem Schlüsselpaar generierbaren Signaturen begrenzt. Dies fällt allerdings nur dann ins Gewicht, wenn sehr viele Signaturen erstellt werden, beispielsweise für digitale Briefmarken oder Fahrkarten. Wenn wir dagegen von einem Durchschnittsanwender ausgehen, der ab und zu eine Bestellung oder Quittung signiert, dürften beispielsweise 128 Signaturen für einige Jahre ausreichen. Wichtiger ist daher oft der zweite Nachteil: Signiererin Alice muss eine schwarze Liste der verbrauchten Schlüssel führen. Wenn sie sich dabei vertut und einen Schlüssel wiederverwendet, wird das Verfahren unsicher.

Es gibt jedoch auch zustandslose Hash-basierte Signaturverfahren. Diese arbeiten mit sehr großen Hashbäumen. Der jeweilige Hashbaum muss so groß sein, dass Alice zufällig ein Blatt auswählen kann, ohne dass die Gefahr besteht, dass sie dieses schon einmal verwendet hat (bei Few-Times-Signaturen gilt dies nur eingeschränkt, aber auch hier kann eine Wiederverwendung zu einer fälschbaren Signatur führen). Alice muss hierbei keine schwarze Liste der verbrauchten Blätter führen, sondern verlässt sich darauf, dass der un-

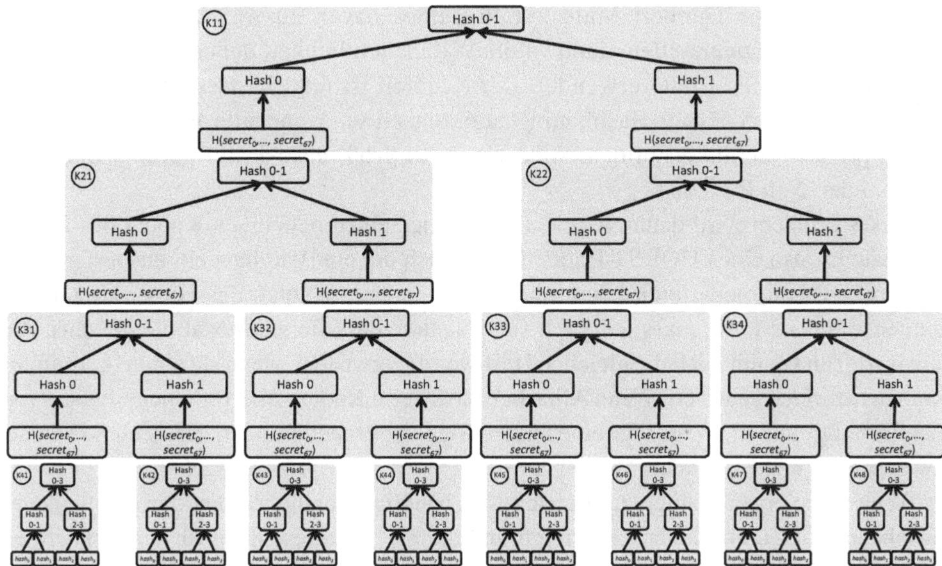

Abb. 15.6 Das Signaturverfahren SPHINCS arbeitet mit einem Hyper-Hashbaum. Jedes Blatt von diesem entspricht einem HORST-Baum, alle anderen Knoten sind Winternitz-Bäume

wahrscheinliche Fall der Doppelnutzung nicht vorkommt. Nach diesem Prinzip arbeiten die Signaturverfahren SPHINCS und SPHINCS+, auf die ich im Folgenden eingehe.

Genau genommen arbeiten SPHINCS und SPHINCS+ mit sogenannten Hyper-Hashbäumen. Ein Hyper-Hashbaum ist ein Hashbaum, bei dem jeder Knoten selbst aus einem Hashbaum besteht. Für uns sind im Folgenden Hyper-Hashbäume relevant, deren Blätter von HORST-Bäumen gebildet werden. Mit einem HORST-Baum kann Alice eine 256-Bit-Nachricht in der in Abschn. 15.7 beschriebenen Weise signieren. Alle anderen Knoten eines Hyper-Hashbaums, wie wir ihn hier benötigen, sind Winternitz-Bäume, genauer gesagt WOTS+-Bäume. Jedes Blatt eines dieser Winternitz-Bäume wird genutzt, um die Wurzel des darunterliegenden Baums zu signieren.

Abb. 15.6 zeigt ein Beispiel für einen Hyper-Hashbaum in der beschriebenen Ausführung (allerdings etwas vereinfacht). Er besteht aus insgesamt 15 Knoten (mit $K11$, ..., $K48$ bezeichnet), die jeweils selbst einen Baum darstellen. Die Knoten auf den drei oberen Ebenen enthalten je einen Winternitz-Baum, wobei jeder Winternitz-Baum zwei Blätter hat. In der untersten Ebene stehen acht HORST-Bäume, die jeweils das Signieren einer Vier-Bit-Nachricht erlauben. Für die Praxis ist dieser Hyper-Hashbaum natürlich viel zu klein. Insbesondere ist die Gefahr recht groß, dass Alice bei mehrmaliger zufälliger Auswahl eines Blattes ein solches doppelt wählt.

Es ist jedoch nicht schwierig, auf ähnliche Weise einen sehr großen Hyper-Hashbaum zu generieren. Wenn es beispielsweise 12 Ebenen von Winternitz-Bäumen gibt und jeder Winternitz-Baum 32 Blätter hat, erhalten wir einen Hyper-Hashbaum mit $2^{60} \approx 10^{18}$ Blättern, wobei ein Blatt in der Praxis das Signieren von 256 bit ermöglicht.

Wenn Alice einige Hundert Male zufällig eines davon auswählt, um jeweils eine HORST-Signatur zu erstellen, dann ist die Wahrscheinlichkeit äußerst gering, dass sie zweimal das gleiche Blatt verwendet. Der Nachteil ist jedoch, dass Alice hierbei mit einem sehr großen Hyper-Hashbaum hantieren muss. Wenn alle Blätter zusammen Alices privaten Schlüssel bilden, wird dieser so groß, dass er auf keinem Speichermedium der Welt Platz hat.

Dieses Problem wird dadurch gelöst, dass Alice einen beliebigen Knoten des Hyper-Hashbaums (also einen HORST-Baum, falls es sich um ein Blatt handelt, ansonsten einen Winternitz-Baum) generieren kann, ohne einen anderen Knoten des Hyper-Hashbaums kennen zu müssen. Sie muss lediglich sicherstellen, dass sie jedes Mal die gleichen Zufallswerte (und damit auch die gleichen Hashwerte) verwendet, wenn sie einen bestimmten Knoten mehrfach generiert. Wenn Alice beispielsweise Knoten *K*43 für einen Signaturvorgang benötigt und ihn später für eine andere Signatur erneut braucht, darf sich *K*43 in der Zwischenzeit nicht verändern.

Wenn Alice einen Knoten zum ersten Mal benötigt, könnte sie den darin enthaltenen Hashbaum mit Zufallszahlen generieren und müsste sich diese dann für eine spätere erneute Generierung merken. Das ist allerdings nicht praktikabel, da Alice hierfür eine immer länger werdende Liste von generierten Hyper-Hashbaum-Blättern führen müsste. Alice kann jedoch Hashketten einsetzen. Der Startwert besteht aus einer Variable (die für alle Blätter den gleichen Wert hat) sowie der Position des Blattes im Baum. Diese Position schreiben wir beispielsweise für das linke Blatt von *K*32 wie folgt: 0003 (dritte Ebene des Hyper-Hashbaums), 0002 (zweiter Knoten in dieser Ebene), 0001 (erstes Blatt), zusammen also 000300020001. Es gilt nun:

$$\mathrm{secret}_0 = \mathrm{Hash}_{\mathrm{key}}(000300020001)$$
$$\mathrm{secret}_{\mathrm{i}} = \mathrm{Hash}_{\mathrm{key}}(\mathrm{secret}_{\mathrm{i-1}})\,\text{für}\, i = 1,2,\ldots,67$$

Für das rechte Blatt gilt entsprechend:

$$\mathrm{secret}_0 = \mathrm{Hash}_{\mathrm{key}}(000300020002)$$
$$\mathrm{secret}_{\mathrm{i}} = \mathrm{Hash}_{\mathrm{key}}(\mathrm{secret}_{\mathrm{i-1}})\,\text{für}\, i = 1,2,\ldots,67$$

Wenn Alice den Knoten K*32* später noch einmal benötigt, kann sie mit dem Schlüssel *key* alle Blätter und damit den ganzen Baum in diesem Knoten erneut generieren. *key* ist gleichzeitig Alices privater Schlüssel.

Um ihren öffentlichen Schlüssel zu generieren, bildet Alice die Wurzel des Hyper-Hashbaums, also im Beispiel *K*11. Dies macht sie auf die beschriebene Weise, indem sie zunächst mit ihrem privaten Schlüssel *key* die Winternitz-Blätter von *K*11 als Hashkette generiert. Anschließend berechnet sie die benötigten Hashwerte, um auf Hash-0-1 zu kommen. Dieser Wert ist ihr öffentlicher Schlüssel.

Wie das Signieren erfolgt, erklären wir am Hyper-Hashbaum in der Abbildung. Das Ergebnis bezeichnen wir als SPHINCS-Signatur:

1. Alice generiert mit dem Schlüssel *key* einen HORST-Baum auf die beschriebene Weise, beispielsweise *K*43. Mit diesem HORST-Baum signiert sie die Nachricht (diese ist in Form eines Hashwerts gegeben), wobei eine HORST-Signatur entsteht. Diese wird zum ersten Bestandteil der SPHINCS-Signatur. Die Wurzel von *K*43 (dies ist der Wert Hash-0–3, der dem öffentlichen Schlüssel im HORST-Signaturverfahren entspricht) zählt ebenfalls zur SPHINCS-Signatur.
2. Alice signiert die Wurzel von *K*43 mithilfe des Winternitz-Baums in *K*32. Die entstehende Winternitz-Signatur inklusive der Wurzel von *K*32 (Hash-0–1) ist ein weiterer Bestandteil der SPHINCS-Signatur.
3. Die Wurzel von *K*43 signiert Alice mit dem Winternitz-Baum in *K*21. Die entstehende Winternitz-Signatur inklusive der Wurzel von *K*21 (Hash-0–1) ist ein weiterer Bestandteil der SPHINCS-Signatur.
4. Alice signiert *K*21 mit dem Winternitz-Baum in *K*11. Die entstehende Winternitz-Signatur ist ein weiterer Bestandteil der SPHINCS-Signatur. Da die Wurzel von *K*11 (Hash-0-1) Alices öffentlicher Schlüssel ist, nimmt sie diesen nicht zur SPHINCS-Signatur hinzu.

Wenn Bob Alices SPHINCS-Signatur verifizieren will, geht er wie folgt vor:

1. Bob verifiziert die HORST-Signatur der Nachricht aus dem ersten Schritt der Signaturgenerierung. Dazu verwendet er die Wurzel von *K*43, die ein Teil der SPHINCS-Signatur ist.
2. Bob verifiziert die Winternitz-Signatur der Wurzel von *K*43. Dazu verwendet er die Wurzel von *K*32, die Teil der SPHINCS-Signatur ist.
3. Bob verifiziert die Winternitz-Signatur der Wurzel von *K*32. Dazu verwendet er die Wurzel von *K*21, die Teil der SPHINCS-Signatur ist.
4. Bob verifiziert die Winternitz-Signatur der Wurzel von *K*21 und verwendet dazu Alices öffentlichen Schlüssel, also die Wurzel von *K*11.

Wenn alle Prüfungen in diesem Ablauf positiv ausfallen, ist Bobs Verifikation der SPHINCS-Signatur erfolgreich. Der beschriebene Ablauf entspricht in etwa dem Signaturverfahren SPHINCS, das 2015 von einem internationalen Kryptografen-Team vorgestellt wurde (Daniel J. Bernstein, 2015) Ein Unterschied besteht darin, dass SPHINCS bei der Anwendung von Hashfunktionen teilweise Bitmasken verwendet, worauf ich an dieser Stelle der Einfachheit halber verzichtet habe. Außerdem ist die Generierung der Hashketten etwas komplexer als hier dargestellt.

Der Nachfolger von SPHINCS ist SPHINCS+, das im Wesentlichen von den gleichen Personen wie SPHINCS entwickelt wurde (Jean-Philippe Aumasson, 2022) Der wichtigste Unterschied zwischen den beiden Verfahren ist, dass SPHINCS+ FORS-Signaturen statt HORST-Signaturen verwendet. Außerdem wählt Signiererin Alice das Blatt des Hyper-Hashbaums in diesem Fall nicht zufällig aus, sondern leitet die Auswahl von einem kryptografischen Hashwert ab, den sie aus einigen involvierten Werten generiert. Dies hat unter anderem den Vorteil, dass Alice selbst dann nicht zweimal dasselbe Blatt wählen kann, wenn sie das möchte (etwa, weil sie absichtlich eine fälschbare Signatur erstellen möchte).

Wie alle Hash-basierten Signaturverfahren profitieren SPHINCS und SPHINCS+ davon, dass ihre Sicherheit ausschließlich von der Sicherheit der verwendeten kryptografischen Hashfunktion abhängt. Von Nachteil sind dagegen die extrem langen Signaturen, die diese Verfahren produzieren.

Am ersten NIST-Post-Quanten-Wettbewerb nahmen die Verfahren SPHINCS+ und Gravity-SPHINCS teil. Letzteres ähnelt SPHINCS, enthält jedoch ein paar Verbesserungen (Jean-Philippe Aumasson, 2017). Es stammt von zwei französischen Kryptografen und schied in der ersten Runde aus. SPHINCS+ erreichte dagegen einen Platz unter den vier besten Algorithmen des Wettbewerbs und wurde anschließend unter dem Namen SLH-DSA standardisiert.

Am zweiten NIST-Post-Quanten-Wettbewerb nahm dann die SPHINCS-Varainte SPHINCS-alpha teil, die von drei chinesischen Kryptografen – diese waren nicht an der Entwicklung von SPHINCS oder SPHINCS+ beteiligt – entwickelt wurde **Invalid source specified.** Es schied in der ersten Runde aus.

Ebenfalls am zweiten NIST-Post-Quanten-Wettbewerb war Ascon-Sign beteiligt **Invalid source specified.** Dabei handeltes es sich um eine Variante von SPHINCS+, bei der als Hashfunktion das aus Österreich stammende Verfahren Ascon verwendet wird **Invalid source specified.** Ascon, das sich auch zum Verschlüsseln nutzen lässt, ist besonders

Tab. 15.2 Das Signaturverfahren SPHINCS+ im Überblick

Name:	SPHINCS+ (SLH-DSA)
Zweck:	Digitales Signieren
Typ:	OTS-Typ
Einwegfunktion:	Kryptografische Hashfunktion
Umkehrung der Einwegfunktion:	Finden eines passenden Urbilds zu gegebenem Hashwert einer kryptografischen Hashfunktion
Privater Schlüssel:	Variable *key*, mit der die Blätter eines Baums generiert werden
Öffentlicher Schlüssel:	Wurzel des Hyper-Hashbaums
Typische Länge des privaten Schlüssels:	1000 bit
Typische Länge des öffentlichen Schlüssels:	500 bit
Typische Länge der Signatur:	30.000 bit

performant und ermöglicht daher eine schnelle Signaturerstellung und Verifikation. Auch die Entwickler von Ascon-Sign gehören nicht zu den Schöpfern von SPHINCS oder SPHINCS+. Im Wettbewerb erreichte es nicht die zweite Runde. SPHINCS+ können wir wie folgt zusammenfassen (die Längen der Schlüssel und der Signatur können abhängig von den gewählten Parametern stark variieren und sind daher nur als grobe Richtwerte zu verstehen) (Tab. 15.2):

15.10 Hash-basierte Verfahren in der Praxis

Hash-basierte Signaturverfahren sind insgesamt recht pflegeleicht. Sie sind einfach zu implementieren, und es gibt kaum Fallstricke bei der Parameterwahl. Ein großer Vorteil besteht außerdem in ihrer Sicherheit. Man kann beweisen, dass ein Hash-basiertes Signaturverfahren nicht zu knacken ist, sofern die verwendete Hashfunktion sicher ist. Da es einige bewährte Hashfunktionen gibt, ist die Gefahr recht gering, dass von dieser Seite aus Gefahr droht.

Hash-basierte Signaturverfahren wirken zwar oft etwas umständlich, sind für viele Anwendungen jedoch durchaus praktikabel. Für das Code-Signing oder Firmware-Updates ließen sich die entsprechenden Verfahren problemlos nutzen, falls RSA den Quantentod stirbt. Auch zum Signieren eines CA-Zertifikats in einer Public-Key-Infrastruktur kann man einen solchen Algorithmus verwenden. Sobald es jedoch um Signaturen im Alltag geht (z. B. mit einem elektronischen Personalausweis), sind Hash-basierte Verfahren jedoch zu umständlich.

Praxistipp Demonstrationen der Hash-basierten Signaturverfahren Merkle und SPHINCS+ sind im Funktionsumfang von JCrypTool, der Java-Variante der Open-Source-Software CrypTool, enthalten (siehe Kap. 1).

Weitere Post-Quanten-Algorithmen 16

Neben Gitter-basierten, Code-basierten, multivariaten, Isogenie-basierten, MPC-in-the-Head- und Hash-basierten Verfahren gibt es noch einige weitere Post-Quanten-Algorithmen. Diese spielen jedoch in den aktuellen Diskussionen keine nennenswerte Rolle.

16.1 Rucksack-Algorithmen

Rucksack-Algorithmen gehören zu den ältesten asymmetrischen Krypto-Verfahren überhaupt. Sie sind nach dem Rucksack-Problem (englisch: knapsack problem) benannt, auf dem sie basieren. Um das Rucksackproblem an einem Beispiel zu erklären, nehmen wir an, ein Wanderer habe zehn Gegenstände zur Auswahl, die er in seinen Rucksack packen kann. Diese zehn Gegenstände haben folgende Gewichte: 1, 3, 6, 9, 10, 15, 19, 25, 29 und 36. Die Frage lautet in unserem Beispiel: Welche dieser Gegenstände muss der Wanderer einpacken, damit der Inhalt des Rucksacks genau das Gewicht 71 erreicht?

Mathematisch können wir das wie folgt ausdrücken:

$$a_1 + 3a_2 + 6a_3 + 9a_4 + 10a_5 + 15a_6 + 19a_7 + 25a_8 + 29a_9 + 36a_{10} = 71$$

Gefragt ist, welche Werte die Variablen a_i (i=1,…,10) annehmen, wobei jeweils nur 0 oder 1 zulässig ist.

Es ist recht einfach, ein solches Rucksack-Rätsel zu erstellen. Wenn die Gewichte der Gegenstände gegeben sind, wählt man einige davon aus, indem man die entsprechenden a_i auf 1 setzt, während die anderen 0 bleiben. Anschließend berechnet man das Gesamtgewicht. Im obigen Beispiel habe ich a_1, a_3, a_4, a_7 und a_{10} auf 1 gesetzt, die restlichen auf 0 gelassen und dadurch als Ergebnis 1+6+9+19+36=71 erhalten. Ein solches Rätsel zu

K. Schmeh, *Post-Quanten-Kryptografie*,
https://doi.org/10.1007/978-3-658-50705-3_16

lösen, ist dagegen deutlich schwieriger. Wenn es statt zehn mehrere Hundert Gegenstände mit unterschiedlichen Gewichten gibt, dann ist irgendwann selbst der stärkste Computer überfordert. Es liegt also eine Einwegfunktion vor.

1978 präsentierten Ralph Merkle und Martin Hellman ein asymmetrisches Verschlüsselungsverfahren, das das Rucksackproblem nutzt und das als **Merkle-Hellman-Verfahren** bezeichnet wird. Dieser Algorithmus nutzt aus, dass das Rucksack-Problem recht einfach zu lösen ist, wenn jeder zur Verfügung stehende Gegenstand mehr wiegt als alle zuvor genannten zusammen, also beispielsweise 1, 3, 7, 13, 29, 62, 129, 280, 590, 1201. Diese Eigenschaft wird als „stark wachsend" bezeichnet. Das Merkle-Hellman-Verfahren verwendet für die Addition der Gewichte die Modulo-Rechnung, wodurch eine bestimmte Gewichts-Obergrenze nie überschritten wird. Als Modulus wird eine Primzahl verwendet.

Der private Schlüssel von Nachrichtenempfänger Bob für das Rucksackverfahren ist eine stark wachsende Folge von Gewichten, die wir als $private_i$ bezeichnen. Wir nehmen als Beispiel $private_1$=1, $private_2$=3, $private_3$=7, $private_4$=13, $private_5$=29. Diese fünf Gewichte werden durch eine Modulo-Multiplikation mit einer Zahl *mult*, die ebenfalls zum privaten Schlüssel gehört, in eine Folge von Gewichten $public_i$ umgewandelt, die nicht stark wächst. Wenn wir als Modulus die Primzahl 37 nehmen und *mult*=7 wählen, dann gilt:

$$\begin{aligned}
public_1 &= private_1 \cdot mult = 1 \cdot 7 = 7 \pmod{37} \\
public_2 &= private_2 \cdot mult = 3 \cdot 7 = 21 \pmod{37} \\
public_3 &= private_3 \cdot mult = 7 \cdot 7 = 12 \pmod{37} \\
public_4 &= private_4 \cdot mult = 13 \cdot 7 = 17 \pmod{37} \\
public_5 &= private_5 \cdot mult = 29 \cdot 7 = 18 \pmod{37}
\end{aligned}$$

Die fünf Gewichte $public_1$ bis $public_5$ bilden Bobs öffentlichen Schlüssel. Mit diesen Gewichten ist das Rucksackproblem nur schwer zu lösen, da ihre Folge nicht stark wächst. Es ist außerdem schwierig, die ursprüngliche, stark wachsende Folge $private_i$ zu finden, sofern die Variable *mult* nicht bekannt ist. Das Umwandeln der *private*-Variablen in die *public*-Variablen durch eine Modulo-Multiplikation ist daher eine Falltürfunktion. Die Variable *mult* dient als Falltürinformation. Die zugehörige Einwegfunktion ist das Erstellen eines Rucksackproblems.

Nachrichtenabsenderin Alice kann mit dem Merkle-Hellman-Verfahren so viele Bits verschlüsseln, wie es Variablen im öffentlichen Schlüssel gibt – in unserem Beispiel also fünf. Nehmen wir an, der Klartext sei 01011. Dann rechnet Alice wie folgt:

$$\begin{aligned}
&0 \cdot public_1 + 1 \cdot public_2 + 0 \cdot public_3 + 1 \cdot public_4 + 1 \cdot public_5 \pmod{37} \\
&= 0 \cdot 7 + 1 \cdot 21 + 0 \cdot 12 + 1 \cdot 17 + 1 \cdot 18 = 19 \pmod{37}
\end{aligned}$$

Die Modulo-Summe 19 ist das Ergebnis der Verschlüsselung, also der Geheimtext, den Bob an Alice schickt. Zum Entschlüsseln teilt Bob den Geheimtext per Modulo-Division durch *mult*, was einer Modulo-Multiplikation mit $mult^{-1}$ entspricht. In unserem Fall gilt *mult*=7 und somit:

$$19 \cdot 7^{-1} = 19 \cdot 16 = 8 \pmod{37}$$

Nun muss Bob folgendes Rucksackproblem lösen:

$$\begin{aligned}&\text{private}_1 \cdot a_1 + \text{private}_2 \cdot a_2 + \text{private}_3 \cdot a_3 + \text{private}_4 \cdot a_4 + \text{private}_5 \cdot a_5 \\ &= 1 \cdot a_1 + 3 \cdot a_2 + 7 \cdot a_3 + 13 \cdot a_4 + 29 \cdot a_5 = 8 \pmod{37}\end{aligned}$$

Da 1, 3, 7, 13, 29 eine stark wachsende Folge ist, kann Bob die Gleichung leicht lösen. Bob findet dadurch heraus, dass $0 \cdot 1 + 1 \cdot 3 + 0 \cdot 7 + 1 \cdot 13 + 1 \cdot 29 = 8$ gilt und dass der Klartext somit 01011 lautet.

Das Merkle-Hellman-Verfahren ist vergleichsweise einfach und durchaus praktikabel. Es kann nach aktuellem Kenntnisstand nicht mit einem Quantencomputer geknackt werden und zählt daher zur Post-Quanten-Kryptografie. Das Merkle-Hellman-Verfahren galt Anfang der Achtziger-Jahre als gleichwertige Alternative zu RSA und Diffie-Hellman. Bereits 1983 fand der Kryptograf Adi Shamir jedoch eine relativ einfache Möglichkeit, das Merkle-Hellman-Verfahren (ohne Quantencomputer) zu brechen. Dieser Angriff zeigte, dass die vermeintliche Falltürfunktion des Merkle-Hellman-Verfahrens in Wirklichkeit keine ist und einfach umgekehrt werden kann.

In der Folgezeit entstanden zahlreiche weitere Krypto-Verfahren, die auf dem Rucksackproblem basierten, doch die meisten wurden ebenfalls gebrochen. Dies führte dazu, dass das Interesse an Rucksack-Algorithmen stark zurückging. Zu den beiden NIST-Post-Quanten-Wettbewerben wurde kein Verfahren dieser Art eingereicht. Es gibt noch einen weiteren Grund, warum Rucksack-Algorithmen heute nicht mehr gefragt sind. Man kann diese nämlich als Spezialfall eines Gitter-basierten Verfahrens betrachten. Schauen wir uns noch einmal das obige Rucksack-Beispiel an:

$$a_1 + 3a_2 + 6a_3 + 9a_4 + 10a_5 + 15a_6 + 19a_7 + 25a_8 + 29a_9 + 36a_{10} = 71$$

Nun ersetzen wir jedes Gewicht durch einen Vektor von Gewichten:

$$\begin{aligned}&a_1\begin{pmatrix}1\\2\\1\end{pmatrix}+a_2\begin{pmatrix}3\\5\\7\end{pmatrix}+a_3\begin{pmatrix}6\\9\\8\end{pmatrix}+a_4\begin{pmatrix}9\\11\\10\end{pmatrix}+a_5\begin{pmatrix}10\\14\\14\end{pmatrix}+a_6\begin{pmatrix}15\\17\\18\end{pmatrix}+a_7\begin{pmatrix}19\\21\\20\end{pmatrix}+a_8\begin{pmatrix}25\\25\\29\end{pmatrix}\\ &+a_9\begin{pmatrix}29\\33\\34\end{pmatrix}+a_{10}\begin{pmatrix}36\\39\\38\end{pmatrix}=\begin{pmatrix}71\\82\\77\end{pmatrix}\end{aligned}$$

Wenn wir für die Variablen a_i neben 0 und 1 auch andere ganzzahlige Werte zulassen, haben wir ein Gleichungssystem, wir es für das Learning-with-Errors-Problem verwendet wird, und letzteres ist bekanntlich äquivalent mit dem Closest-Vector-Problem. Bisher ist kein Grund bekannt, warum man statt den allgemeineren Gittern den Spezialfall Rucksack als Grundlage eines Krypto-Verfahrens verwenden sollte. Die Zeit der Rucksack-Verfahren dürfte daher vorbei sein.

16.2 Nichtkommutative Algorithmen

Nichtkommunikative Algorithmen sind auf den ersten Blick äußerst interessante Krypto-Verfahren. Sie sind vergleichsweise einfach zu erklären und basieren auf mathematischen Prinzipien, die man unter anderem mit dem Zauberwürfel (Rubik's Cube) oder dem Flechten von Zöpfen veranschaulichen kann. Da man diese Algorithmen mit einem Quantencomputer nicht lösen kann, zählen sie zur Post-Quanten-Kryptografie. Doch leider haben sich die Algorithmen aus dieser Familie größtenteils als unsicher erwiesen. Die Entwicklung der letzten Jahre spricht stark dafür, dass sich nichtkommunikative Algorithmen nicht durchsetzen und bald nur noch historisch interessant sein werden.

Ich werde nichtkommutative Algorithmen mit dem Zauberwürfel (in der üblichen 3x3x3-Größe) erklären, weil diese Variante besonders anschaulich ist. Für die Praxis wäre diese Spielart allerdings nicht geeignet, da ein Zauberwürfel zu wenige Zustände annehmen kann, um sichere Krypto-Algorithmen zu ermöglichen. Am Ende des Kapitels werde ich darauf eingehen, welche Alternativen es gibt.

Zunächst müssen wir eine Notation für die Zugfolgen des Zauberwürfels definieren. Hier ist ein Beispiel für eine Zugfolge (wir nennen sie *seq1*):

Die folgende Abbildung zeigt eine weitere Zugfolge (wir nennen sie *seq2*):

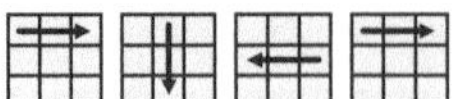

Eine Zugfolge kann eine beliebige Länge haben, einschließlich 0. Die folgende Zugfolge *seq3* hat die Länge 5 (die kreisförmigen Pfeile stehen für eine 90-Grad-Drehung,"F" steht für die Front, "M" für die mittlere Schicht und "R" für die hintere Schicht):

Zugfolgen kann man multiplizieren, indem man sie hintereinander ausführt. Für *seq1·seq2* ergibt sich das folgende Ergebnis:

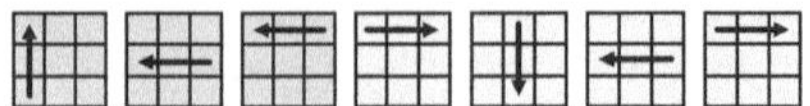

Wie man sieht, neutralisieren sich der dritte und der vierte Zug in dieser Folge. Wir können diese zwei Züge daher weglassen und die Folge stattdessen wie folgt schreiben:

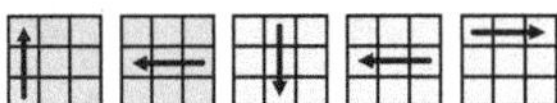

Wie man sich leicht klarmacht, gilt für zwei Zugfolgen *seqX* und *seqY* nicht notwendigerweise $seqX \cdot seqY = seqY \cdot seqX$. Das bedeutet, dass die Multiplikation von Zugfolgen des Zauberwürfels (anders als die Multiplikation von Zahlen) nicht kommutativ ist. Klar ist außerdem, dass jede Zugfolge eine Umkehrung (Inverse) hat. Die Inverse entsteht, wenn man die Züge einer Zugfolge in umgekehrter Reihenfolge jeweils rückgängig macht. Sie wird durch ein hochgestelltes „–1″ angezeigt. Die Folge $seq1^{-1}$ hat daher folgenden Wert:

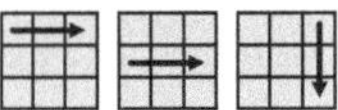

Kommen wir nun zu einer wichtigen Fragestellung. Gegeben seien zwei Zugfolgen, von denen wir die erste als *seqA* bezeichnen:

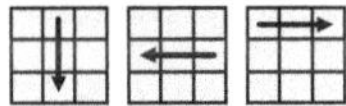

Die zweite Zugfolge heiße *seqB*:

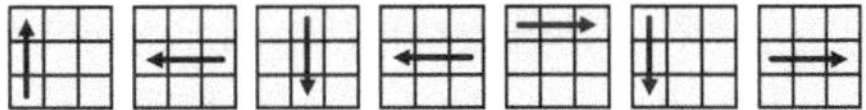

Gesucht ist nun eine Zugfolge *seqX*, für die gilt: $seqX \cdot seqA \cdot seqX^{-1} = seqB$. Abb. 37 veranschaulicht diese Fragestellung. Man beachte, dass eine solche Aufgabe bei einer kommutativen Rechenoperation leicht zu lösen ist (*seqX* und $seqX^{-1}$ heben sich in diesem Fall auf) und daher nur im nichtkommutativen Fall Sinn ergibt. Allerdings ist die Lösung auch im nichtkommutativen Fall einfach zu finden, wenn man die einzelnen Züge einer Zugfolge kennt. *seqX* hat folgenden Wert:

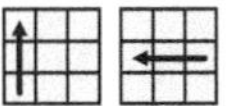

Schwierig wird es dagegen, wenn nur die jeweilige Anfangs- und Endstellung des Zauberwürfels bekannt ist. Die Lösung einer Gleichung der Art $seqX \cdot seqA \cdot seqX^{-1} = seqB$ bei einer nichtkommutativen Rechenoperation wird als **Konjugationsproblem** bezeichnet (siehe Abb. 16.1). Es ist recht einfach, ein solches Rätsel zu erstellen. Man wählt hierzu *seqA* und *seqX* nach Belieben und berechnet dann *seqB*. Da die Lösung des

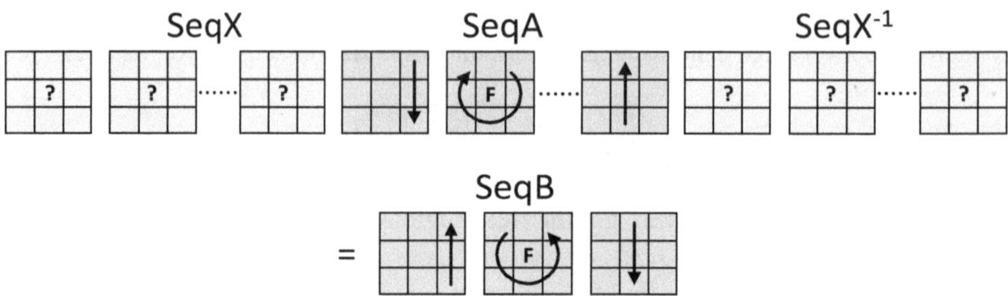

Abb. 16.1 Das Konjugationsproblem ist schwierig zu lösen. Es bildet die Basis für verschiedene Krypto-Verfahren

Konjugationsproblems – also die Berechnung von *seqX* bei Kenntnis von *seqA* und *seqB* – jedoch äußerst aufwendig ist, liegt eine Einwegfunktion vor.

Auf der Grundlage des Konjugationsproblems lässt sich ein Schlüsselaustausch-Algorithmus ähnlich dem Diffie-Hellman-Verfahren definieren. Wir betrachten als Beispiel den von dem deutschen Mathematiker Eberhard Stickel entwickelten Stickel-Schlüsselaustausch (Stickel, 2005). Im Gegensatz zu Diffie-Hellman gilt dieser Algorithmus als sicher gegen Quantencomputer-Angriffe. Wir gehen davon aus, dass die Zugfolge seq gegeben ist. Sie muss nicht geheim gehalten werden. Alice nutzt als privaten Schlüssel zwei natürliche Zahlen *apriv1* und *apriv2*, Bob nutzt für diesen Zweck die natürlichen Zahlen *bpriv1* und *bpriv2*. Der Schlüsselaustausch hat nun folgenden Ablauf:

1. Alice berechnet $seq^{\mathrm{apriv1}} \cdot seq^{\mathrm{apriv2}}$ und sendet das Ergebnis an Bob.
2. Bob berechnet $seq^{\mathrm{bpriv1}} \cdot seq^{\mathrm{bpriv2}}$ und sendet das Ergebnis an Alice.
3. Alice berechnet mit dem Ergebnis von Bob $Key = seq^{\mathrm{apriv1}} \cdot seq^{\mathrm{apriv2}} \cdot seq^{\mathrm{bpriv1}} \cdot seq^{\mathrm{bpriv2}}$
4. Bob berechnet mit dem Ergebnis von Alice $Key = seq^{\mathrm{apriv1}} \cdot seq^{\mathrm{apriv2}} \cdot seq^{\mathrm{bpriv1}} \cdot seq^{\mathrm{bpriv2}}$

Alice und Bob kennen nun beide die Variable *Key*, die sie als Schlüssel für ein symmetrisches Verfahren nutzen können. Ein Angreifer, der die Kommunikation abhört, müsste das Konjugationsproblem lösen, um an *Key* heranzukommen. Das ist jedoch aufwendig bis unmöglich.

Es gibt noch weitere Schlüsselaustausch-Verfahren, die sich mit Zauberwürfel-Zugsequenzen definieren lassen. Auch Signatur- und asymmetrische Verschlüsselungsalgorithmen sind auf ähnliche Art machbar. Mit dem Zauberwürfel lassen solche nichtkommutativen Verfahren zwar gut erklären, doch da das Konjugationsproblem in dieser Variante nicht komplex genug ist, sind diese Methoden nicht praxistauglich. Man müsste schon deutlich größere Versionen des Zauberwürfels verwenden, um ein ausreichendes Sicherheitsniveau zu erhalten. Zauberwürfel-basierte Verfahren waren allerdings nie ernsthaft für die Verwendung in der Praxis im Gespräch.

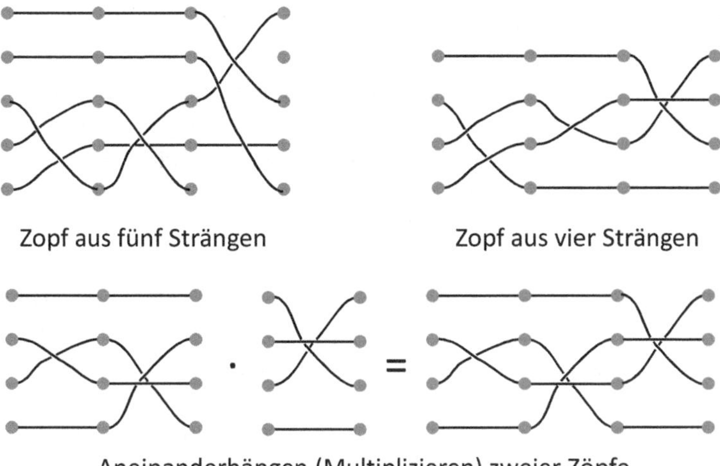

Abb. 16.2 Zopfgruppen entstehen, wenn Zöpfe geflochten und aneinandergehängt (multipliziert) werden. Nichtkommutative Krypto-Verfahren lassen sich damit realisieren

Es gibt jedoch zahlreiche andere nichtkommutative Gruppen, mit denen sich Verfahren dieser Art realisieren lassen. Einige davon haben deutlich vorteilhaftere Eigenschaften als die Zugfolgen eines Zauberwürfels. Besonders gut geeignet sind sogenannte Zopfgruppen (siehe Abb. 16.2). Eine Zopfgruppe entsteht, wenn man aus einer bestimmten Anzahl von Strängen einen Zopf flicht. Ähnlich wie es beim Zauberwürfel einzelne Züge gibt, kann man hier elementare Flechtoperationen definieren und diese hintereinander ausführen, wodurch Zöpfe entstehen. Zwei Zöpfe werden multipliziert, indem man sie aneinandergehängt. Hierbei handelt es sich wiederum um eine nichtkommutative Operation, da beim Aneinanderhängen von Zöpfen die Reihenfolge eine Rolle spielt. Und natürlich gibt es zu jedem Zopf einen inversen. Für den praktischen Einsatz wurden Zöpfe mit 50 bis 100 Strängen und einer Länge von etwa 10 Kreuzungen vorgeschlagen. Es gibt eine Reihe von guten Einführungen ins Thema, beispielsweise die im Internet verfügbaren Arbeiten (Anandam, 2006) und (Mahlburg, 2004) oder das Buch (Kunze, 2015).

Nichtkommutative Krypto-Verfahren können zwar mit einem Quantencomputer nicht gelöst werden, dafür wurden mehrere Varianten auf herkömmliche Weise gebrochen. Algorithmen dieser Art sind daher in den letzten Jahren aus der Mode gekommen. Beim ersten NIST-Post-Quanten-Wettbewerb war mit dem Signaturalgorithmus WalnutDSA nur noch ein Verfahren dieser Art im Rennen (Iris Anshel, 2017). WalnutDSA schied jedoch schon früh aus, da mehrere Angriffe veröffentlicht wurden, die das Fälschen einer Signatur teilweise in Sekundenschnelle ermöglichten. Beim zweiten NIST-Wettbewerb war kein Verfahren dieser Art mehr am Start.

16.3 Weitere Verfahren

Es gibt noch weitere mathematische Prinzipien, die man zur Konstruktion von quantensicheren asymmetrischen Krypto-Verfahren nutzen kann. Einige davon habe ich im Kapitel über MPC-in-the-head-Signaturen vorgestellt. Wie dort erwähnt, kann man viele unterschiedliche mathematische Probleme für MPC-in-the-head-Algorithmen verwenden, die sonst für die asymmetrische Kryptografie nicht geeignet sind.

Aber auch unabhängig von MPC-in-the-head gibt es Familien von Post-Quanten-Verfahren, die bisher nur wenig Aufmerksamkeit erfahren haben. Zu diesen gehören solche, die auf dem diskreten Logarithmus zweiter Ordnung basieren. Das Signaturverfahren KAZ-SIGN, das am zweiten NIST-Post-Quanten-Wettbewerb teilgenommen hat, nutzt dieses Prinzip (Muhammad Rezal Kamel Ariffin, 2024). Es wurde jedoch geknackt. Auch zufällig generierte Abelsche Quasigruppen lassen sich nutzen. Das Verfahren Xifrat1-Sign.I, das am zweiten NIST-Wettbewerb teilnahm, tut dies, hat sich jedoch als unsicher erwiesen (Jianfang Niu, 2022). Das Verfahren ALTEQ, ein weiterer Teilnehmer des zweiten NIST-Wettbewerbs, basiert auf alternierenden trilinearen Formen, kam jedoch ebenfalls nicht in die zweite Runde (Markus Bläser, 2024).

Teil III

Post-Quanten-Kryptografie in der Praxis

17 Anpassung von Formaten und Protokollen

17.1 Kryptoagilität

Die Standardisierung von Post-Quanten-Verfahren hat in den letzten Jahren große Fortschritte gemacht. Insbesondere die von der US-Behörde NIST durchgeführten Wettbewerbe (Kap. 5) haben dafür gesorgt, dass sich aus den unzähligen quantensicheren Algorithmen einige zuverlässige und praxistaugliche herauskristallisiert haben, die derzeit – nicht nur in den USA – standardisiert werden oder es bereits sind.

Im nächsten Schritt müssen diese Verfahren in die Praxis umgesetzt werden. Ein wichtiger Begriff in diesem Zusammenhang ist **Kryptoagilität.** Als kryptoagil gilt eine Kryptografie-Implementierung, wenn sie die Möglichkeit bietet, ohne großen Aufwand von einem Krypto-Verfahren auf ein anderes umzustellen. Im Idealfall erfolgt eine solche Umstellung per Mausklick. Zur Kryptoagilität gehört auch, dass vor einem Datenaustausch der eine Kommunikationspartner dem anderen mitteilen kann, welche Verfahren er unterstützt, welche davon er bevorzugt und welche er aus Sicherheitsgründen nicht akzeptiert.

Kryptoagilität ist nichts Neues. Schon frühe kryptografische Formate wie PEM (für sichere E-Mails) oder PKCS#7 (für verschlüsselte und signierte Daten) trennten die verwendeten Krypto-Verfahren vom Rest der Spezifikation. Dadurch wurde es möglich, nahezu beliebige Signatur- und Verschlüsselungsverfahren einzusetzen, ohne am eigentlichen Format etwas zu ändern. Auch kryptografische Netzwerkprotokolle wie TLS, IPsec oder S/MIME legen sich nicht auf bestimmte Verfahren fest und ermöglichen es sogar, dass Sender und Empfänger die zu verwendenden Algorithmen aushandeln. Es gibt zahlreiche Internet-Standards (RFCs), die zusätzliche Krypto-Verfahren für bestehende Protokolle einführen und die zu diesem Zweck benötigten Kennungen vorgeben.

K. Schmeh, *Post-Quanten-Kryptografie*,
https://doi.org/10.1007/978-3-658-50705-3_17

Obwohl es sich um ein altes Konzept handelt, ist der Begriff „Kryptoagilität" erst in den letzten Jahren aufgekommen. Dies liegt an der Post-Quanten-Kryptografie, in deren Zusammenhang kryptoagile Lösungen heute fast ausschließlich diskutiert werden. Das Ziel hierbei ist es, dass der Nutzer einer Krypto-Lösung per Mausklick von einem herkömmlichen auf ein Post-Quanten-Verfahren umstellen kann.

Klar ist, dass die Post-Quanten-Kryptografie besondere Anforderungen an die Kryptoagilität stellt. Dies liegt vor allem daran, dass Post-Quanten-Algorithmen im Vergleich zu den bisher genutzten Methoden meist mit längeren Schlüsseln, längeren Signaturen, längeren Geheimtexten und einer geringeren Ausführungsgeschwindigkeit verbunden sind. Die Schwierigkeiten entstehen meist weniger in den Formaten selbst als in deren Implementierung. Vor allem in ressourcenschwachen Umgebungen wie Smartcards oder eingebetteten Systemen ist die Umstellung auf Post-Quanten-Kryptografie eine große Herausforderung.

17.2 Hybridverfahren

Mit dem Fortschreiten der Post-Quanten-Standardisierung rücken sogenannte **Hybridverfahren** immer mehr ins Blickfeld. Dieser Begriff („hybrid" bedeutet zusammengesetzt) ist etwas irreführend, da man in der Kryptografie bereits seit Jahrzehnten die gemeinsame Nutzung von asymmetrischem und symmetrischem Verschlüsselungsverfahren (ersteres für den Schlüsselaustausch) als „Hybridverfahren" bezeichnet. Ein solches ist etwa gegeben, wenn man zunächst mit RSA einen Schlüssel vereinbart und diesen dann zum Verschlüsseln mit dem AES verwendet. Diese Definition von Hybridverfahren verwende ich in diesem Buch jedoch nicht.

Stattdessen gilt im Folgenden: Ein Hybridverfahren ist eine Methode, die zum asymmetrischen Verschlüsseln oder zum digitalen Signieren jeweils zwei Verfahren gemeinsam nutzt – ein herkömmliches (in diesem Zusammenhang meist als „traditionell" bezeichnetes) und ein quantensicheres. Die Nutzung erfolgt stets so, dass ein Angreifer beide knacken muss, um erfolgreich zu sein. Hybridverfahren sind für die Übergangszeit gedacht und sollen durch reine Post-Quanten-Algorithmen ersetzt werden, wenn sich diese ausreichend bewährt haben. Sobald es leistungsfähige Quantencomputer gibt, haben Hybridverfahren keinen Sinn mehr, da der traditionelle Teil dann gebrochen werden kann.

In diesem Zusammenhang ist der Internet-Standard RFC 9794 (Terminology for Post-Quantum Traditional Hybrid Schemes) von Bedeutung (Florence Driscoll, 2025). Dieser definiert Fachbegriffe für die hybride Nutzung von Post-Quanten-Verfahren – ein sinnvolles Unterfangen angesichts der zahlreichen neuen Herausforderungen und Lösungen, die es in diesem Zusammenhang gibt. Ein traditionelles Verfahren wird darin mit „T" abgekürzt, während für Post-Quanten-Algorithmen die Abkürzung „PQ" gilt. Ein Hybridverfahren gilt demnach als „PQ/T-hybrid".

PQ/T-hybride Signaturen gibt es in zwei Ausprägungen (siehe Abb. 17.1). Wenn in einem Format für signierte Dateien die traditionelle Signatur und die Post-Quanten-Signatur

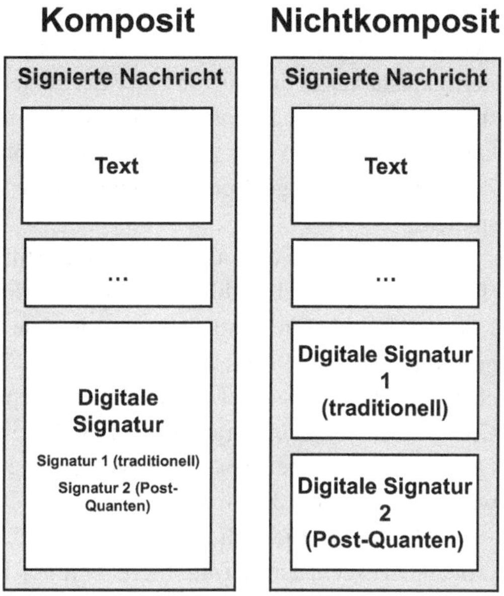

Abb. 17.1 Werden zwei digitale Signaturen in einem Feld gespeichert, dann bezeichnet man dies als „komposit". Kommen dagegen zwei Felder zum Einsatz (was viele Formate nicht unterstützen), handelt es sich um nichtkomposite Signaturen

zusammen in einem Feld gespeichert werden, dann nennt man dies „komposit". Komposite Signaturen haben den Vorteil, dass ein Dateiformat, das auf nur eine Signatur ausgelegt ist, nicht erweitert werden muss. Nichtkomposite hybride Signaturen benötigen dagegen zwei Felder, was jedoch in vielen Formaten nicht vorgesehen ist. Viele Implementierungen können diese deshalb nicht verarbeiten.

Für eine PQ/T-hybride Verschlüsselung (die nahezu ausschließlich für den Schlüsselaustausch genutzt wird) muss man dagegen nicht zwischen komposit und nichtkomposit unterscheiden. Dies liegt daran, dass es für den hierbei verschlüsselten Sitzungsschlüssel keine zwei unterschiedlichen Ausprägungen gibt. Man könnte eine PQ/T-hybride Verschlüsselung realisieren, indem ein Sitzungsschlüssel doppelt verschlüsselt wird, doch aus Performanzgründen wird dies nicht gemacht. Stattdessen vereinbaren Alice und Bob zwei Sitzungsschlüssel – einen mit einem traditionellen Verfahren und einen mit einem Post-Quanten-Verfahren – und kombinieren diese zu einem.

17.3 Migration von Public-Key-Infrastrukturen

Zahlreiche Krypto-Anwendungen – darunter VPNs, E-Mail-Verschlüsselung und verschlüsselte WWW-Verbindungen – nutzen eine Public-Key-Infrastruktur (PKI). Bevor solche Anwendungen auf Post-Quanten-Verfahren migriert werden, müssen daher zunächst die verwendeten PKIs auf einen neuen, quantensicheren Stand gebracht werden. Die IETF-Arbeitsgruppe LAMPS (Limited Additional Mechanisms for PKIX and SMIME) entwickelt derzeit Standards für diesen Zweck. Wichtig sind in diesem

Zusammenhang vor allem digitale Zertifikate, die in einer PKI bekanntlich im Mittelpunkt stehen. Ein digitales Zertifikat enthält den öffentlichen Schlüssel sowie den Namen des Zertifikatsinhabers und ist von einer Zertifizierungsstelle signiert. Derzeit ist RSA mit Abstand das populärste Krypto-Verfahren, das man in digitalen Zertifikaten antrifft, doch zukünftig müssen auch Post-Quanten- oder Hybrid-Verfahren nutzbar sein. Dies gilt auch für Zertifizierungsanträge, Sperrlisten und einige weitere Formate, die in einer PKI eine Rolle spielen.

Das wichtigste Format für digitale Zertifikate wird im X.509-Standard beschrieben (ITU-T, 2019). Es gibt zahlreiche Varianten (Profile) davon. Da X.509 nicht auf bestimmte Krypto-Algorithmen festgelegt ist, ist die Umstellung auf Post-Quanten-Verfahren grundsätzlich kein Problem. So kann ein X.509-Zertifikat beispielsweise einen öffentlichen Schlüssel des Post-Quanten-Verfahrens CRYSTALS-Kyber beinhalten und mit CRYSTALS-Dilithium signiert sein. RFCs, in denen Kennungen für die diversen Post--Quanten-Algorithmen festgelegt werden, die auch in digitale Zertifikate aufgenommen werden können, entstehen derzeit.

Ein Problem ist jedoch auch hier offensichtlich: Post-Quanten-Algorithmen benötigen größtenteils recht lange öffentliche Schlüssel, was zu entsprechend großen Zertifikaten führt. Dies kann beispielsweise auf Smartcards (viele PKIs nutzen solche als Schlüsselspeicher) zu Ressourcenproblemen führen. Eine mögliche Lösung besteht darin, den öffentlichen Schlüssel nicht ins Zertifikat aufzunehmen und dort stattdessen einen Hashwert und einen Speicherort (beispielsweise eine URL) aufzunehmen. Die LAMPS-Arbeitsgruppe der IETF entwickelt für diesen Zweck derzeit einen Internet Draft mit dem Titel *External Keys For Use In Internet X.509 Certificates* (Mike Ounsworth, 2025). Dieser Draft sieht zusätzlich vor, dass auch in Zertifizierungsanträgen und Logdaten statt eines öffentlichen Schlüssels nur eine Referenz darauf enthalten sein kann.

Eine weitere Frage lautet, wie eine PKI erweitert werden muss, wenn ein Zertifikatsbesitzer zwei Schlüssel oder zwei Signaturen (oder beides) benötigt. Dieser Fall tritt zum einen auf, wenn ein hybrides Verfahren genutzt werden soll. Zum anderen werden zwei Schlüssel und zwei Signaturen dann gebraucht, wenn es in einer PKI einerseits Anwendungen gibt, die bereits mit Post-Quanten-Verfahren umgehen können, und andererseits solche, die dies nicht können.

Die einfachste Lösung besteht darin, jeweils zwei Zertifikate pro Nutzer einzusetzen – das eine für ein traditionelles, das andere für ein Post-Quanten-Verfahren. Ein Nutzer von E-Mail-Verschlüsselung muss seinem Kommunikationspartner in diesem Fall zwei Zertifikate vorab zuschicken. RFC 9763 *(Related Certificates for Use in Multiple Authentications within a Protocol)* verfolgt diesen Ansatz (Alison Becker, 2025). Er geht davon aus, dass ein Anwender bereits ein Zertifikat für ein traditionelles Verfahren besitzt und nun zusätzlich ein Post-Quanten-Zertifikat erhalten soll. Ersteres wird als „verwandtes Zertifikat" („related certificate") bezeichnet, letzteres erhält eine Zertifikatserweiterung, in der auf das verwandte Zertifikat verwiesen wird. Eine Anwendung, die Hybrid-Verfahren unterstützt, kann auf diese Weise erkennen, dass die beiden Zertifikate zusammengehören. Wenn eine Anwendung dagegen keine hybriden Verfahren kennt, kann sie mit dem traditionellen oder dem Post-Quanten-Zertifikat arbeiten und das andere sowie die Erweiterung ignorieren. Neben der Zertifikatserweiterung spezifiziert der Internet Draft auch ein entsprechendes Feld für einen Zertifizierungsantrag.

Ein aktueller Internet Draft *(A Mechanism for Encoding Differences in Paired Certificates)* geht ebenfalls davon aus, dass ein Anwender für ein hybrides Verfahren zwei Zertifikate verwendet (Corey Bonnell, 2025). Das eine davon wird als Basis-Zertifikat, das andere als Delta-Zertifikat bezeichnet. Typischerweise enthält eines der Zertifikate den öffentlichen Schlüssel eines Post-Quanten-Verfahrens und ist mit einem solchen signiert, während das andere den Schlüssel eines traditionellen Verfahrens beinhaltet und traditionell signiert ist. Beide Zertifikate lassen sich unabhängig voneinander in der üblichen Weise nutzen. Das Delta-Zertifikat enthält jedoch eine unkritische X.509-Erweiterung, in der alle wichtigen Informationen aus dem Basis-Zertifikat – einschließlich des öffentlichen Schlüssels – enthalten sind. Eine Anwendung, die mit Delta-Zertifikaten umgehen kann, benötigt daher das Basis-Zertifikat nicht, da sie die benötigten Informationen aus der entsprechenden Erweiterung des Delta-Zertifikats entnehmen kann.

Besser und ressourcensparender ist es in vielen Fällen jedoch, mit nur einem Zertifikat zu arbeiten, das sowohl für traditionelle als auch für Post-Quanten-Zwecke geeignet ist. Ein solches Zertifikat, das auch als hybrides Zertifikat bezeichnet wird, muss zwei öffentliche Schlüssel und zwei CA-Signaturen enthalten. Dieser Fall war im X.509-Standard ursprünglich zwar nicht vorgesehen, doch eine entsprechende Erweiterung aus dem Jahr 2019 lässt inzwischen eine solche Nutzung zu. Dies gilt auch für Sperrlisten und Zertifizierungsanträge. Der zusätzliche Schlüssel und die zusätzliche Signatur werden jeweils in eigenen Zertifikatserweiterungen untergebracht. Im Normalfall werden diese Erweiterungen als nichtkritisch markiert, damit eine Anwendung, die sie nicht kennt, sie einfach ignorieren kann. Der Standard lässt jedoch auch eine Markierung als kritisch zu, was sinnvoll sein kann, wenn in einer Umgebung sowohl traditionelle als auch Post-Quanten-Verfahren eingesetzt werden müssen.

Ein weiterer Ansatz sind Komposit-Zertifikate. In diesem Zusammenhang bedeutet „komposit", dass für zwei Schlüssel bzw. zwei Signaturen jeweils ein Zertifikatsfeld verwendet wird (siehe Abb. 17.2). Der Vorteil: Das Format ändert sich nicht, und nur der Code, der direkt mit den Krypto-Verfahren arbeitet, muss angepasst werden. Ein Nachteil hierbei ist, dass dieser Ansatz nicht abwärtskompatibel ist. Eine Implementierung, die Komposit-Zertifikate nicht kennt, kann mit einem solchen nichts anfangen und muss es daher als ungültig einordnen.

Neben X.509 gibt es noch weitere Formate für digitale Zertifikate. Das bedeutendste davon wird im OpenPGP-Standard beschrieben, der auch ein Format für verschlüsselte und signierte E-Mails enthält. OpenPGP-Zertifikate sind nicht mit X.509 kompatibel. Der Internet Draft *Post-Quantum Cryptography in OpenPGP* hat das Ziel, OpenPGP sowohl in Bezug auf das Nachrichtenformat als auch in Bezug auf die Zertifikate quantensicher zu machen (Stavros Kousidis, 2025).

Der Internet Draft sieht zunächst einmal verschiedene Möglichkeiten vor, OpenPGP-Nachrichten mit Post-Quanten-Verfahren zu verschlüsseln und zu signieren. Da OpenPGP

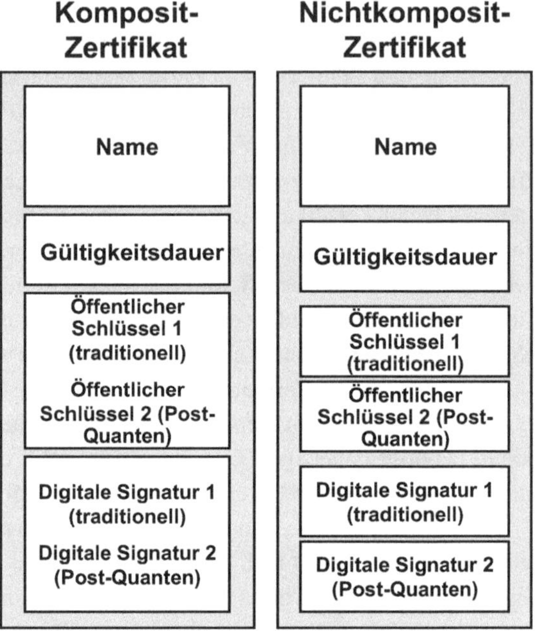

Abb. 17.2 Hybride digitale Zertifikate gibt es in zwei Ausprägungen. Werden zwei öffentliche Schlüssel und zwei Signaturen jeweils in einem Feld gespeichert, dann bezeichnet man dies als „komposit". Werden jeweils zwei Felder verwendet, handelt es sich um ein nichtkomposites Zertifikat

mehrere Signaturen pro Nachricht unterstützt, lassen sich nichtkomposite hybride Signaturen leicht umsetzen, was entsprechend beschrieben wird. Hierfür ist eine Kombination aus einem Signaturverfahren auf Basis elliptischer Kurven (ECC) und CRYPSTALS-Dilithium vorgesehen. Außerdem lässt der Internet Draft die Nutzung des Hash-basierten Post-Quanten-Signaturverfahrens SPHINCS+ nichthybrid zu. Diese Variante folgt dem unter anderem vom BSI vertretenen Grundsatz, dass Hash-basierte Signaturen so gut untersucht und verstanden sind, dass ihr Einsatz auch nichthybrid zulässig ist. Für den hybriden Schlüsselaustausch sind wiederum ein ECC-Algorithmus sowie das Post-Quanten-Verfahren CRYSTALS-Kyber vorgesehen.

Im Gegensatz zu X.509 sind OpenPGP-Zertifikate von vornherein darauf ausgelegt, mehrere öffentliche Schlüssel und mehrere Signaturen zu beinhalten. Hierbei gibt es einen Primärschlüssel und potenziell mehrere Subschlüssel. Dieses Format kann man nutzen, um traditionelle und Post-Quanten-Schlüssel in einem Zertifikat nichtkomposit unterzubringen. Komposit-Zertifikate sind dagegen in der OpenPGP-Welt nicht notwendig.

Der besagte Internet Draft sieht zwei unterschiedliche Migrationsstrategien vor. Die erste davon empfiehlt, pro Anwender zwei OpenPGP-Zertifikate zu nutzen, wobei eines (es wird als „Legacy-Zertifikat" bezeichnet) nur Schlüssel von einem traditionellen Verfahren enthält und traditionell signiert ist. Das andere ist ein Hybrid-Zertifikat mit dem Schlüssel eines traditionellen Verfahrens als PrimärSchlüssel sowie Post-Quanten-Schlüsseln und gegebenenfalls weiteren traditionellen Schlüsseln als Subschlüssel. Wenn eine Anwendung Hybridzertifikate unterstützt, dann nutzt sie gegebenenfalls ein solches, andernfalls verwendet sie das Legacy-Zertifikat.

Die zweite Migrationsstrategie besteht darin, die öffentlichen Schlüssel der Post-Quanten-Verfahren einem existierenden ECC-Zertifikat zuzufügen. Man benötigt in diesem Fall nur ein Zertifikat, was natürlich von Vorteil ist. Wenn eine Implementierung mit Post-Quanten-Verfahren umgehen kann, kann sie die entsprechenden Schlüssel nutzen, andernfalls kann sie sie ignorieren. Von Nachteil ist, dass der Primärschlüssel in diesem Fall zu einem ECC-Verfahren gehört und daher nicht quantensicher ist.

Über das Verfahren, mit dem ein PGP-Zertifikat signiert wird, macht der Internet Draft keine Angaben. Da mehrere Signaturen von Hause aus zulässig sind, spricht nichts dagegen, sowohl eine traditionelle als auch eine Post-Quanten-Signatur zu verwenden, wobei letztere auch zu einem späteren Zeitpunkt hinzugefügt werden kann.

X.509- und OpenPGP-Zertifikate sind vor allem auf die Verarbeitung auf PCs und Servern ausgelegt. Dort stehen in der Regel genügend Ressourcen zur Verfügung, um diese Datenstrukturen zu speichern und zu parsen. Allerdings werden digitale Zertifikate häufig auch in ressourcenschwachen Umgebungen wie Smartcards eingesetzt. Für diesen Zweck wurden in den letzten Jahrzehnten gleich mehrere Zertifikatsformate entwickelt, die mit wenig Speicherplatz auskommen und leicht zu verarbeiten sind. Das wichtigste Format dieser Art ist im Chipkarten-Standard ISO 7816 festgelegt und spezifiziert sogenannte CV-Zertifikate (Standardization, 2023). „CV" steht hierbei für „Card Verifiable", was zum Ausdruck bringen soll, dass auch ein Smartcard-Chip mit wenig Speicher und einem schwachen Prozessor ein solches Zertifikat verifizieren kann. CV-Zertifikate werden beispielsweise im Zusammenhang mit elektronischen Personalausweisen, Reisepässen und Gesundheitskarten eingesetzt. Typischerweise wird ein CV-Zertifikat für ein gerät ausgestellt, das auf den Kartenchip zugreift und sich damit gegenüber diesem authentifiziert.

CV-Zertifikate enthalten nur die unbedingt notwendigen Informationen. Dabei handelt es sich um den Namen der ausstellenden CA, eine Kennung des Zertifikatsinhabers, den Gültigkeitszeitraum, mit dem Zertifikat verbundene Zugriffsrechte und den öffentlichen Schlüssel des Zertifikatsinhabers. Sie werden mit RSA oder ECC signiert, wobei besonders speichereffiziente Varianten dieser Methoden genutzt werden. Um zusätzlich Speicherplatz zu sparen, ist es möglich, in einem CV-Zertifikat auf die Meta-Informationen (Header) zu verzichten. Dies funktioniert, wenn eine Implementierung weiß, wie die darin abgelegten Daten abgegrenzt sind.

Es liegt auf der Hand, dass Post-Quanten-Kryptografie und CV-Zertifikate nicht zueinander passen. Die oftmals mehrere Kilobyte langen Schlüssel und Signaturen der Post-Quanten-Algorithmen wirken wie Felsbrocken in einem Zertifikatsformat, das jedes überflüssige Byte vermeidet – ganz zu schweigen vom Wunsch, zwei öffentliche Schlüssel und zwei Signaturen nebeneinander unterzubringen. Darüber hinaus unterstützt ein Smartcard-Chip in der Regel aus Ressourcengründen nur ein asymmetrisches Krypto-Verfahren, was die Nutzung von Hybridverfahren auf der Karte schwierig macht.

In den letzten Jahren wurden mehrere Forschungsprojekte gestartet, in denen die Implementierung von Post-Quanten-Kryptografie auf Smartcards untersucht wird. Dazu gehören die vom Bundesministerium für Bildung und Forschung geförderten Vorhaben Aquorypt und QuantumRISC sowie das vom Bundesministerium für Wirtschaft und Klimaschutz geförderte KRITIS3M. Erste Ergebnisse lassen darauf schließen, dass sich die Post-Quanten-Verfahren CRYSTALS-Kyber und CRYSTALS-Dilithium praxistauglich auf Smartcards implementieren lassen, auch wenn man dafür stärkere Chips benötigt als für RSA. Wie man CV-Zertifikate mit diesen Algorithmen realisiert, ist bisher jedoch noch unklar.

Interessant ist schließlich die Frage, ob sich hybride Verfahren als Übergangslösung überhaupt durchsetzen werden. Kritiker befürchten, dass die gleichzeitige Nutzung von traditionellen und Post-Quanten-Verfahren für unnötige Komplexität sorgt und bevorzugen daher einen direkten Übergang. Die Befürworter von hybriden Verfahren argumentieren dagegen, man müsse für die Post-Quanten-Umstellung ohnehin zahlreiche Formate und Protokolle anpassen, da käme es auf den zusätzlichen Aufwand für den Parallelbetrieb nicht mehr an. Unbestritten ist, dass eine hybride Übergangsphase für eine höhere Sicherheit sorgen würde, da man sich nicht ausschließlich auf die vergleichsweise neuen Post-Quanten-Methoden verlassen müsste.

Die NSA, die unter anderem für die IT-Sicherheit der Behörden in den USA zuständig ist, fordert den Einsatz hybrider Verfahren bisher nicht. Im 2022 von der NSA veröffentlichten Krypto-Algorithmen-Katalog Suite 2.0 sind keine hybriden Methoden enthalten [2]. Das deutsche Bundesamt für Sicherheit in der Informationstechnik (BSI) hat sich dagegen klar für hybride Verfahren ausgesprochen und wird in dieser Ansicht beispielsweise von der französischen ANSSI unterstützt.

In der IETF wird das Thema hybride Verfahren derweil kontrovers diskutiert. Mit „Composite ML-DSA for use in Internet PKI" und „Composite ML-KEM for use in the Internet X.509 Public Key Infrastructure and CMS" gibt es zwei Internet Drafts, die die Nutzung von CRYSTALS-Kyber und CRYSTALS-Dilithium im Rahmen von Hybridverfahren zum Inhalt haben. Interessanterweise hat die LAMPS-Arbeitsgruppe den letzteren Draft adaptiert, den ersteren dagegen nicht. Dies ist kein Zufall, denn für das Verschlüsseln spielen hybride Verfahren eine wichtigere Rolle als für digitale Signaturen. Schließlich kann ein signiertes Dokument in einigen Jahren ein zweites Mal signiert werden, sollte das verwendete Verfahren unsicher werden. Ein verschlüsseltes Dokument nach einigen Jahren ein zweites Mal zu verschlüsseln, bringt dagegen nichts, wenn die ursprüngliche Version bereits im Umlauf ist.

Es ist daher durchaus möglich, dass sich am Ende ein Kompromiss durchsetzen wird: Für die Verschlüsselung werden übergangsweise hybride Verfahren eingesetzt; bei digitalen Signaturen wird dagegen übergangslos auf Post-Quanten-Verfahren umgestellt.

17.4 Migration von Protokollen und Formaten

Neben den Infrastrukturen müssen schließlich auch die kryptografischen Netzwerk-Protokolle sowie verschiedene Formate an die Post-Quanten-Kryptografie angepasst werden. Ein Beispiel ist das Protokoll TLS (Transport Layer Security), das einen kryptografisch gesicherten Kanal zwischen zwei über das Internet verbundenen Rechnern (Client und Server) aufbaut. Es kommt unter anderem zwischen einem Web-Browser und einem Web-Server zum Einsatz. TLS sieht zunächst einen Verbindungsaufbau (Handshake) mit Authentifizierung und Schlüsselaustausch vor, anschließend können beliebige Daten verschlüsselt übertragen werden. Da für letztere Aufgabe ein symmetrisches Verfahren (meist der AES) verwendet wird, muss nicht viel geändert werden, um den Datenaustausch quantensicher zu machen. Es genügt, eine Schlüssellänge von 256 bit einzusetzen, was TLS ohnehin unterstützt.

Etwas aufwendiger ist es, den TLS-Handshake auf Post-Quanten-Verfahren umzustellen. Da TLS kryptoagil realisiert ist, muss das Protokoll an sich allerdings meist nicht geändert werden – es genügt, die Verwendung zusätzlicher Verfahren festzulegen. Ein Beispiel hierfür ist der Internet-Draft *ML-KEM Post-Quantum Key Agreement for TLS 1.3,* der bei Redaktionsschluss dieses Buchs noch in der Entstehung war und in einen RFC münden soll (Connolly, 2025). Wie der Name andeutet, spezifiziert dieser angehende Standard einen TLS-Schlüsselaustausch mit dem Verfahren ML-KEM, also mit CRYSTALS-Kyber. Das für die Authentifizierung zu verwendende Signaturverfahren wird in diesem Draft offengelassen, man kann also beispielsweise das traditionelle RSA oder den quantensicheren ML-DSA (CRYSTALS-Dilithium) einsetzen. Hybride Verfahren werden nicht betrachtet. Es werden zahlreiche weitere Drafts bzw. RFCs dieser Art notwendig sein, um die vielen anderen Post Quanten-Schlüsselaustausch- und Signaturverfahren für TLS nutzbar zu machen. Ob auch hybride Verfahren in TLS RFC-Status erlangen werden, wird sich noch zeigen.

Auch das kryptografische Netzwerk-Protokoll IPsec, das wie TLS einen kryptografisch geschützten Kanal bereitstellt, wird derzeit für die Post-Quanten-Kryptografie erweitert. IPsec sieht selbst keinen Verbindungsaufbau mit Authentifizierung und Schlüsselaustausch vor, sondern überlässt dies einem anderen Protokoll – in der Praxis meist IKE (Internet Key Exchange). Da in IPsec typischerweise nur symmetrische Verfahren (meist der AES) zum Einsatz kommen, ist die umstellung auf quantensichere Algorithmen wiederum recht einfach – man muss nur die Schlüssellängen Erhöhen. Die Post-Quanten-Erweiterung von IKE ist dagegen etwas aufwendiger, auch wenn IKE kryptoagil ist. Der erste Internet-Standard zum Thema ist RFC 9370, in dem ein hybrider Schlüsselaustausch beschrieben wird (CJ Tjhai, 2025). Zahlreiche weitere RFCs zum Post-Quanten-Einsatz beim IPsec-Verbindungsaufbau werden folgen.

Weitere wichtige Formate sind die E-Mail-Verschlüsselungsstandards S/MIME und OpenPGP. Beide spezifizieren ein kryptoagiles Format für verschlüsselte und signierte E-Mails. S/MIME wird von der bereits erwähnten Arbeitsgruppe LAMPS abgedeckt. Um die Post-Quanten-Erweiterung von OpenPGP kümmert sich der bereits erwähnte Internet Draft *Post-Quantum Cryptography in OpenPGP.* Für beide Formate gibt es in Sachen Post-Quanten-Kryptografie noch einiges zu tun.

Migration in Unternehmen und Behörden 18

Während die diversen Post-Quanten-Krypto-Verfahren standardisiert und die betroffenen Protokolle bzw. Formate angepasst werden, müssen sich nun so langsam auch Unternehmen und Behörden Gedanken über die Post-Quanten-Kryptografie machen. Insbesondere müssen sie die **Post-Quanten-Migration** ihrer Informationstechnik in Angriff nehmen. Es handelt sich dabei um eine komplexe Aufgabe, die Jahre in Anspruch nehmen kann. Dies liegt daran, dass Kryptografie heutzutage an zahlreichen Stellen im Unternehmen oder in der Behörde eingesetzt wird und dass einiges schiefgehen kann, wenn bei der Umstellung geschlampt wird.

Man kann die aktuelle Situation mit dem Y2K-Problem vergleichen, das die IT-Branche Ende des letzten Jahrtausends beschäftigte. Damals ging es darum, alle Computersysteme rechtzeitig vor dem 1.1.2000 auf vierstellige Jahreszahlen umzustellen, um eine Katastrophe zu verhindern. Allerdings gab es dabei einen festen Termin, während im Zusammenhang mit Quantencomputern völlig unklar ist, wann es so weit sein wird.

18.1 Die Schritte einer Post-Quanten-Migration

Wie die Migration zur Post-Quanten-Kryptografie in einer Organisation ablaufen sollte, kann man in verschiedenen Ratgebern (meist als „Migration Guides" bezeichnet) nachlesen. Einige davon stammen von Unternehmen, die Beratung zur Post-Quanten-Kryptografie anbieten, andere von diversen Non-Profit-Organisationen. Vom Europäischen Institut für Telekommunikationsnormen (ETSI) gibt es beispielsweise einen 20-seitigen Ratgeber mit dem Titel *Migration strategies and recommendations to Quantum Safe schemes,* der sich an die Betreiber von IT-Systemen richtet (ETSI, 2020). Ein ähnliches Dokument *(Practical Preparations for the Post-Quantum World)* hat die Cloud

K. Schmeh, *Post-Quanten-Kryptografie*,
https://doi.org/10.1007/978-3-658-50705-3_18

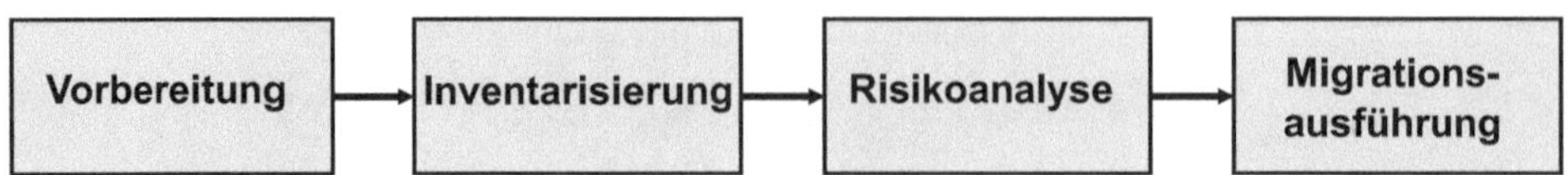

Abb. 18.1 Die Migration zur Post-Quanten-Kryptografie in einer Organisation sollte den hier gezeigten Schritten folgen

Security Alliance (CSA) veröffentlicht (Aliance, 2021). Weitere Migration Guides stammen von der US-Standardisierungsbehörde NIST (NIST, 2023). und dem National Cybersecurity Center of Excellence (NCCoE) (William Barker, 2022). An der Erstellung eines weiteren Migration Guides war ich selbst beteiligt (Vasco Gomes, 2024). All diese Werke beschreiben den Ablauf einer Post-Quanten-Migration. Abb. 18.1 zeigt ein Beispiel für die Schritte, die dabei abgearbeitet werden müssen. Diese gehen wir in den folgenden Unterkapiteln durch.

18.2 Vorbereitung

Zur Vorbereitung einer Post-Quanten-Migration empfiehlt es sich, Awareness-Maßnahmen durchzuführen, die das Thema in der Organisation bekannt machen. Adressat dieser Maßnahmen sollte auch und gerade das Management sein, das die Mittel für eine Migration bewilligen muss. Bevor die Migration beginnen kann, muss ein Unternehmen oder eine Behörde ein entsprechendes Projekt aufsetzen und die zugehörigen Ressourcen einplanen.

Die Post-Quanten-Migration wird naturgemäß einfacher, wenn eine Organisation ihre Krypto-Anwendungen in der Vergangenheit sorgfältig administriert hat. Vor allem eine Public-Key-Infrastruktur mit Certificate Lifecyle Management (CLM) sowie ein Key Management System (KMS) sind von Vorteil. Darüber hinaus vereinfacht es die Post-Quanten-Migration, wenn kryptoagile Lösungen im Einsatz sind, da diese den schnellen Umstieg von einem traditionellen Verfahren auf ein quantensicheres erlauben.

18.3 Inventarisierung

Eine wichtige Voraussetzung für eine planvolle Post-Quanten-Migration ist, dass die betroffene Organisation genau weiß, wo in ihrer IT-Umgebung Kryptografie eingesetzt wird. Zu diesem Zweck empfehlen die diversen Ratgeber, ein **Krypto-Inventar** (Crypto Inventory) zu erstellen. Ein Krypto-Inventar ist eine Liste, die alle kryptografisch relevanten Objekte eines Unternehmens oder einer Behörde enthält. Diese werden in diesem Zusammenhang meist als Assets (Vermögenswerte) bezeichnet.

Unter anderem kann in einem Krypto-Inventar festgehalten werden, ob ein Asset kryptoagil ist und ob es bereits Post-Quanten-Verfahren nutzt. Der -Ratgeber bezeichnet den

Status eines IT-Systems, das vollends auf Post-Quanten-Verfahren umgestellt ist, als „Fully Quantum Safe Cryptographic State" (FQSCS). Voraussichtlich wird es in den nächsten Jahren FQSCS-Evaluierungskataloge und entsprechende Zertifizierungen geben. Rechtsvorschriften werden fordern, dass für sicherheitskritische IT-Anwendungen innerhalb einer bestimmten Frist ein solches FQSCS-Zertifikat vorliegt.

Ein Krypto-Inventar führt typischerweise folgende Arten von Assets auf:

- *Krypto-Infrastrukturen:* Dazu gehören Public-Key-Infrastrukturen, Schlüssel-Management-Systeme und andere Komponenten, die die Nutzung von Kryptografie-Lösungen ermöglichen.
- *Krypto-Anwendungen:* Dies sind alle Hardware- und Software-Komponenten, die Kryptografie nutzen. Man kann für jeden Eintrag festhalten, welche der momentan relevanten Post-Quanten-Verfahren für eine Migration infrage kommen.
- *Krypto-Daten:* Hierzu gehören alle Daten, die signiert oder verschlüsselt sind und deren Schutz auch nach dem Q-Day aufrechterhalten werden soll.
- *Krypto-Dokumente:* Dabei handelt es sich um Vorschriften und Verträge, die Krypto-Lösungen betreffen.

Man kann ein Krypto-Inventar von Hand erstellen, es gibt jedoch auch Software-Lösungen für diesen Zweck. Ein interessanter Ansatz besteht darin, ein Krypto-Inventar als Erweiterung einer Software Bill of Materials (SBOM) zu betrachten. Eine SBOM (auch als Software-Stückliste bekannt) ist eine Liste aller Komponenten, die mit einer bestimmten Anwendung verknüpft sind. Die Idee zu SBOMs kommt aus der Industrie, wo Stücklisten beispielsweise im Maschinenbau oder in der Autoproduktion seit langem verwendet werden.

SBOMs wurden populär, als der damalige US-Präsident Joe Biden im Mai 2021 eine Verordnung erließ, die die IT-Sicherheit der USA stärken und dabei auch die Software Supply-Chain-Sicherheit verbessern sollte (Executive Order 14028: Improving the Nation's Cybersecurity, 2021). Im Juni 2021 veröffentlichte die National Telecommunications and Information Administration (NTIA) der USA genauere Anweisungen zu dieser Vorschrift (NTIA, 2021). Darin ist festgelegt, dass alle Software-Anbieter, die die Regierung beliefern, eine SBOM für ihre Lösungen bereitstellen müssen. Auch in Deutschland sind SBOMs mittlerweile verbreitet. Der zweite Teil der vom BSI herausgegebenen Technischen Richtlinie TR-03183, die Organisationen bei der Umsetzung des Cyber Resilience Act (CRA) unterstützen soll, enthält verschiedene Anforderungen an SBOMs (BSI, 2025).

Für SBOMs gibt es einen Standard: CycloneDX (OWASP, 2024). Dieser basiert auf der Beschreibungssprache JavaScript Object Notation (JSON), die in RFC 8259 beschrieben wird (Bray, 2017). JSON hat einen ähnlichen Zweck wie die bekanntere Beschreibungssprache XML, weist jedoch eine weniger komplexe Syntax auf und ist dadurch in vielen

Fällen einfacher zu verwenden. In der Regel produziert JSON zudem kompaktere Daten als XML und ist besser lesbar.

Entwickelt wird CycloneDX von der Non-Profit-Organisation OWASP (Open Worldwide Application Security Project). An der Entstehung des Standards war die Firma IBM maßgeblich beteiligt. Die erste Version ist 2018 erschienen, 2024 wurde Version 1.6 veröffentlicht, die bei Redaktionsschluss dieses Buchs aktuell ist. Mit CycloneDX lassen sich neben SBOMs auch andere Stücklisten erstellen, beispielsweise Hardware Bill of Materials (HBOMs) oder Software-as-a-Service Bills of Materials (SaaSBOMs).

In ein CycloneDX-Inventar können IT-Komponenten und -Dienste einfließen, außerdem kann ein solches deren Abhängigkeiten voneinander beschreiben. Jede Komponente und jeder Dienst wird als Objekt betrachtet, das über einen als „BOM-Ref" bezeichneten Namen identifiziert wird. Programme, die SBOMs automatisch erstellen, warten und auswerten (siehe Abb. 18.2) gibt es bereits in großer Zahl (CycloneDX Tool Center, 2025).

Die aktuelle Version 1.6 des CycloneDX-Standards aus dem Jahr 2024 sieht erstmals auch die Erstellung von Krypto-Inventaren vor. Dafür wird der Begriff Cryptography Bill of Materials (CBOM) verwendet. Ein CBOM kann in ein bestehendes SBOM integriert oder eigenständig aufgebaut werden.

CycloneDX 1.6 sieht für die Erstellung von CBOMs einen eigenen Komponententyp für kryptografische Assets vor und ermöglicht es, Abhängigkeiten zwischen diesen zu beschreiben. Kryptografische Algorithmen und Protokolle – in Bibliotheken oder hart kodiert – können genauso aufgeführt werden wie digitale Zertifikate, Schlüssel, Krypto-Tokens und Passwörter. Auch wichtige Eigenschaften wie Schlüssel- oder Signaturlängen lassen sich erfassen (siehe Abb. 18.3).

Um die Inhalte eines Krypto-Inventars zu identifizieren, ist stets Handarbeit notwendig. Zusätzlich können sogenannte Crypto Detection Tools diesen Schritt automatisieren. Deren Entwicklung steht noch am Anfang. Man kann Crypto Detection Tools in fünf Klassen einteilen (Nicolai Schmitt, 2024):

- Tools zur Analyse von Software
- Tools zur Analyse von Hardware
- Tools zur Analyse von Kommunikation zwischen Software und Netzwerk-Komponenten
- Tools zur Analyse von gespeicherten Daten
- Tools zur Analyse von Quellcode

Ein Kritikpunkt an CycloneDX lautet, dass die damit generierten Inventare nur einen statischen Blick auf die aufgeführten Assets ermöglichen. Prozesse lassen sich damit nicht abbilden. Dadurch ist beispielsweise das Generieren, Verteilen und Speichern eines Schlüssels in einer CBOM kaum darstellbar. Auch eine verschlüsselte oder signierte Kommunikation ist nicht abbildbar.

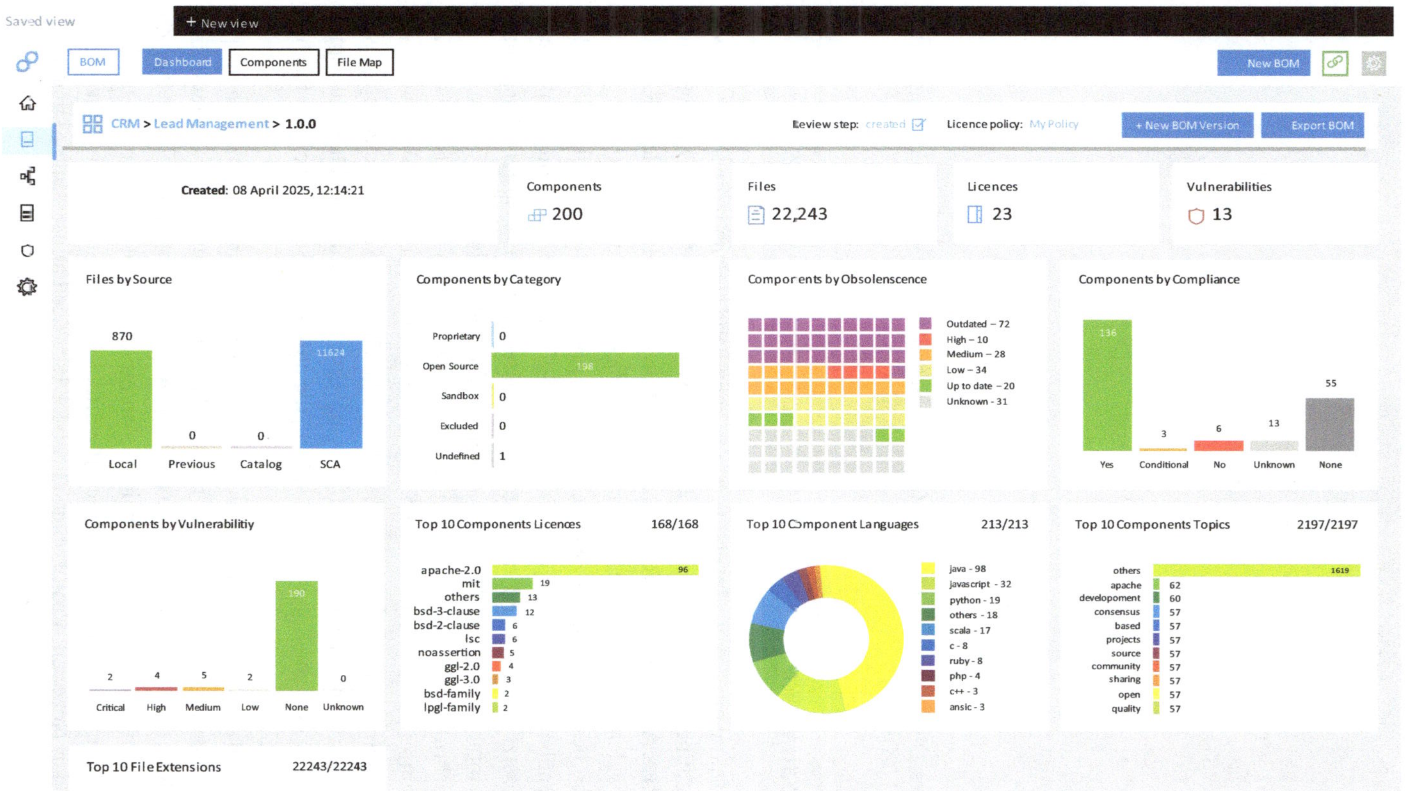

Abb. 18.2 Es gibt zahlreiche Programme, die CycloneDX unterstützen. Der kostenlose CAST SBOM Manager ist ein Beispiel

```
"components": [ {
  "name": "Dilithium5",
  "type": "cryptographic-asset",
  "cryptoProperties": {
    "assetType": "algorithm",
    "algorithmProperties": {
      "primitive": "signature",
      "executionEnvironment": "software-plain-ram",
      "implementationPlatform": "x86_64",
      "certificationLevel": [ "none" ],
      "cryptoFunctions": ["keygen", "sign", "verify"],
      "nistQuantumSecurityLevel": 5
    },
    "oid": "1.3.6.1.4.1.2.267.7.8.7"
  }
} ]
```

Abb. 18.3 Dieses Objekt einer CycloneDX-CBOM beschreibt eine Variante des Signaturverfahrens CRYSTALS-Dilithium

18.4 Risikoanalyse

Hat eine Organisation ein Krypto-Inventar erstellt, dann kann sie damit die Risiken bewerten, die im Zusammenhang mit einer Post-Quanten-Migration auftreten. Dies wird auch als **Quantum Risk Assessment** (QRA) bezeichnet. Von den Ergebnissen des QRA hängt es ab, ob und in welcher Reihenfolge die unterschiedlichen Assets sinnvollerweise migriert werden. Ein QRA besteht meist aus zwei Schritten. Im ersten Schritt wird die Anfälligkeit der Assets gegenüber Quantencomputern ermittelt. Sofern noch keine quantensicheren Verfahren eingesetzt werden, sind fast alle Assets als anfällig einzustufen. Ausnahmen sind lediglich symmetrische Verfahren mit ausreichend langen Schlüsseln.

Im zweiten Schritt erfolgt die Abschätzung des zu erwartenden Schadens, falls ein Asset nicht rechtzeitig migriert wird: Dieser Schaden hängt zum einen vom Wert der Daten ab, die ein Asset schützt. Zum anderen muss die Wahrscheinlichkeit berücksichtigt werden, mit der ein bestimmtes Asset angegriffen wird. Eine verschlüsselte Datei auf einem Laptop ist beispielsweise anfälliger als eine solche, die auf einem Server in einem Rechenzentrum abgelegt ist.

Bei der Schadensabschätzung ist zu beachten, dass ein Angreifer Informationen speichern und sie nach dem Q-Day attackieren kann, sofern sie dann noch von Interesse sind. Dies wird als **Store now, decrypt later** bezeichnet. Allerdings muss man in diesem Zusammenhang verschiedene Fälle unterscheiden. Am einfachsten ist es, wenn es um digitale Signaturen geht, mit denen eine Authentifizierung durchgeführt wird – wie es beispielsweise bei den Netzwerk-Protokollen TLS oder IKE der Fall ist. Eine Signatur entscheidet in diesem Fall lediglich darüber, ob die Authentifizierung erfolgreich ist oder nicht. Danach ist sie wertlos, weshalb man sich über „Store now, decrypt later" keine Gedanken machen muss. Etwas komplexer wird es, wenn es um das Signieren von Nutzdaten (z. B. Verträge oder Log-Daten) geht. Hier kann es sich für einen Angreifer auch nach einigen Jahren noch lohnen, eine Signatur zu fälschen. Allerdings besteht die Möglichkeit, Daten vor dem Q-Day mit einem Post-Quanten-Verfahren neu zu signieren. „Store now, decrypt later" lässt sich also verhindern.

Der klassische Fall von „Store now, decrypt later" tritt dagegen ein, wenn es um verschlüsselte Daten geht. Ein Angreifer kann diese sammeln und nach dem Q-Day mit Quanten-Computer-Hilfe dechiffrieren. Die Gefahr hierbei lässt sich durch das sogenannten **Mosca-Theorem** veranschaulichen, das nach dem kanadischen Mathematiker Michele Mosca benannt ist. Dieses Theorem besagt, dass die Zeit, in der die Daten sicher sein müssen (X), zuzüglich der Zeit, die zur Post-Quanten-Migration benötigt wird (Y), kleiner sein muss als die Zeit bis zum Q-Day (Z). Mit anderen Worten: Wenn X+Y>Z gilt, dann hat der Besitzer der Daten ein Problem. Der beste Schutz besteht darin, Y möglichst klein zu halten. Dies bedeutet, dass man möglichst zügig mit der Migration beginnen und diese schnell durchführen sollte.

Um die diversen Risiken bei einer Post-Quanten-Migration abschätzen zu können, bietet sich die Nutzung von Risikobewertungs-Leitfäden an, von denen es einige gibt. Sie werden auch als „Risk Assessment Frameworks" bezeichnet. Die im Folgenden aufgelisteten Risk Assessment Frameworks sind zwar nicht speziell für die Post-Quanten-Kryptografie geschaffen, für diese jedoch anwendbar:

- *NIST SP 800-30:* NIST SP 800-30 ist ein Leitfaden für die Bewertung von IT-Risiken aller Art (NIST, NIST SP 800-30 Rev. 1. Guide for Conducting Risk Assessments, 2012). Dazu gehören auch, aber nicht nur, Risiken der IT-Sicherheit. NIST SP 800-30 wurde von der US-Behörde NIST geschaffen, die auch die in diesem Buch vielfach erwähnten Post-Quanten-Algorithmen-Wettbewerbe durchführt. NIST SP 800-30 führt in klar strukturierter Form die Planung und Umsetzung geeigneter Maßnahmen auf und konzentriert sich auf die Bewertung des Risikos von Technologien. Als US-Standard ist NIST 800-30 auf die Situation in den Vereinigten Staaten zugeschnitten.
- *ISO/IEC 27005:* Der Risikoanalyse-Leitfaden ISO/IEC 27005 wurde von der Internationalen Organisation für Standardisierung (ISO) und der Internationalen Elektrotechnischen Kommission (IEC) veröffentlicht (ISO, 2022). Im Gegensatz zu NIST SP 800-30 beschäftigt sich ISO/IEC 27005 nur mit Risiken der IT-Sicherheit. Ein weiterer Unterschied: Im Vergleich zum USA-lastigen NIST SP 800-30 ist ISO/IEC 27005 ein international ausgerichteter Standard. Er betrachtet Sicherheit als Teil des Managements und der Prozesse in einem Unternehmen. Er deckt Technik, Menschen und Prozesse ab, wodurch ein ganzheitlicheres Bild entsteht.
- *OCTAVE:* OCTAVE steht für "Operationally Critical Threat, Asset, and Vulnerability Evaluation" (Christopher J. Alberts, 2003). Dieser Leitfaden ist auf die IT-Sicherheit ausgerichtet und konzentriert sich auf die Bewertung organisatorischer Risiken. Er ist vor allem für kleine und mittlere Unternehmen interessant. Von NIST 800-30 und ISO/IEC 27005 unterscheidet sich OCTAVE dadurch, dass es selbstgesteuert und anpassbar

ist. OCTAVE betrachtet Sicherheitsrisiken aus betrieblicher und organisatorischer Sicht und geht auf die Technologie im geschäftlichen Kontext ein.

- *NIST CSF:* Das NIST Cybersecurity Framework ist ein weiterer Leitfaden des NIST (NIST, The NIST Cybersecurity Framework (CSF) 2.0, 2024). Im Gegensatz zu NIST 800-30 konzentriert er sich auf Fragen der IT-Sicherheit. Das NIST Cybersecurity Framework beschreibt zahlreiche Richtlinien, die Organisationen dabei helfen sollen, die Prävention, Erkennung und Reaktion auf Risiken der IT-Sicherheit zu bewerten und zu verbessern. Die fünf Bereiche Identifizieren, Schützen, Entdecken, Reagieren und Wiederherstellen werden abgedeckt. Die Risikobewertung beginnt mit einer Inventarisierung der Assets. Anschließend kann die Organisation Maßnahmen zu deren Schutz einrichten. Danach kann sie verschiedene Tools einsetzen, um Angriffe auf Assets zu erkennen. Im Falle eines Angriffs muss die Organisation mit geeigneten Maßnahmen reagieren. Wenn dies nicht ausreicht und das Asset kompromittiert wird, muss als letzter Schritt ein Wiederherstellungsmechanismus eingerichtet werden, um das Asset wieder funktionsfähig zu machen.

Inzwischen gibt es auch drei Leitfäden die speziell auf Post-Quanten-Risiken oder zumindest auf Risiken im Zusammenhang mit der Kryptoagilität ausgerichtet sind. Diese enthalten jeweils – in unterschiedlicher Form – die beiden in diesem Unterkapitel beschriebenen Schritte Anfälligkeitsanalyse und Schadensabschätzung. Auch die Inventarisierung und die Migrationsplanung spielen darin eine Rolle, obwohl diese Schritte nicht zur Risikoanalyse im engeren Sinne gehören.

18.4.1 CARAF

CARAF (Crypto Agility Risk Assessment Framework) ist eine Methode zur Risikobewertung, die auf Kryptoagilität im Allgemeinen ausgerichtet ist, in der Praxis jedoch fast ausschließlich für die Post-Quanten-Migration angewendet wird (Chujiao Ma, 2021). CARAF sieht folgende fünf Phasen vor:

- *Phase 1. Bedrohungen identifizieren:* Wie bei anderen Methoden steht auch bei CARAF die Identifizierung der Bedrohungen am Anfang. Sicherheitslücken in einem Krypto-Verfahren sind eine davon, speziell ist natürlich die Bedrohung durch Quantencomputer von Interesse. Die Bedrohungslage hängt jeweils davon ab, wie sich die Quantencomputertechnik entwickelt. Eine wichtige Rolle spielen außerdem gesetzliche Vorschriften, an die man sich halten muss.
- *Phase 2. Inventarisierung:* In dieser Phase wird ein Krypto-Inventar erstellt.
- *Phase 3. Bewertung:* Die Organisation ermittelt nun den Wert der gefährdeten Assets.
- *Phase 4. Schadensbegrenzung:* Die Organisation ermittelt auf Grundlage des erwarteten Werts der kompromittierten Assets eine geeignete Strategie zur Schadensbegrenzung. In der Regel gibt es drei Möglichkeiten, um das Risiko zu senken: Erstens kann eine

Organisation Schutzmaßnahmen treffen, zweitens kann sie das Risiko akzeptieren und auf Schutzmaßnahmen verzichten, drittens kann sie betroffene Assets ausmustern.
- *Phase 5. Roadmap:* Die Organisation erstellt eine Roadmap, die darlegt, wie die verschiedenen Strategien zur Risikominderung für die verschiedenen Assets je nach Risiko umgesetzt werden.

18.4.2 Mosca-Mulholland-Methode

Das Mosca-Theorem habe ich in diesem Kapitel bereits vorgestellt. Basierend auf diesem Prinzip hat Michele Mosca, nach dem das Theorem benannt ist, zusammen mit John Mulholland eine Methode zur Risikoanalyse entwickelt, die speziell auf die Post-Quanten-Kryptografie zugeschnitten ist (Michele Mosca, 2017). Ich bezeichne sie in diesem Buch als **Mosca-Mulholland-Methode.** Im Vergleich zu CARAF legt die Mosca-Mulholland-Methode mehr Wert auf den zeitlichen Ablauf einer Post-Quanten-Migration. Während CARAF fünf Schritte vorsieht, sind es nach Mosca-Mulholland sechs:

- In *Phase 1* werden die Assets und ihr derzeitiger kryptografischer Schutz ermittelt. Dies entspricht einer Inventarisierung.
- *Phase 2* besteht darin, den Stand der Dinge zu recherchieren und den Zeitrahmen für die Verfügbarkeit von Quantencomputern und quantensicherer Kryptografie abzuschätzen.
- In *Phase 3* geht es darum, potenzielle Angreifer zu identifizieren und abzuschätzen, wie lange sie brauchen, um sich Zugang zur Quantentechnologie zu verschaffen und wie wahrscheinlich es ist, dass sie diese Technologie nutzen.
- In *Phase 4* wird die Quantenanfälligkeit der Organisation anhand der Lebensdauer der Assets und der für Aktualisierungen oder die Migration erforderlichen Zeit ermittelt.
- In *Phase 5* wird das Quantenrisiko ermittelt, indem berechnet wird, ob die Assets verwundbar werden, bevor das Unternehmen Maßnahmen zu ihrem Schutz ergreifen kann.
- In *Phase 6* werden die erforderlichen Aktivitäten auf einer Roadmap oder einem Migrationsplan zusammengestellt und priorisiert.

18.4.3 Wells Fargo PQC Risk Model

Das dritte Quantum Risk Assessment Framework ist das PQC-Risikomodell der US-Bank Wells Fargo **(Wells Fargo PQC Risk Model)** (Group, 2023). Diese Methode ist ebenfalls speziell auf die Post-Quanten-Kryptografie ausgerichtet. Sie sieht ein mathematisches Modell vor, mit dem zunächst die Risiken berechnet werden können, die ab dem Q-Day entstehen. Anschließend lassen sich Gegenmaßnahmen und deren Kosten damit planen. Wells Fargo hat sich bei der Entwicklung des PQC-Risikomodells von Methoden inspirieren lassen, mit denen sich die Risiken des Klimawandels untersuchen lassen. Leider gab es bei Redaktionsschluss dieses Buchs kein öffentliches Dokument, das das Wells Fargo PQC Risk Model vollständig beschreibt.

18.5 Migrationsausführung

Ist das Quantum Risk Assessment abgeschlossen, dann kann eine Organisation die eigentliche Migration planen und durchführen. Die Migrationsausführung sollte stets bei der Infrastruktur beginnen. Zunächst müssen daher die PKI und das Schlüsselmanagement quantensicher gemacht werden, bevor die Krypto-Anwendungen an die Reihe kommen, die davon abhängen. Falls eine Krypto-Lösung im Unternehmen die besagte Infrastruktur nicht nutzt – beispielsweise im Falle einer Datei-Verschlüsselung, die ausschließlich auf Passwörtern basiert – kann sie ohne Rücksicht auf PKI und Schlüsselmanagement schon früher migriert werden. Außerdem sollte der Betreiber einer IT-Umgebung betroffene Richtlinien und Verträge frühzeitig anpassen, da diese ebenfalls nicht von der Infrastruktur abhängen.

Am einfachsten ist die Migration immer dann, wenn im Zusammenhang mit einem Asset ausschließlich symmetrische Verschlüsselungsverfahren (etwa der AES) im Einsatz sind, wie es beispielsweise bei vielen Dateiverschlüsselungs-Programmen der Fall ist. Da symmetrische Algorithmen bei ausreichend langen Schlüsseln quantensicher sind, genügt es gegebenenfalls, die Schlüssellänge zu erhöhen. Wenn ein Betreiber etwa von den momentan vielerorts eingesetzten 128 Schlüsselbits für den AES auf 256 umstellt, ist das Problem gelöst. Viele Krypto-Lösungen ermöglichen eine solche Änderung kryptoagil per Konfigurationseinstellung.

Bei Krypto-Implementierungen ohne dieses Feature – dazu gehören oft solche, die einen älteren Algorithmus wie Triple-DES nutzen, der keine 256-Bit-Schlüssel unterstützt – muss das verwendete Verfahren durch den AES oder einen sonstigen Algorithmus ersetzt werden, der die entsprechende Schlüssellänge unterstützt. Bei einer kryptoagilen Lösung ist dies naturgemäß einfacher. Für kryptografische Hashfunktionen gelten ähnliche Überlegungen. Hier sollte man eine Hashwert-Länge von mindestens 256 bit verwenden. Bei neueren Implementierungen ist dies ohnehin Standard, bei älteren muss man nachrüsten.

Schwieriger wird es, wenn es um asymmetrische Verfahren geht. Hier gilt es, die traditionellen Verfahren wie RSA oder Diffie-Hellman durch entsprechende Post-Quanten-Algorithmen zu ersetzen. Auch hier ist es bei der Migration von Vorteil, wenn möglichst viele Assets kryptoagil realisiert sind. Wie Sie im Laufe dieses Buchs erfahren haben, ist die Sache oft dennoch nicht trivial, da man es häufig mit langen Schlüsseln, langsamen Verfahren, langen Signaturen und langen Geheimtexten zu tun hat.

Ein weiteres wichtiges Thema sind die bereits erwähnten hybriden Krypto-Verfahren (siehe Abschn. 17.2). Wie bereits ausgeführt, bedeutet „hybrid“ in diesem Zusammenhang, dass ein herkömmliches und ein Post-Quanten-Verfahren gemeinsam genutzt werden – so dass der Angreifer beide knacken muss, um erfolgreich zu sein. Einige Behörden – darunter das deutsche Bundesamt für Sicherheit in der Informationstechnik

(BSI) und die französische Agence nationale de la sécurité des systèmes d'information (ANSSI) – empfehlen, diesen Hybrid-Ansatz übergangsweise einzusetzen. Sollte im beteiligten Post-Quanten-Verfahren Sicherheitslücken entdeckt werden, dann dient das beteiligte herkömmliche Verfahren bis zum Q-Day als Rettungsanker. In einigen Jahren kann man dann vollständig auf quantensichere Methoden umsteigen.

Allerdings gibt es auch Kritik an hybriden Krypto-Verfahren. So sind selbst kryptoagile Netzwerk-Protokolle, Krypto-Schnittstellen und Krypto-Implementierungen in der Regel nicht für diesen Ansatz ausgelegt und müssen daher nachgebessert werden. Ähnlich verhält es sich mit Public-Key-Infrastrukturen. Hybrid-Verfahren machen die Post-Quanten-Migration daher komplizierter, als dies ohnehin der Fall ist. Über die Vor- und Nachteile dieses Ansatzes dürfte es in den kommenden Jahren noch einige Diskussionen geben.

Es dürfte noch einige Jahre dauern, bis die ersten größeren Organisationen ihre IT-Umgebungen quantensicher gemacht haben. Damit wird die Sache jedoch noch nicht erledigt sein, denn die Post-Quanten-Kryptografie wird sich weiterentwickeln. Vielleicht wird sich noch das eine oder andere standardisierte Verfahren als unsicher erweisen, und sicherlich wird es noch Verbesserungen bei den Formaten und Netzwerkprotokollen geben. Auch die Implementierungen der diversen Post-Quanten-Algorithmen werden sich noch verbessern, was vor allem auf Plattformen mit begrenzten Ressourcen von Bedeutung ist. Der Betreiber einer IT Umgebung wird daher auch nach der Post-Quanten-Migration die Lage beobachten und bei Bedarf reagieren müssen.

Literatur

64-bit RC5 Algorithm Finally Cracked. (2002). Von https://www.itprotoday.com/it-management/1-bit-rc5-algorithm-finally-cracked abgerufen

Aliance, C. S. (2021). *Practical Preparations for the Post-Quantum World.* Von https://cloudsecurityalliance.org/artifacts/practical-preparations-for-the-post-quantum-world abgerufen

Alison Becker, R. G. (2025). *RFC 9763: Related Certificates for Use in Multiple Authentications within a Protocol.* Von https://datatracker.ietf.org/doc/rfc9763/ abgerufen

Anandam, P. (2006). *Introduction to Braid Group Cryptography.* Von https://courses.cs.washington.edu/courses/csep590/06wi/finalprojects/anandam.pdf abgerufen

Andreas Hülsing, J. R. (2018). *NTRU-HRSS-KEM.* Von https://csrc.nist.gov/CSRC/media/Presentations/NTRU-HRSS-KEM/images-media/ntru-hrss-kem-April2018.pdf abgerufen

Bao Yan, Z. T. (2022). *Factoring integers with sublinear resources on a superconducting quantum processor.* Von https://arxiv.org/pdf/2212.12372 abgerufen

Bray, T. (2017). *RFC 8259: The JavaScript Object Notation (JSON) Data Interchange Format.* Von https://datatracker.ietf.org/doc/html/rfc8259 abgerufen

BSI. (2025). *BSI TR-03183: Cyber Resilience Requirements for Manufacturers and Products.* Von https://www.bsi.bund.de/dok/TR-03183-en abgerufen

Carlos Aguilar Melchor, N. A.-C.-M. (2025). *Hamming Quasi-Cyclic (HQC).* Von https://pqc-hqc.org/doc/hqc-specification_2025-02-19.pdf abgerufen

Carlos Aguilar Melchor, T. F. (2023). *The Syndrome Decoding in the Head (SD-in-the-Head) Signature Scheme.* Von https://sdith.org/docs/sdith-v1.1.pdf abgerufen

Carsten Baum, L. B. (2023). *FAEST: Algorithm Specifications.* Von https://faest.info/faest-specv1.1.pdf abgerufen

Charles H., Bennett, G. B. (1984). Quantum cryptography: Public-key distribution and coin tossing. *Systems and Signal Processing*, (S. 175–179). Bangalore.

Chris Dods, N. S. (2005). Hash Based Digital Signature Schemes. *Cryptography and Coding* (S. 96–115). Heidelberg: Springer.

Christoph Dobraunig, M. E. (2021). *Ascon.* Von Ascon abgerufen

Christopher J. Alberts, A. J. (2003). *Introduction to the OCTAVE Approach.* Von https://insights.sei.cmu.edu/library/introduction-to-the-octave-approach/ abgerufen

Chujiao Ma, L. C. (2021). CARAF: Crypto Agility Risk Assessment Framework. *Journal of Cybersecurity, Volume 7, Issue 1.*

CJ Tjhai, M. T.-M. (2025). *RFC 9370: Multiple Key Exchanges in the Internet Key Exchange Protocol Version 2 (IKEv2).* Von https://datatracker.ietf.org/doc/html/rfc9370 abgerufen

K. Schmeh, *Post-Quanten-Kryptografie*, https://doi.org/10.1007/978-3-658-50705-3

Cong Chen, O. D. (2019). *NTRU*. Von https://ntru.org/f/ntru-20190330.pdf abgerufen

Connolly, D. (2025). *ML-KEM Post-Quantum Key Agreement for TLS 1.3*. Von https://datatracker.ietf.org/doc/draft-ietf-tls-mlkem/ abgerufen

Corey Bonnell, J. G. (2025). *A Mechanism for Encoding Differences in Paired Certificates*. Von https://datatracker.ietf.org/doc/draft-bonnell-lamps-chameleon-certs/ abgerufen

Craig Costello, L. D. (2022). *Supersingular Isogeny Key Encapsulation*. Von https://sike.org/files/SIDH-spec.pdf abgerufen

Craig Gentry, C. P. (2008). Trapdoors for hard lattices and new cryptographic constructions. *Proceedings of the fortieth annual ACM symposium on Theory of computing*, S. 197–206.

CycloneDX Tool Center. (2025). Von https://cyclonedx.org/tool-center/ abgerufen

Daniel J. Bernstein, B. B.-S.-Y.-Y. (2020). *NTRU Prime: round 3*. Von https://ntruprime.cr.yp.to/nist/ntruprime-20201007.pdf abgerufen

Daniel J. Bernstein, D. H.-O. (2015). *SPHINCS: practical stateless hash-based signatures*. Von https://sphincs.cr.yp.to/sphincs-20150202.pdf abgerufen

Daniel J. Bernstein, T. C. (2022). *Classic McEliece: conservative code-based cryptography: cryptosystem specification*. Von https://classic.mceliece.org/mceliece-spec-20221023.pdf abgerufen

David McGrew, M. C. (2019). *Leighton-Micali Hash-Based Signatures (RFC 8554)*. Von https://datatracker.ietf.org/doc/html/rfc8554 abgerufen

Eaton, E. (2017). *Leighton-Micali Hash-Based Signatures in the Quantum Random-Oracle Model*. Von https://eprint.iacr.org/2017/607.pdf abgerufen

Ekert, A. (6 1991). Quantum cryptography based on Bell's theorem. *Physical Review Letters*, S. 661–663.

Erdem Alkim, J. W. (2023). *FrodoKEM: Learning With Errors Key Encapsulation*. Von https://frodokem.org/files/FrodoKEM-standard_proposal-20230314.pdf abgerufen

Erdem Alkim, R. A. (2020). *NewHope*. Von https://newhopecrypto.org/data/NewHope_2020_04_10.pdf abgerufen

Eric Zhang, V. (2022). *How do hash-based post-quantum digital signatures work? (Part 2)*. Von https://research.dorahacks.io/2022/12/16/hash-based-post-quantum-signatures-2/ abgerufen

Esslinger, B. (2024). *Kryptografie lernen und anwenden mit CrypTool und SageMath*. Köln: Lehmanns Media .

ETSI. (2020). *Migration strategies and recommendations to Quantum Safe schemes*. Von https://www.etsi.org/deliver/etsi_tr/103600_103699/103619/01.01.01_60/tr_103619v010101p.pdf abgerufen

(2021). *Executive Order 14028: Improving the Nation's Cybersecurity*. Washington, D.C.: U.S. Government.

Florence Driscoll, M. P. (2025). *RFC 9794: Terminology for Post-Quantum Traditional Hybrid Schemes*. Von https://datatracker.ietf.org/doc/html/rfc9794 abgerufen

Gora Adj, L. R.-Z. (2023). *MiRitH (MinRank in the Head)*. Von https://pqc-mirith.org/assets/downloads/mirith_specifications_v1.0.0.pdf abgerufen

Gora Adj, N. A.-J.-D.-Z. (2025). *Mirath Signature Scheme*. Von https://pqc-mirath.org/assets/downloads/mirath_v2.0.1.pdf abgerufen

Group, F.-I. P.-Q. (2023). *Risk Model Technical Paper*. Von https://www.fsisac.com/hubfs/Knowledge/PQC/RiskModel.pdf abgerufen

Gustavo Banegas, K. C.-A. (2023). *Wave*. Von https://csrc.nist.gov/csrc/media/Projects/pqc-dig-sig/documents/round-1/spec-files/wave-spec-web.pdf abgerufen

Hiroki Furue, Y. I. (2023). *QR-UOV*. Von https://info.isl.ntt.co.jp/crypt/qruov/files/qruov_Specv1.0.pdf abgerufen

Hooshmand, R. (2015). *Improving GGH Public Key Scheme*. Von https://eprint.iacr.org/2015/229.pdf abgerufen

Informationstechnik, B. f. (2024). *Kryptographische Verfahren: Empfehlungen und Schlüssellängen.* Von BSI – Technische Richtlinie: https://www.bsi.bund.de/SharedDocs/Downloads/DE/BSI/Publikationen/TechnischeRichtlinien/TR02102/BSI-TR-02102.pdf?__blob=publicationFile&v=10 abgerufen

Informationstechnik, B. f. (2025). *Entwicklungsstand Quantencomputer Version 2.1.* Von https://www.bsi.bund.de/SharedDocs/Downloads/DE/BSI/Publikationen/Studien/Quantencomputer/Entwicklungstand_QC_V_2_1.html abgerufen

Iris Anshel, D. A. (2017). *WalnutDSA: A Quantum-Resistant Digital Signature.* Von https://eprint.iacr.org/2017/058.pdf abgerufen

ISO. (2022). *ISO/IEC 27005:2022. Information security, cybersecurity and privacy protection.* Von https://www.iso.org/standard/80585.html abgerufen

ITU-T. (2019). *Information technology – Open Systems Interconnection – The Directory: Public-key and attribute certificate frameworks.* Geneva.

Jacques Patarin, B. C.-C.-A.-R. (2023). *Vox.* Von https://vox-sign.com/files/VOX_27_07_2023.pdf abgerufen

Jean-Philippe Aumasson, D. J.-L. (2022). *SPHINCS+.* Von https://sphincs.org/data/sphincs+-r3.1-specification.pdf abgerufen

Jean-Philippe Aumasson, G. E. (2017). *Improving Stateless Hash-Based Signatures.* Von https://eprint.iacr.org/2017/933.pdf abgerufen

Jeffrey Hoffstein, J. P. (1998). NTRU: A Ring Based Public Key Cryptosystem. In J. P. (Hrsg.), *Algorithmic Number Theory (ANTS III), Portland, OR, Lecture Notes in Computer Science 1423* (S. 267–288). Berlin: Springer.

Jeffrey Hoffstein, J. P. (2017). *A signature scheme from Learning with Truncation.* Von https://eprint.iacr.org/2017/995.pdf abgerufen

Jeffrey Hoffstein, N. H.-G. (2003). *NTRUSign: Digital Signatures Using the NTRU Lattice.* Von https://www.math.brown.edu/jpipher/NTRUSign_RSA.pdf abgerufen

Jianfang Niu, D. E. (2022). *Xifrat1-Sign.I DSS.* Von https://csrc.nist.gov/csrc/media/Projects/pqc-dig-sig/documents/round-1/spec-files/xifrat1-sign-i-spec.pdf abgerufen

Jinkyu Cho, J.-S. N.-S. (2022). *Enhanced pqsigRM: Code-Based Digital Signature Scheme with Short Signature and Fast Verification for Post-Quantum Cryptography.* Von https://eprint.iacr.org/2022/1493.pdf abgerufen

Jintai Ding, B. G.-Y. (2023). *TUOV: Triangular Unbalanced Oil and Vinegar.* Von https://csrc.nist.gov/csrc/media/Projects/pqc-dig-sig/documents/round-1/spec-files/TUOV-spec-web.pdf abgerufen

Jintai Ding, M.-S. C.-Y. (2018). *Rainbow.* Von https://csrc.nist.gov/CSRC/media/Presentations/Rainbow/images-media/Rainbow-April2018.pdf abgerufen

Joppe W. Bos, O. B.-H. (2025). *HAWK.* Von https://hawk-sign.info/hawk-spec.pdf abgerufen

Jorge Chavez-Saab, M. C.-R. (2023). *SQIsign.* Von https://sqisign.org/spec/sqisign-20230601.pdf abgerufen

Kunze, J. (2015). *Kryptographie mit Zopfgruppen.* Berlin: Lehmanns Media.

LaMacchia, B. A. (2022). *The Long Road Ahead to Transition to Post-Quantum Cryptography.* Von https://secdev.ieee.org/wp-content/uploads/2022/10/LaMacchia-Keynote-IEEESecDev2022.pdf abgerufen

Léo Ducas, P. Q. (2012). : Learning a Zonotope and More: Cryptanalysis of NTRUSign Countermeasures. In *SIACRYPT 2012 (= LNCS). Band 7658. Springer, 2012, S. 433–450* (S. 433–450). Heidelberg: Springer.

Lih-Chung Wang, P.-E. T.-L.-Y. (2023). *SNOVA.* Von https://csrc.nist.gov/csrc/media/Projects/pqc-dig-sig/documents/round-1/spec-files/SNOVA-spec-web.pdf abgerufen

Louis Goubin, B. C.-C.-A.-R. (2023). *PROV: PRovable unbalanced Oil and Vinegar*. Von https://csrc.nist.gov/csrc/media/Projects/pqc-dig-sig/documents/round-1/spec-files/prov-spec-web.pdf abgerufen

Louis Goubin, B. C.-C.-A.-R. (2023). *PROV: PRovable unbalanced Oil and Vinegar*. Von https://csrc.nist.gov/csrc/media/Projects/pqc-dig-sig/documents/round-1/spec-files/prov-spec-web.pdf abgerufen

Louis Goubin, J.-C. F.-A.-R. (2024). *PROV: PRovable unbalanced Oil and Vinegar*. Von https://prov-sign.github.io/PROV_1-1_spec.pdf abgerufen

Luca de Feo, D. J. (2011). *Towards Quantum-Resistant Cryptosystems from Supersingular Elliptic Curve Isogenies*. Von https://eprint.iacr.org/2011/506.pdf abgerufen

Mahlburg, K. (2004). *An Overview of Braid Group Cryptography*. Von https://people.math.wisc.edu/~nboston/mahlburg.pdf abgerufen

Marco Baldi, A. B.-F.-J. (2024). *LESS: Linear Equivalence Signature Scheme*. Von https://www.less-project.com/LESS-2024-02-19.pdf abgerufen

Marco Baldi, A. B.-Z. (2024). *CROSS: Codes and Restricted Objects Signature Scheme*. Von https://www.cross-crypto.com/CROSS_Specification_v1.2.pdf abgerufen

Markus Bläser, D. H. (2024). *The ALTEQ Signature Scheme*. Von https://pqcalteq.github.io/ALTEQ_spec_2024.03.05.pdf abgerufen

Martin Albrecht, C. R. (2015). *Ciphers for MPC and FHE*. Von https://eprint.iacr.org/2016/687.pdf abgerufen

McEliece, R. J. (1978). *A Public-Key Cryptosystem Based on Algebraic Coding Theory*. Von https://ipnpr.jpl.nasa.gov/progress_report2/42-44/44N.PDF abgerufen

Melissa Chase, D. D. (2017). *Post-Quantum Zero-Knowledge and Signatures from Symmetric-Key Primitives*. Von https://eprint.iacr.org/2017/279.pdf abgerufen

Melissa Chase, D. D. (2020). *The Picnic Signature Algorithm*. Von https://github.com/microsoft/Picnic/blob/master/spec/spec-v3.0.pdf abgerufen

Michele Mosca, J. M. (2017). *A Methodology for Quantum Risk Assessment*. Von https://globalriskinstitute.org/publication/a-methodology-for-quantum-risk-assessment/ abgerufen

Mike Ounsworth, J. G.-J. (2025). *External Keys For Use In Internet X.509 Certificates*. Von https://datatracker.ietf.org/doc/draft-ounsworth-lamps-pq-external-pubkeys/ abgerufen

Muhammad Rezal Kamel Ariffin, N. A. (2024). *Kriptografi Atasi Zarah Digital Signature (KAZ-SIGN)*. Von https://csrc.nist.gov/csrc/media/Projects/pqc-dig-sig/documents/round-1/spec-files/kaz-sign-spec-web.pdf abgerufen

Multi-Party Threshold Cryptography. (2024). Von https://csrc.nist.gov/projects/threshold-cryptography abgerufen

Nguyen, P. (1999). Cryptanalysis of the Goldreich–Goldwasser–Halevi Cryptosystem from Crypto '97. In M. W. (Ed.), *CRYPTO '99: Proceedings of the 19th Annual International Cryptology Conference on Advances in Cryptology* (S. 288–304). London: Springer.

Nicolai Schmitt, J. H. (2024). *On Criteria and Tooling for Cryptographic Inventories*. Von https://dl.gi.de/server/api/core/bitstreams/f35b7164-a5bf-4c01-81e9-2accb6d01b4a/content abgerufen

Nicolas Aragon, M. B.-J.-D.-P. (2023). *MIRA Specifications*. Von https://pqc-mira.org/assets/downloads/mira_spec.pdf abgerufen

Nicolas Aragon, M. B.-J.-D.-P. (2023). *RYDE specifications*. Von https://csrc.nist.gov/csrc/media/Projects/pqc-dig-sig/documents/round-1/spec-files/ryde-spec-web.pdf abgerufen

Nicolas Aragon, P. S.-C. (2024). *BIKE: Bit Flipping Key Encapsulation*. Von https://bikesuite.org/files/v5.2/BIKE_Spec.2024.10.10.1.pdf abgerufen

Nicolas T. Courtois, M. F. (2001). *How to Achieve a McEliece-Based Digital Signature Scheme*. Von https://link.springer.com/chapter/10.1007/3-540-45682-1_10 abgerufen

Niederreiter, H. (1986). Knapsack-type cryptosystems and algebraic coding theory. *Problems of Control and Information Theory, 15*(2), S. 157–166.

NIST. (2012). *NIST SP 800–30 Rev. 1. Guide for Conducting Risk Assessments.* Von https://csrc.nist.gov/pubs/sp/800/30/r1/final abgerufen

NIST. (2023). *Migration to Post-Quantum Cryptography.* Von NIST Special Publication 1800-38B: https://www.nccoe.nist.gov/sites/default/files/2023-12/pqc-migration-nist-sp-1800-38b-preliminary-draft.pdf abgerufen

NIST. (2024). *The NIST Cybersecurity Framework (CSF) 2.0.* Von https://www.nist.gov/cyberframework abgerufen

NTIA. (2021). *The Minimum Elements For a Software Bill of Materials (SBOM).* Von https://www.ntia.doc.gov/report/2021/minimum-elements-software-bill-materials-sbom abgerufen

Oded Goldreich, S. G. (1997). Public-key cryptosystems from lattice reduction problems. In B. S. (editor), *CRYPTO '97: Proceedings of the 17th Annual International Cryptology Conference on Advances in Cryptology* (S. 112–131). London: Springer.

OWASP. (2024). *Authoritative Guide to CBOM.* Von https://cyclonedx.org/guides/OWASP_CycloneDX-Authoritative-Guide-to-CBOM-en.pdf abgerufen

Phong Q. Nguyen, O. R. (2006). Learning a Parallelepiped: Cryptanalysis of GGH and NTRU Signatures. In *EUROCRYPT 2006* (S. 271–288). Heidelberg: Springer.

Pierre-Alain Fouque, J. H. (2020). *Falcon: Fast-Fourier Lattice-based Compact Signatures over NTRU.* Von https://falcon-sign.info/falcon.pdf abgerufen

Roberto Avanzi, J. B. (2021). *CRYSTALS-Kyber.* Von https://pq-crystals.org/kyber/data/kyber-specification-round3-20210804.pdf abgerufen

Ron Rivest, A. S. (1977). *A Method for Obtaining Digital Signatures and Public-Key Cryptosystems.* Von https://people.csail.mit.edu/rivest/Rsapaper.pdf abgerufen

Schmeh, K. (2007). *World Record Challenge.* Von https://mysterytwister.org/media/challenges/pdf/mtc3-schmeh-07-weltrekord-en.pdf abgerufen

Schmeh, K. (2016). *Kryptografie – Verfahren, Protokolle, Infrastrukturen.* Heidelberg: Dpunkt Verlag.

Schmeh, K. (2021). *Das Problem der gekreuzten Leitern.* Von https://scienceblogs.de/klausis-krypto-kolumne/2021/11/26/das-problem-der-gekreuzten-leitern/ abgerufen

Schmeh, K. (2022). *Codeknacker gegen Codemacher.* Heidelberg: Springer.

Seongkwang Kim, J. H. (2022). *AIM: Symmetric Primitive for Shorter Signatures with Stronger Security.* Von https://eprint.iacr.org/2022/1387.pdf abgerufen

Slim Bettaieb, L. B. (2023). *PERK: Compact Signature Scheme Based on a New Variant of the Permuted Kernel Problem.* Von https://eprint.iacr.org/2024/748.pdf abgerufen

Standardization, I. O. (2023). *ISO/IEC 7816–6:2023 Part 6: Interindustry data elements for interchange.* Von https://www.iso.org/standard/77181.html abgerufen

Stavros Kousidis, J. R. (2025). *Post-Quantum Cryptography in OpenPGP.* Von https://datatracker.ietf.org/doc/draft-ietf-openpgp-pqc/ abgerufen

Stefan Ritterhoff, S. B.-Z. (2023). *FuLeeca.* Von https://www.ce.cit.tum.de/fileadmin/w00cgn/lnt/_my_direct_uploads/FuLeeca.pdf abgerufen

Stickel, E. (2005). A New Method for Exchanging Secret Keys. *ICITA '05: Proceedings of the Third International Conference on Information Technology and Applications (ICITA'05)*, (S. 426–430).

Team, S.-a. (2023). *SPHINCS-alpha.* Von https://csrc.nist.gov/csrc/media/Projects/pqc-dig-sig/documents/round-1/spec-files/sphincs-alpha-spec-web.pdf abgerufen

Thibauld Feneuil, M. R. (2023). *MQOM: MQ on my Mind.* Von https://www.mqom.org/docs/mqomv1.0.pdf abgerufen

Thomas Espitau, G. N. (2023). *Square Unstructured Integer Euclidean Lattice.* Von https://www.squirrels-pqc.org/squirrels-spec-v1.0.pdf abgerufen

Tung Chou, R. N. (2023). *MEDS: Matrix Equivalence Digital Signature*. Von https://www.meds-pqc.org/spec/MEDS-2023-06-30.pdf abgerufen

Valentijn, A. (2015). *Goppa Codes and Their Use in the McEliece Cryptosystems*. Von https://surface.syr.edu/cgi/viewcontent.cgi?article=1846&context=honors_capstone abgerufen

Vikas Srivastava, N. G. (2023). *Ascon-Sign*. Von https://csrc.nist.gov/csrc/media/Projects/pqc-dig-sig/documents/round-1/spec-files/Ascon-sign-spec-web.pdf abgerufen

Ward Beullens, F. C. (2023). *MAYO*. Von https://pqmayo.org/assets/specs/mayo.pdf abgerufen

Ward Beullens, M.-S. C.-Y.-J.-Y. (2023). *UOV: Unbalanced Oil and Vinegar*. Von https://drive.google.com/file/d/1NdMHuCyyFG6xgQGrpssM99kyiNwA9JG-/view abgerufen

Whitfield Diffie, M. H. (1976). *New Directions in Cryptography*. Von https://ee.stanford.edu/~hellman/publications/24.pdf abgerufen

William Barker, M. S. (2022). *Migration to Post-Quantum Cryptography*. Von https://www.nccoe.nist.gov/sites/default/files/2022-07/pqc-migration-project-description-final.pdf abgerufen

Wouter Castryck, T. D. (2022). *An efficient key recovery attack on SIDH*. Von https://eprint.iacr.org/2022/975.pdf abgerufen

Yuval Ishai, E. K. (2007). *Zero-Knowledge from Secure Multiparty Computation*. Von https://web.cs.ucla.edu/~rafail/PUBLIC/77.pdf abgerufen xxxxxxxxxxxxxxxxxxxxxxxxxxxxxxxxxxxxxxxxxxxxxxxxxxxxxxxxxxxxxxxxxxxxxxxxxxxxxxxxxxxxxxxxxxxxxxxxxxxxxxxxxxxxxxxxxxxdoppelt

Yuval Ishai, E. K. (2007). *Zero-Knowledge from Secure Multiparty Computation*. Von https://web.cs.ucla.edu/~rafail/PUBLIC/77.pdf abgerufen

Zhang, E. (2022). *How do hash-based post-quantum digital signatures work?* Von https://research.dorahacks.io/2022/10/26/hash-based-post-quantum-signatures-1/ abgerufen

Stichwortverzeichnis

K. Schmeh, *Post-Quanten-Kryptografie*, https://doi.org/10.1007/978-3-658-50705-3

Zeitfracht Medien GmbH
Ferdinand-Jühlke-Straße 7
99095 Erfurt, Deutschland
produktsicherheit@kolibri360.de